D1698923

Walter Eversheim · Fritz Klocke

Werkzeugbau mit Zukunft

Springer

Berlin
Heidelberg
New York
Barcelona
Budapest
Hongkong
London
Mailand
Paris
Santa Clara
Singapur
Tokio

Walter Eversheim · Fritz Klocke

Werkzeugbau mit Zukunft

Strategie und Technologie

Mit 190 Abbildungen

Prof. Dr.-Ing. Dr. h. c. Dipl.-Wirt. Ing. Walter Eversheim
Prof. Dr.-Ing. Fritz Klocke
RWTH Aachen
WZL Laboratorium für Werkzeugmaschinen
und Betriebslehre
Steinbachstr. 53
D - 52074 Aachen

ISBN 3-540-62651-4 Springer-Verlag Berlin Heidelberg New York

Die Deutsche Bibliothek - Cip-Einheitsaufnahme

Eversheim, Walter:
Werkzeugbau mit Zukunft: Strategie und Technologie / Walter Eversheim; Fritz Klocke. - Berlin;
Heidelberg; New York; Barcelona; Budapest; Hongkong; London; Mailand; Paris; Santa Clara;
Singapur; Tokio: Springer, 1998
(VDI-Buch)
ISBN: 3-540-62651-4

Einbandentwurf: de´blik, Berlin
Satz: Camera ready Vorlage durch Autoren
SPIN: 10553893   89/3020 - 5 4 3 2 1 0 - Gedruckt auf säurefreiem Papier

Vorwort

Der Werkzeug- und Formenbau nimmt eine Schlüsselstellung innerhalb der industriellen Produktion ein. Bei der Werkzeugherstellung werden in entscheidendem Maße die Zielgrößen Zeit, Qualität und Kosten für ein neues Produkt bestimmt. Die Leistungsfähigkeit des Werkzeugbaus hat daher unmittelbaren Einfluß auf die Wettbewerbsfähigkeit vieler produzierender Unternehmen.

Aus diesem Grund stellt der Werkzeug- und Formenbau ein wichtiges Betätigungsfeld sowohl für das Fraunhofer-Institut für Produktionstechnologie IPT als auch für das Laboratorium für Werkzeugmaschinen und Betriebslehre WZL der RWTH Aachen dar. Im Rahmen zahlreicher Forschungs- und Industrieprojekte beschäftigen wir uns mit aktuellen und wichtigen Problemstellungen aus dem Werkzeug- und Formenbau. Diese Aktivitäten haben wir in einem Industrieforum *aachener werkzeug- und formenbau* gebündelt, um Forschungsergebnisse schnell in die Praxis umzusetzen und Werkzeugbaubetrieben umfassende Unterstützung bei der Lösung ihrer Probleme bieten zu können. Damit haben wir eine Plattform geschaffen, um Erkenntnisse und vielfältige Erfahrungen aus Projekten im Werkzeugbau einem möglichst breiten Publikum zugänglich zu machen.

In dem vorliegenden Buch wurden diese Erfahrungen zusammengetragen. Methoden und Maßnahmen zur Gestaltung und Optimierung des Werkzeugbaus von der strategischen Ausrichtung bis hin zu den Fertigungstechnologien werden behandelt. In einem ganzheitlichen Ansatz sind die Erfolgsfaktoren Organisation und Technologie miteinander verbunden. Wir wollen dem Praktiker Hilfestellung bei der zukunftsorientierten Gestaltung seines Werkzeug- und Formenbaus geben. Dafür bietet das Buch klare Handlungsanleitungen und erfolgreiche, bewährte Lösungen. Damit der Leser die beschriebenen Aufgaben jederzeit in den Gesamtrahmen einordnen kann, sind diese in einem durchgängigen Fallbeispiel dargestellt.

Für ihre Mitarbeit und ihr Engagement bei der Erstellung dieses Buches danken wir unseren Mitarbeitern, Dipl.-Ing. S. Altmüller, Dipl.-Ing. T. Bergs, Dipl.-Ing. R. Engelhorn, Dipl.-Ing. M. Hilleke, Dipl.-Ing. A. Karden, Dipl.-Ing. W. Kölscheid, Dipl.-Ing. O. Moron, Dr.-Ing. S. Nöken, Dipl.-Ing. C. Nöller, Dipl.-Ing. T. Nöthe, Dipl.-Ing. Dipl.-Wirt. Ing. A. Roggatz, Dipl.-Ing. L. Rozsnoki, Dipl.-Ing. Dipl.-Wirt. Ing. P. Ritz, Dipl.-Ing. Dipl.-Wirt. Ing. S. Schuth, Dipl.-Ing. F.-B. Schenke, Dipl.-Ing. I. Schulten, Dipl.-Ing. F. Spennemann und Dipl.-Ing. Dipl.-Wirt. Ing. M. Walz.

Unser Dank gilt weiterhin dem Springer Verlag für die Unterstützung und Verlegung dieses Buches.

Aachen, September 1997

Walter Eversheim
Fritz Klocke

Inhaltsverzeichnis

1 Zielsetzung im Werkzeugbau

Innerhalb industrieller Wertschöpfungsketten nimmt der Werkzeugbau eine Schlüsselstellung ein. Ausgehend von Marktindikatoren oder einem konkreten Kundenauftrag werden Produkte geplant und gestaltet. Auf Grundlage der ersten Ergebnisse der Produktgestaltung werden im Rahmen der Prozeßplanung geeignete Möglichkeiten zur Herstellung des Produktes unter den gegebenen Randbedingungen ermittelt. Daraus kann sich ein Bedarf nach neuen Produktionsmitteln ergeben. In Abhängigkeit von den geplanten Stückzahlen sowie den Bearbeitungsaufgaben ist die Anfertigung von produktspezifischen Werkzeugen erforderlich. Liegen die Werkzeuge vor, wird die Produktion schrittweise angefahren. In dieser Phase können noch Optimierungen und Korrekturen an den Werkzeugen anfallen.

Aufgabe des Werkzeugbaus ist damit die Bereitstellung von Betriebsmitteln für produzierende Unternehmen. Unter diese Definition fallen z.B. Werkzeuge, Vorrichtungen oder Sondermaschinen, wobei allerdings eine spezielle Anpassung der Betriebsmittel an die Aufgabenstellung erfolgt und damit Serienerzeugnisse wie Standardmaschinen oder Standardwerkzeuge aus dieser Definition auszugrenzen sind. Im Gegensatz zu Standardwerkzeugen zeichnen sich die hier betrachteten Werkzeuge durch eine teilweise oder vollständige Abbildung der Werkstückform in der Werkzeuggeometrie aus.

Aus der beschriebenen Stellung des Werkzeugbaus innerhalb der gesamten Wertschöpfungskette wird deutlich, daß die Leistungsfähigkeit der Gesamtkette wesentlich durch die des Werkzeugbaus bestimmt wird. Dieser Einfluß wird bei einer Betrachtung der klassischen Zielgrößen Kosten, Zeit und Qualität deutlich.

Kosteneinfluß

Je nach Produktionszweig können die Kosten für die Betriebsmittel bis zu 30% der gesamten Produktionskosten betragen. Dieser Anteil ergibt sich sowohl aus der Neuanschaffung als auch aus den beim Werkzeugeinsatz in der Produktion z.B. für Reparaturen entstehenden Kosten.

Zeiteinfluß

Einen entscheidenden Wettbewerbsfaktor stellt die Zeit bis zum Markteintritt für neue Produkte dar. Eine Überschreitung der Entwicklungszeit kann zu 25% bis 60% Ergebniseinbuße führen (EVERSHEIM 1996). In der Automobilbranche werden von einigen Unternehmen z.B. 24 Monate als Zielgröße von Konzeptfreigabe bis Markteintritt angestrebt. Untersuchungen des WZL haben für 1997 allein für die zur Karosserieherstellung benötigten Blechumformwerkzeuge Anfertigungszeiträume von bis zu 18 Monaten gezeigt. Eine Verkürzung der Gesamtentwicklungszeiten kann also nur zusammen mit einer Leistungssteigerung im Werkzeugbau erreicht werden.

Qualitätseinfluß

Die Qualität der Produkte hängt unmittelbar von der Werkzeugqualität ab. An Schmiedewerkzeuge oder Presswerkzeuge werden in der Regel ein bis drei IT-(ISO-Toleranz) Klassen höhere Toleranzanforderungen als an das zu erzeugende Werkstück gestellt.

Notwendigkeit zur strategischen Ausrichtung

Es wird deutlich, daß eine Optimierung der Gesamtprozeßkette auch eine Betrachtung des Werkzeugbaus erfordert. Für eine Reorganisation des Werkzeugbaus müssen die Zielgrößen Kosten, Zeit und Qualität weiter konkretisiert werden. Die Ziele für den Werkzeugbau bilden die Grundlage für eine Festlegung der strategischen Ausrichtung. In diesem Rahmen sind das zukünftige Leistungsspektrum des Werkzeugbaus, eine prozeßorientierte Ablauf- und Aufbauorganisation, die zukünftig benötigten Kapazitäten sowie die Schnittstellen des Werkzeugbaus festzulegen.

Ansatzpunkte einer Optimierung

Neben der organisatorischen Gestaltung des Werkzeugbaus muß der Einsatz der Fertigungstechnologien optimiert werden. Hierzu sind Kenntnisse über die verfügbaren Verfahren sowie die optimale Verfahrensauswahl und -anpassung erforderlich. Die Voraussetzung für den Einsatz moderner, NC-gesteuerter Fertigungssysteme bildet eine durchgängige NC-Verfahrenskette. Eine weitere, wichtige Komponente der Optimierung im Werkzeugbau bilden Standardisierungsmaßnahmen. Gerade im Werkzeugbau werden aufgrund der Unikatfertigung Standardisierungspotentiale häufig nicht genutzt und eine Wiederverwendung von Arbeitsergebnissen erschwert oder verhindert. Die Auftragsplanung und -steuerung stellt wegen der Randbedingungen im Werkzeugbau ebenfalls ein Optimierungsfeld dar, das eine branchenspezifische Lösung erfordert. Auf die genannten Schwerpunkte der strategischen Ausrichtung und Optimierung im Werkzeugbau wird im Rahmen dieses Buchs eingegangen.

1.1
Zielkonflikte im Werkzeugbau

Das Verhältnis zwischen dem Werkzeugbau und seinen Kunden läßt sich in einer ersten Unterteilung in zwei Bereiche trennen. Danach können im Werkzeugbau in interne und externe Betriebe unterschieden werden (Abb. 1.1). Diese beiden Gruppen verfügen i.d.R. über verschiedenartige Auftragsstrukturen, womit sich auch ihre Zielsetzungen unterscheiden.

Interner Werkzeugbau	Externer Werkzeugbau
• eingegliedert in übergeordnetes Unternehmen	• selbständiges Unternehmen
• Mutterunternehmen ist der Kapitalgeber	• beliebige Kapitalgeber
• Mutterunternehmen ist der Hauptkunde	• in der Regel weitgefächertes Kundenspektrum

Bild 1.1   Alternative Stellungen des Werkzeugbaus

Der interne Werkzeugbau gehört zu einem übergeordneten Unternehmen, das gleichzeitig als Hauptabnehmer der Leistungen des Werkzeugbaus auftritt. Dabei übernimmt das Gesamtunternehmen auch die Rolle des Kapitalgebers und ermöglicht so die Existenz des Werkzeugbaus. Hier liegt also eine besonders starke Bindung zwischen dem Werkzeughersteller als Lieferant und dem Mutterunternehmen als Kunden vor. Die klassische Organisationsform für einen internen Werkzeugbau stellt die Abteilung dar. Infolge von Rationali-

Interner Werkzeugbau

sierungsbemühungen ist jedoch eine Abkehr von dieser Organisationsform mit dem Ziel einer Stärkung von Eigenverantwortung und Kostenbewußtsein zu erkennen. Diese Zielsetzungen werden durch eine Organisation des Werkzeugbaus als Cost- oder Profit-Center unterstützt. Zur Einbindung eines internen Werkzeugbaus in das Mutterunternehmen bestehen somit drei prinzipielle Möglichkeiten:

- als Abteilung,
- als Cost-Center oder
- als Profit-Center.

Externer Werkzeugbau

Externe Werkzeugbaubetriebe zeichnen sich durch ein davon abweichendes Kunden-Lieferanten-Verhältnis aus. Hierbei übernimmt der Hauptkunde, falls einer in dieser Form vorhanden ist, nicht die Rolle des Kapitalgebers, und die Bindung zum Hauptkunden ist erheblich geringer. Unabhängig davon können externe Werkzeugbaubetriebe in einen Unternehmensverbund eingegliedert sein. Somit sind zwei Formen externer Werkzeugbaubetriebe zu unterscheiden:

- der externe Werkzeugbau im Unternehmensverbund und
- der externe eigenständige Werkzeugbau.

Interessengruppen am Werkzeugbau

Die Betrachtung der unterschiedlichen Organisationsformen interner wie externer Werkzeugbaubetriebe zeigt, daß die an den Werkzeugbau gestellten Anforderungen im wesentlichen von zwei Gruppen formuliert werden. Sowohl die Kunden als auch die Kapitalgeber des Werkzeugbaus haben ein Interesse an dessen Leistungen.

Die Gruppe mit der größten direkten Einflußmöglichkeit auf ein Unternehmen sind die Kapitalgeber, die die Geschäftstätigkeit ermöglichen. Das einem Betrieb zur Verfügung gestellte Kapital ist die Grundlage seines wirtschaftlichen Handelns. Die Kapitalgeber verbinden mit den zur Verfügung gestellten Ressourcen einen Nutzen für sich. Sie erwarten eine möglichst hohe Rendite für ihr eingesetztes Kapital (shareholder value) und verlangen daher wirtschaftlichen Erfolg.

Parallel dazu bestehen kundenseitige Interessen am Werkzeugbau. Auch wenn die Entscheidungskompetenz hinsichtlich der Führung des Werkzeugbaus auf seiten der Kapitalgeber liegt, so ist die Zufriedenheit der Kunden (customer value) mit den Leistungen des Werkzeugbaus von elementarer Bedeutung für dessen wirtschaftlichen Erfolg. Die Abnehmer von Werkzeugen betrachten bei der Bewertung eines Werkzeugherstellers neben ökonomischen auch technische Kriterien. Ihr übergeordnetes Ziel für den Werkzeugbau ist die Maximierung des Nutzens, den sie aus dem Werkzeugeinsatz ziehen.

Damit ergeben sich zwei miteinander konkurrierende Hauptanforderungen an den Werkzeugbau (Abb. 1.2). Die Forderung nach dem wirtschaftlichen Erfolg des Werkzeugbaus führt dazu, daß zum einen die Kosten für die Herstellung der Betriebsmittel minimiert und zum anderen die erzielten Preise für die Leistungen maximiert werden müssen. Dagegen bedingt eine Steigerung des Nutzens durch den Werkzeugeinsatz die Forderung nach möglichst geringen Werkzeugkosten und gleichzeitig möglichst hoher Qualität der Erzeugnisse und Leistungen des Werkzeugbaus.

Konkurrierende Anforderungen

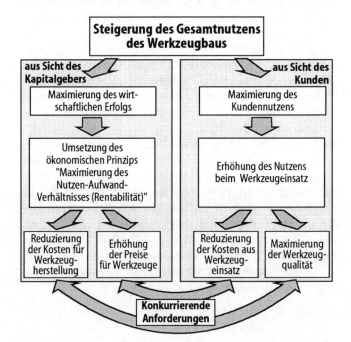

Bild 1.2   Konkurrierende Anforderungen an den Werkzeugbau

Die gegenüberstellende Gewichtung dieser Zielsetzungen für den Werkzeugbau ist dabei von der Situation

Anforderungen an den externen Werkzeugbau

des betrachteten Betriebs abhängig. Für einen externen Werkzeugbau hat in der Regel die Rentabilität des Unternehmens oberste Priorität. Durch die Verpflichtung gegenüber seinen Kapitalgebern muß der Zulieferbetrieb möglichst wirtschaftlich arbeiten, um seinen Zweck zu erfüllen. Um dieses zu erreichen, darf der Betrieb jedoch nicht die Interessen seiner Kunden aus den Augen verlieren, da der wirtschaftliche Erfolg nur durch die Kundenakzeptanz der erbrachten Leistungen erzielt werden kann. Es bleibt festzuhalten, daß ein Zulieferbetrieb vornehmlich ökonomische Ziele verfolgt und die Kundenzufriedenheit als Voraussetzung dafür betrachtet.

Anforderungen an den internen Werkzeugbau

Bei einem internen Werkzeugbau wird dieser Zielkonflikt erheblich verschärft. Die Ursache dafür ist, daß in diesem Fall der Kapitalgeber und der Kunde in einer „Person" durch das Mutterunternehmen verkörpert werden. Das Unternehmen möchte einerseits, daß sich das dem Werkzeugbau zur Verfügung gestellte Kapital rentiert, und verlangt andererseits nach im Vergleich zur Konkurrenz niedrigen Preisen und hoher Qualität der Leistungen.

Um bei dieser im Vergleich zum externen Werkzeugbau schwierigeren Problematik eine Lösung zu finden, muß das Hauptinteresse des Mutterunternehmens betrachtet werden. Dieses Unternehmen muß ebenfalls den Ansprüchen seiner Kapitalgeber nachkommen und in seiner Gesamtheit wirtschaftlich arbeiten. Der Werkzeugbau wird diesen Interessen untergeordnet, so daß die Hauptaufgabe eines internen Werkzeugbaus in der Maximierung des Gesamtunternehmensgewinns liegt. Aufgabe des internen Werkzeugbaus ist, Betriebsmittel bei möglichst geringen Kosten zu erzeugen und gleichzeitig durch die Qualität der Leistungen einen möglichst großen Umsatz des Gesamtunternehmens zu fördern.

Konkurrierende Ziele im Werkzeugbau

Damit bestehen im Werkzeugbau zwei wesentliche, gegeneinander wirkende Zielsetzungen:

- Steigerung der Kundennutzens und
- Steigerung des Rentabilität.

Diese beiden Oberziele im Werkzeugbau können in Form von Zielhierarchien weiter aufgegliedert werden. Durch eine Bildung von Subzielen wird es ermöglicht, nach untergeordneten Zielsetzungen zu streben, und die Suche nach Maßnahmen zur Verbesserung der Zielerreichung wird erleichtert. Dieses wird nachfolgend für die beiden genannten Oberziele durchgeführt.

1.2 Kundennutzen

Aus Kundensicht stellt ein möglichst hoher Nutzen aus den Leistungen und Erzeugnissen des Werkzeugbaus die Hauptanforderung dar. Diese Anforderung untergliedert sich entsprechend den Phasen der Auftragsabwicklung von der Angebotsbearbeitung bis zur Auslieferung in sechs Subziele (Abb. 1.3). Diese Strukturierung berücksichtigt, daß der Kunde in sämtlichen Phasen der Auftragsabwicklung einen möglichst hohen Nutzen für sich erzielen will.

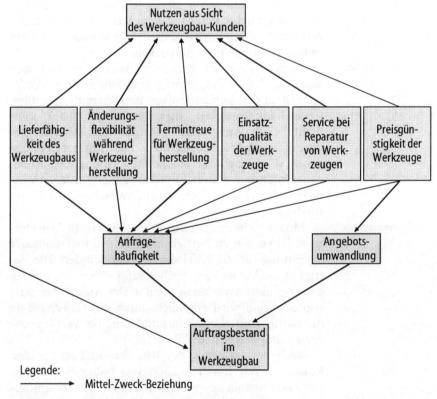

Bild 1.3   Zielsystem aus Sicht des Werkzeugbau-Kunden

Lieferfähigkeit

Im Rahmen der Anfrage stellt sich für den Kunden zunächst die Frage, ob der betrachtete Werkzeugbau überhaupt in der Lage ist, die zu vergebende Aufgabe zu erfüllen. Ein Subziel des Kundennutzens ist daher die Lieferfähigkeit des Betriebsmittelbaus. Mit der Lieferfähigkeit wird der Erfüllungsgrad der bei einer Abnehmeranfrage formulierten Aufgaben beschrieben. Dazu gehören sowohl die Fähigkeit, die angefragten Werkzeuge und Betriebsmittel generell herstellen zu können, als auch weitere Rahmenbedingungen der Anfrage wie die Termineinhaltung, die Beratung der Teilekonstruktion oder den Prototypenbau gewährleisten zu können. Im Hinblick auf den Aufbau langfristiger Kooperationen mit kompetenten Partnern ist eine hohe Lieferfähigkeit unter technologischen wie kapazitiven Aspekten für die Abnehmerindustrie von hoher Bedeutung.

Preisgünstigkeit

Bei der Auftragsvergabe spielt die Preisgestaltung eine wesentliche Rolle für den Erhalt des Zuschlags. Aus Kundensicht besteht dabei ein Interesse nach einer möglichst hohen Preisgünstigkeit.

Änderungsflexibilität

Insbesondere im Betriebsmittelbau ergeben sich während der Auftragsabwicklung häufig noch Änderungen an den kundenseitigen Betriebsmittelspezifikationen. Die Fähigkeit eines Betriebsmittelbaus, kundenindizierte Änderungen einzuarbeiten, wird als Änderungsflexibilität bezeichnet. Aus Kundensicht ist dabei eine möglichst zügige Abwicklung der Änderungsvolumina unter Einhaltung der Liefertermine oder möglichst geringer Terminverschiebungen von Interesse.

Termintreue

Eine strikte Einhaltung der vereinbarten Liefertermine ist gerade im Betriebsmittelbau von wesentlicher Bedeutung für die Zufriedenheit der Kunden. Die Betriebsmittelherstellung stellt häufig einen Engpaß in der Produktionsvorbereitung dar. Der Anlauf der Serienproduktion wird erheblich durch die Liefertermine der Betriebsmittel bestimmt und kann bei Verzögerungen zu umfangreichen Kosten führen.

Nach der Lieferung der Betriebsmittel ist für den Kunden deren Einsatzqualität von hoher Bedeutung. Um hohe Kosten zu vermeiden, die bei Betriebsmittelreparaturen anfallen, wünscht der Kunde eine hohe Qualität der Betriebsmittel, die sich in einer optimalen

Fertigungsqualität über die komplette Einsatzzeit der Betriebsmittel niederschlägt.

Während der Einsatzperiode der Betriebsmittel wird der Kundennutzen auch vom Subziel des Service entscheidend determiniert. Der Service umfaßt dabei die Reparatur von Betriebsmitteln. Der Kunde wünscht aufgrund der hohen Kosten, die bei Produktionsausfall entstehen können, eine möglichst zügige Abarbeitung von eiligen Reparaturaufgaben.

Service

Sämtliche der genannten, dem Kundennutzen untergeordneten Subziele haben Auswirkungen auf das Anfrageverhalten der Abnehmer. Die Ausprägungen der technischen Subziele, die zu einer hohen Kundenzufriedenheit führen, haben ebenfalls eine steigernde Wirkung auf die Anfragehäufigkeit.

Anfragehäufigkeit

Wird nun eine Anfrage an den Betriebsmittelbau gerichtet, so ist die erste Voraussetzung für den Erhalt des Auftrags eine hohe Lieferfähigkeit des Betriebsmittelbaus. Ist diese gegeben, so kann ein Angebot erstellt werden. Die Erteilung des Auftrags hängt dann von der Angebotsumwandlung ab. Als Angebotsumwandlungsrate wird das Verhältnis zwischen der Anzahl an Angeboten, die in Aufträge umgewandelt worden sind, und der Anzahl insgesamt erstellter Angebote bezeichnet. Je höher die Angebotsumwandlungsrate ist, desto höher ist auch der Auftragsbestand im Betriebsmittelbau.

Angebotsumwandlung

Voraussetzung für einen hohen Auftragsbestand ist neben einer hohen Lieferfähigkeit eine hohe Anfragehäufigkeit und eine hohe Umwandlungsrate der Angebote. Das Subziel Auftragsbestand stellt neben der Preisgünstigkeit eine wesentliche Schnittstelle zwischen dem kundenseitigen Zielsystem und den ökonomischen Zielen dar (vgl. Kap. 1.3).

Auftragsbestand

Als Grundlage zur Messung der Zielerreichung müssen die im Zielsystem abgebildeten Zielgrößen mittels Kennzahlen operationalisiert werden. Diese Kennzahlen müssen im konkreten Anwendungsfall gemeinsam mit den jeweiligen Werkzeugbau-Kunden definiert und geprüft werden. Eine mögliche Kennzahl für die Messung der Zielgröße Flexibilität ist z.B. das Verhältnis zwischen termingerecht erfüllten Änderungsaufträgen und der Gesamtanzahl der Änderungsaufträge. Ein mögliches Maß für die Einsatzqualität ist die Anzahl der Werkzeuge mit toleranzüberschreiten-

Messung der Zielerreichung

den Maßabweichungen bei funktionsbestimmenden Maßen dividiert durch die Gesamtzahl der Werkzeuge.

Gewichtung der Einzelziele

Um die Bedeutung der kundenseitigen Ziele untereinander beurteilen zu können, erfolgt eine Gewichtung der Einzelziele. Hierbei ist auf eine Normierung der möglichen Wertintervalle einzelner Kennzahlen zu achten, damit das Gewichtungsergebnis nicht durch unterschiedliche Größenordnungen der Kennzahlen verfälscht wird. Da die einzelnen Subziele des Kundennutzens entsprechend den spezifischen Randbedingungen unterschiedliche Bedeutungen besitzen, werden ihre Gewichtungen untereinander durch Befragung von Kunden des Werkzeugbaus ermittelt.

Multi-Criteria

Eine methodische Hilfestellung bei der Gewichtung der Subziele bietet die Multi-Criteria-Problemlösung. Die Komplexität der Aufgabe wird durch eine paarweise Gewichtung von zwei Subzielen untereinander reduziert. Die hierdurch gewonnenen Faktoren werden in einer Matrix dargestellt. Ein Beispiel für eine mögliche Gewichtung wird in Abb. 1.4 dargestellt. So ergibt in diesem Beispiel die Fragestellung danach, welcher Werkzeugbau bei der Abwägung einer hohen Änderungsflexibilität gegenüber einer hohen Lieferfähigkeit bei ansonsten gleichen Zielerreichungen zu bevorzugen ist, den Faktor 7. Das bedeutet, daß die Änderungsflexibilität aus Sicht des Kunden eine sehr viel höhere Bedeutung besitzt als die Lieferfähigkeit. Bei Wahl des Faktors 7 muß sich die sehr viel höhere Bedeutung in der Vergangenheit klar gezeigt haben.

Gewichtete Subziele

Auf Basis der erstellten Gewichtungsmatrix werden entsprechend dem Verfahren nach Saaty die Gewichte der einzelnen Subziele berechnet (SAATY 1980). In Abb. 1.5 werden für einen Hersteller von Schmiedegesenken im Bereich Kunststoffverarbeitung die gewichteten Subziele eines internen Kunden dargestellt. In dem dargestellten Fallbeispiel nimmt das Subziel Einsatzqualität einen hohen Stellenwert ein. Aus Sicht des Kunden ergibt sich anhand der Gewichtungen, welche Subziele als Schwerpunkte angesehen werden. Aus Sicht des Werkzeugbaus wird hiermit eine operative Nutzung des kundenseitigen Zielsystems ermöglicht. Somit wird die Grundlage für eine Kundenorientierung im Werkzeugbau gelegt. Darüber hinaus bietet das kundenseitige Zielsystem die Möglichkeit, auch externe Werkzeuglieferanten zu bewerten, und kann somit als

langfristige   Unterstützung   von   „make-or-buy"-
Entscheidungen herangezogen werden.

Lesart: bedeutender als	Lieferfähigkeit	Preisgünstigkeit	Termintreue	Änderungsflexibilität	Einsatzqualität	Service
Lieferfähigkeit						
Preisgünstigkeit	3					
Termintreue	9	5				
Änderungsflexibilität	7	1	1			
Einsatzqualität	9	7	3	5		
Service	7	3	1	1	1/3	

Skalenwert	Definition	Interpretation
1	gleiche Bedeutung	Beide verglichenen Elemente haben gleiche Bedeutung für das übergeordnete Ziel.
3	etwas höhere Bedeutung	Erfahrung und Einschätzung sprechen für eine etwas höhere Bedeutung eines Elements im Vergleich zu einem anderen.
5	erheblich höhere Bedeutung	Erfahrung und Einschätzung sprechen für eine erheblich höhere Bedeutung eines Elements im Vergleich zu einem anderen.
7	sehr viel höhere Bedeutung	Die sehr viel höhere Bedeutung hat sich in der Vergangenheit klar gezeigt.
9	absolut dominierend	Es handelt sich um den größtmöglichen Unterschied zwischen zwei Elementen.
2,4,6,8	Zwischenwerte	Zwischen zwei benachbarten Urteilen muß eine Überprüfung getroffen werden, ein Kompromiß.

Bild 1.4   Messung des Kundennutzens

1.3
Ökonomischer Nutzen

Die Formulierung und Messung von ökonomischen
Zielen ist nur möglich bei externen Werkzeugbaubetrieben oder bei internen Werkzeugbaubetrieben, die
als Profit-Center organisiert sind. Im Zentrum ökonomischer Ziele steht die Kennzahl Rentabilität. Mit Hilfe
der Rentabilität kann eine Aussage über das Kosten-
Nutzen-Verhältnis der eingebrachten Ressourcen getroffen werden.

Profit-Center als
Voraussetzung für
Rentabilitätsbestimmung

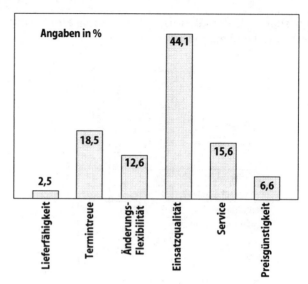

Bild 1.5   Gewichtung des Kundennutzens aus Sicht eines
Schmiedegesenkabnehmers (Praxisbeispiel)

Zielsystem eines externen
Werkzeugbaus oder eines
Profit-Centers

In Abb. 1.6 wird das Zielsystem dargestellt, das aus Sicht eines externen oder eines als Profit-Center organisierten Werkzeugbaubetriebs relevant ist. Das über die Rentabilität ausgedrückte Kosten-Nutzen-Verhältnis kann durch zwei Subziele maximiert werden: Zum einen führt eine Steigerung des Gewinns bei konstantem Kapitaleinsatz und zum anderen eine Minimierung des eingesetzten Kapitals bei gleichbleibendem Gewinn zu einer Erhöhung der Rentabilität.

Gewinn

Diese beiden Subziele führen ihrerseits wiederum zu untergeordneten Zielen. Eine Steigerung des Gewinns kann im Werkzeugbau über zwei Wege erreicht werden: Die erste Möglichkeit ist eine Verringerung der anfallenden Kosten bei konstantem Durchsatz. Die zweite Möglichkeit liegt in einer Steigerung des Durchsatzes bei konstant bleibenden Kosten.

Eingesetztes Kapital
und Durchlaufzeit

Eine Minimierung des eingesetzten Kapitals kann über den Faktor Durchlaufzeit erreicht werden. Im Betriebsmittelbau ist die Höhe des eingesetzten Kapitals nicht nur von dem Wert der dort vorhandenen Produktionsmittel (z.B. Räumlichkeiten, Fertigungsanlagen), sondern auch von den Beständen halbfertiger Erzeugnisse, die zu einer Erhöhung des Umlaufvermögens beitragen, abhängig. Je geringer die Durchlaufzeiten werden, desto kürzer ist das Kapital in den Beständen gebunden, und damit sinkt die Höhe des Umlaufvermögens.

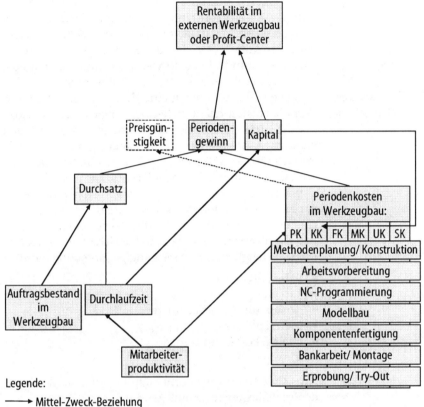

Legende:

⟶ Mittel-Zweck-Beziehung

PK = Personalkosten   MK = Materialkosten
KK = Kalkulatorische Kosten   UK = Umlagekosten
FK = Kosten für Fremdleistungen SK = Sonstige Kosten

Bild 1.6   Zielsystem aus Sicht des Werkzeugbaubetriebs

Die Betrachtung der Durchlaufzeit führt zu einer weiteren Zielgröße, die aus Sicht des Werkzeugbaubetriebs relevant ist. Bei diesem Subziel handelt es sich um die Mitarbeiterproduktivität, mit der die im Betriebsmittelbau insgesamt erstellten Leistungen in das Verhältnis zu den dafür eingesetzten Mitarbeitern gesetzt werden. Als Leistung wird die im Betriebsmittelbau erbrachte Wertschöpfung, also der hier geschaffene Mehrwert betrachtet.

Mitarbeiterproduktivität

Die Mitarbeiterproduktivität hat Auswirkungen auf zwei übergeordnete Zielgrößen. Bei gleicher Mitarbeiteranzahl führt eine Leistungssteigerung der Mitarbeiter zu einer schnelleren Abarbeitung der Aufträge und damit zu einer Verkürzung der Durchlaufzeit. Bleibt die Durchlaufzeit konstant, so ergibt die Leistungssteigerung der Mitarbeiter, daß die gleiche Leistung mit geringerem Aufwand erstellt werden kann, wodurch eine Senkung der Personalkosten erreicht werden kann.

Periodenkosten und Kostenarten

Personalkosten stellen eine Kostenart innerhalb der Periodenkosten dar. Um bei der Ursachenanalyse von Zieldefiziten differenziertere Betrachtungen anstellen zu können, ist eine weitere Detaillierung der Zielgröße Periodenkosten erforderlich. Dies erfolgt in zwei verschiedenen Dimensionen einerseits nach der Art des eingesetzten Produktionsfaktors (Kostenartengliederung) sowie andererseits nach dem kostenverursachenden Prozeß innerhalb der Wertschöpfungskette. Für die Branche Betriebsmittelbau stellt die folgende Kostenartengliederung eine gängige Einteilung dar:

- Personalkosten,
- kalkulatorische Kosten,
- Kosten für Fremdleistungen,
- Materialkosten,
- Umlagekosten und
- sonstige Kosten.

Prozeßkosten

Hinsichtlich der verursachenden Prozesse wird folgende Prozeßkostenaufteilung gewählt:

- Methodenplanung/ Konstruktion,
- Arbeitsvorbereitung,
- NC-Programmierung,
- Modellbau,
- Komponentenfertigung,
- Bankarbeit/ Montage sowie
- Erprobung/ Try-Out.

Mit Hilfe dieser Kostenaufteilung können Aufwände ermittelt werden, die in den einzelnen Prozessen aufgebracht werden. Auf dieser Grundlage können Periodenkosten verringert werden. Eine Reduzierung einzelner Kostenarten oder Prozeßkosten übt direkten Einfluß auf den Periodengewinn und somit auf eine Steigerung der Rentabilität aus.

Voraussetzung für den ökonomischen Erfolg des Betriebsmittelbaus ist ein hoher Nutzen aus Sicht des Werkzeugbau-Kunden. Die Kopplung des ökonomischen mit dem kundenseitigen Zielsystem erfolgt über die Subziele Auftragsbestand und Preisgünstigkeit. Der Auftragsbestand ist auf der einen Seite abhängig von der Erfüllung der kundenseitigen Ziele und ist auf der anderen Seite aus ökonomischer Sicht Voraussetzung für eine hohe Rentabilität. Darüber hinaus besteht ein Zusammenhang zwischen der Preisgünstigkeit der Betriebsmittel als technischem Ziel und der für deren Herstellung erforderlichen Periodenkosten als ökonomischem Ziel.

Kopplung zwischen Kundennutzen und ökonomischen Nutzen

Die Messung der Erreichung ökonomischer Subziele erfolgt über Bildung der entsprechenden betriebswirtschaftlichen Kennzahlen.

Messung der Zielerreichung

Mit Hilfe des kundenseitigen und ökonomischen Zielsystems können die Zielerreichung überprüft werden und eine kontinuierliche Verbesserung des Werkzeugbaus angestoßen werden. Schwachstellen werden aufgezeigt, und Maßnahmen können gezielt eingeleitet werden. Ebenfalls kann der Erfolg von Verbesserungsmaßnahmen anhand des Zielsystems überprüft werden. Für eine langfristige Nutzung des Zielsystems müssen geeignete Datenquellen zur Ermittlung der Kennzahlen spezifiziert und Verantwortlichkeiten festgelegt werden. Aufwände zur Erfassung und Berechnung der Kennzahlen können anhand einer gezielten Rechnerunterstützung reduziert werden.

2 Strategische Ausrichtung des Werkzeugbaus

Eine strategische Ausrichtung des Werkzeugbaus muß auf der Grundlage seiner Zielsetzungen erfolgen. Die in Kapitel 1 dargestellten Ziele im Werkzeugbau bilden somit wesentliche Orientierungshilfen bei einer zukunftsorientierten Gestaltung des Werkzeugbaus.

Im Rahmen dieses Kapitels wird eine Vorgehensweise vorgestellt, wie ein Werkzeugbau unter Berücksichtigung seiner spezifischen Randbedingungen und Ziele optimal zu gestalten ist.

Überblick zur Vorgehensweise

Die erste Fragestellung bei einer strategischen Ausrichtung des Werkzeugbaus ist die nach dem zukünftig vorzuhaltenden Leistungsspektrum (Kap. 2.1). Zunächst müssen die sogenannten Kernerzeugnisse identifiziert werden, an denen ein entscheidendes Interesse sowohl aus Kundensicht als auch aus Kapitalgebersicht besteht.

Ist das zukünftig anzubietende Erzeugnisspektrum des Werkzeugbaus bestimmt, so ist die Frage zu stellen, welche Prozesse zur Leistungserbringung innerhalb des Werkzeugbaus durchzuführen sind. Auch dabei sind die strategischen Ziele sowie weitere Randbedingungen, beispielsweise Outsourcingmöglichkeiten oder Know-how Verluste, zu berücksichtigen.

Wenn Erzeugnisse und Leistungen, die wirtschaftlich erbracht werden können, identifiziert sind, so ist eine prozeßorientierte Anpassung der Organisation im Werkzeugbau an die veränderten Aufgabenstellungen erforderlich (Kap. 2.2).

Mit Hilfe des zukünftigen Leistungsspektrums sowie einer Organisationsgestaltung können die im optimierten Werkzeugbau vorzuhaltenden Kapazitäten dimensioniert werden (Kap. 2.3). Dabei sind Marktprognosen durchzuführen.

Aufgrund der Schlüsselstellung des Werkzeugbaus innerhalb der industriellen Wertschöpfungskette müssen ferner die Schnittstellen zu vor- und nachgelagerten Prozessen gestaltet werden (Kap. 2.4). Dabei stehen verschiedene Alternativen zur Verfügung, die auch die räumliche Integration des Werkzeugbaus umfassen.

2.1
Konzentration auf Kernerzeugnisse und Kernprozesse

Eine Konzentrationsstrategie macht es erforderlich, die Abläufe und die Erzeugnisse im Werkzeugbau zu betrachten. Die Abläufe sind gekennzeichnet durch eine Kombination von Hauptprozessen, wie Angebotsbearbeitung, Methodenplanung, Konstruktion etc. Die daraus resultierenden Prozeßketten sind für die einzelnen Auftragsarten, z.B. Neuerstellung oder Reparatur, unterschiedlich. Letztendlich werden mittels dieser Prozeßketten die einzelnen Erzeugnisse des Werkzeugbaus hergestellt bzw. repariert.

Konzentration auf das Kerngeschäft

Eine Konzentrationsstrategie beinhaltet eine Konzentration zum einen auf die Kernerzeugnisse und zum anderen auf die Kernprozesse sowie die Nutzung und den Ausbau des eigenen Kern-Know-how.

Kernerzeugnisse sind hierbei alle Erzeugnisse, die einen essentiellen Beitrag zum Erfolg des Werkzeugbaus leisten und zur Differenzierung von den Wettbewerbern beitragen. Ziel ist, Vorteile hinsichtlich Kosten, Qualität oder Innovationsgrad gegenüber dem Wettbewerber zu erzielen.

Kernprozesse sind alle Prozesse, die einen essentiellen Beitrag zur Erschließung von Potentialen oder zur Sicherung des Erfolges leisten und zu einem hohen Marktwert der Werkzeuge und Betriebsmittel beitragen. Dies sind Prozesse, die besonders effizient (zeit-, kosten- und qualitätsoptimiert) sind oder Alleinstellungsmerkmale (Technologieführer) gegenüber dem Wettbewerber darstellen.

Vorgehensweise bei einer Konzentrationstrategie

In Abb. 2.1 wird die Vorgehensweise zur Entwicklung einer Konzentrationsstrategie für den Werkzeugbau beschrieben. Ausgehend von einer Klassifizierung der Auftragsarten wird das Erzeugnisspektrum des Werkzeugbaus charakterisiert. Darauf aufbauend werden Kernerzeugnisse und anschließend Kernprozesse identifiziert.

Bild 2.1   Entwicklung einer Konzentrationsstrategie für den Werkzeugbau

Kernerzeugnisse und -prozesse werden durch das Kern-Know-how des Werkzeugbaus bestimmt, welches die Unabhängigkeit und Zukunftssicherung des Werkzeugbaus gewährleistet. Eine Konzentrationsstrategie setzt sich zusammen aus Fokussierung auf die Kernerzeugnisse, -prozesse und das Kern-Know-how.

2.1.1
Ermittlung von Auftragsarten und Erzeugnisspektrum

Um eine optimale Gestaltung des Werkzeugbaus zu gewährleisten, müssen zunächst die bestehenden Auftragsarten und Erzeugnisse im Werkzeugbau aufgenommen und die bei der Auftragsabwicklung erforderlichen Prozesse ermittelt werden.

2.1.1.1
Auftragsarten

Durch das Kunden-Lieferanten-Verhältnis ergeben sich unterschiedliche Anforderungen an den Werkzeugbau, die in verschiedenartige Auftrafgsformen münden. Diese werden nachfolgend beschrieben.

Die Auftragsstruktur im Werkzeugbau hängt in der Regel von seiner Stellung als externer Zulieferer oder unternehmensinterner Bereich ab. Insbesondere interne Werkzeugbaubetriebe werden mit einer Vielzahl unterschiedlicher Aufträge belastet.

Auftragsspektrum

Im Werkzeugbau erfolgt die Auftragsauslösung kundeninduziert. Die Entwicklung und Herstellung von Betriebsmitteln wird daher i.d.R. im Anschluß an die Erteilung eines konkreten Auftrags durch einen Kunden ausgelöst. Dabei können im wesentlichen folgende Auftragsarten unterschieden werden:

• Neuaufträge für Betriebsmittel,
• Ähnlich- oder Wiederholaufträge,
• Änderungsaufträge,
• Reparatur- und Wartungsaufträge und
• Aufträge für „Feuerwehr"-Reparaturen

Diese Auftragsarten unterscheiden sich hinsichtlich ihrer Abwicklung im Werkzeugbau. In Abhängigkeit von der Auftragsart ergeben sich unterschiedliche Prozeßketten, so daß der erforderliche Aufwand bei der Abwicklung der Aufträge stark schwanken kann. In Abb. 2.2 ist die komplette Prozeßkette im Werkzeugbau dargestellt.

Neuaufträge

Kennzeichen von Aufträgen für neue Betriebsmittel ist, daß kaum auf vorhandene Unterlagen für diesen speziellen Anwendungsfall zurückgegriffen wird und die komplette Prozeßkette im Werkzeugbau durchlaufen werden muß.

Zur Durchführung der neuen Aufgabe müssen die Betriebsmittel zunächst konstruiert werden. Dabei werden die prinzipiellen Lösungen und die generelle Funktionsweise der Betriebsmittel im Rahmen der Methodenplanung erarbeitet und anschließend in der Konstruktion detailliert. Schließlich werden Konstruktionszeichnungen erstellt, die die Betriebsmittel geometrisch und technisch beschreiben.

In der Arbeitsvorbereitung werden für die Herstellung der Betriebsmittel anhand der Konstruktionsunterlagen die notwendigen Arbeitsunterlagen für die nachfolgenden Prozesse erstellt. Dazu gehört die Anfertigung der Arbeitspläne auf verschiedenen Ebenen der Produktstruktur. So werden Arbeitspläne für das Erzeugnis und die einzelnen Teile oder Baugruppen des Betriebsmittels erstellt. Auf diesen werden u.a. die für die Herstellung erforderlichen Arbeitsschritte und die dabei einzusetzenden Maschinen und Anlagen festgehalten. Daneben werden von der Arbeitsvorbereitung die für die Steuerung des Auftrags nötigen Unterlagen angefertigt, die z.B. Terminvorgaben für die einzelnen Arbeitsschritte umfassen. Generell ist der Werkzeugbau durch eine relativ geringe Planungstiefe gekennzeichnet, da i.d.R. ein spezifisches Facharbeiterwissen für die auszuführenden Tätigkeiten notwendig und vorhanden ist.

| **Angebotsbearbeitung** |
| **Methodenplanung** |
| **Betriebsmittelkonstruktion** |
| **Arbeitsvorbereitung** |
| **Modellbau** |
| **Komponentenfertigung** |
| **Bankarbeit/ Montage** |
| **Erprobung/ Try-Out** |

Bild 2.2   Prozeßkette des Werkzeugbaus

Bevor die eigentliche Fertigung aufgenommen werden kann, sind noch vorbereitende Arbeitsschritte zu durchlaufen. Falls bei der Herstellung der Betriebsmittel der Einsatz von NC-gesteuerten Bearbeitungsmaschinen geplant bzw. erforderlich ist, müssen für die Maschinensteuerungen die NC-Programme erstellt werden. Andernfalls können z.B. Kopierfräsmaschinen eingesetzt werden, so daß der Modellbau die Kopiermodelle dafür herstellen muß. Eine weitere Aufgabe des Modellbaus kann bei der Abwicklung von Neuaufträgen die Anfertigung der Gießmodelle für die Bearbeitungsrohlinge der Werkzeuge sein.

Wenn schließlich die vorgelagerten Arbeitsschritte abgeschlossen sind, wird mit der Fertigung der Teile begonnen. Diese werden entsprechend der von der Arbeitsplanung festgelegten Verfahren hergestellt und dann in der Bankarbeit und Montage weiterverarbeitet. Dort werden die Einzelteile zusammengesetzt und noch manuelle Arbeiten an den Betriebsmitteln vorgenommen. Abschließend werden die fertigen Betriebsmittel im „Try-Out" erprobt, ggf. optimiert und ausgeliefert.

Ähnlich- und Wiederholaufträge

Mitunter sind die für die Herstellung eines neuen Produkts notwendigen Betriebsmittel den bei dem vorhergehenden Produkt eingesetzten ähnlich oder gar gleich. Solche Fälle können auftreten, wenn sich z.B. nur einzelne Elemente im Vergleich zum vorhergehenden Artikeltyp ändern. Trotzdem kann es dabei erforderlich sein, die alten Betriebsmittel aufgrund ihrer Lebenszeit vollständig auszutauschen.

Der Aufwand für die Abwicklung von Ähnlich- oder Wiederholaufträgen gegenüber Neuaufträgen ist erheblich geringer. Grundlage für die Nutzung dieser Einsparungspotentiale ist eine Anpassung der Planung und Steuerung an diese Auftragsstrukturen, zu der insbesondere eine sinnvolle Verwaltung der bei der Auftragsabwicklung erstellten Unterlagen gehört.

Änderungsaufträge

Sind an vorhandenen Betriebsmitteln Änderungen durchzuführen, so werden Änderungsaufträge ausgelöst. Ursachen für die Änderungen können Artikeländerungen oder notwendige Anpassungsarbeiten an zugekauften Betriebsmitteln sein. Auch Optimierungsmöglichkeiten an den Betriebsmitteln, die beim Serieneinsatz erkannt werden, können im Rahmen von Änderungsaufträgen eingebracht werden. Da bereits ein Betriebsmittel existiert, entfallen die Prozesse Methodenplanung, Konstruktion und Modellbau teilweise oder ganz.

Die Änderungsaufträge werden in der Arbeitsvorbereitung eingeplant. Falls nötig, werden NC-Programme für die anzupassenden Bauteile erstellt. Diese

Arbeiten können stark beschleunigt werden, wenn auf vorhandene Dokumente zurückgegriffen werden kann und für diese lediglich eine Modifikation erforderlich ist.

Bei dem Einsatz der Betriebsmittel in der Produktion können Verschleißerscheinungen auftreten, die eine Überarbeitung oder Reparatur erfordern. Dieser Verschleiß wird häufig anhand der Maßhaltigkeit der zu produzierenden Teile während der Produktion oder bei der Inspektion vor der Einlagerung im Betriebsmittellager festgestellt.

Wartungs- und Reparaturaufträge

Bei dieser Auftragsart kann komplett auf die alten Unterlagen zurückgegriffen werden. Aus diesem Grund kann eine erneute Methodenplanung und Konstruktion bei der Auftragsabwicklung eingespart werden.

Die sich für die Methoden und Hilfsmittel der Planung- und Steuerung ergebenden Anforderungen entsprechen denen bei der Abwicklung von Wiederholaufträgen. Um Wartungs- und Reparaturaufträge effizient durchführen zu können, ist eine geeignete Verwaltung der Arbeitsunterlagen erforderlich.

Durch Versagen eines Werkzeugs im Betrieb werden sogenannte „Feuerwehr"-Reparaturen ausgelöst. Aufgrund der hohen Kosten, die bei einem Ausfall der Produktion entstehen, haben diese Aufträge höchste Dringlichkeit bei der Abwicklung. Die Betriebsmittel müssen schnellstmöglich repariert und wieder eingesetzt werden.

„Feuerwehr"-Reparaturen

Die Abwicklung von „Feuerwehr"-Reparaturen hat innerhalb des Werkzeugbaus in der Regel oberste Priorität. Eine geplante Einlastung und Steuerung dieser Aufträge ist nicht möglich. Statt dessen werden die zu reparierenden Betriebsmittel im Werkzeugbau, soweit nötig, demontiert und die defekten Teile direkt repariert oder ersetzt. Dazu werden notfalls andere Aufträge unterbrochen. Ebenso werden in den Prozessen Bankarbeit und Try-Out diese Reparaturaufgaben vorgezogen.

Zusammenfassend kann festgehalten werden, daß die unterschiedlichen Auftragsarten durch spezielle Schwerpunkte in der Gesamtprozeßkette gekennzeichnet sind (Abb. 2.3).

Die Zuordnung von Prozessen der Prozeßkette des Werkzeugbaus zur den verschiedenen Auftragsarten bildet eine Basis für die Identifikation von Kernerzeugnissen und -prozessen. Aus den verschiedenen Auftragsarten resultiert unterschiedlicher Know-how-Bedarf im Werkzeugbau. Auf der Grundlage dieses Know-how kann im Zusammenhang mit den Auftragshäufigkeiten eine erste Aussage über die Relevanz der Prozeßketten der einzelnen Auftragsarten für den Werkzeugbau getroffen werden.

Prozesse							
Autragsphasen / Autragsarten	Methoden-planung/ Konstruktion	Arbeitsvor-bereitung	NC-Pro-grammierung	Modellbau	Komponen-tenfertigung	Bankarbeit/ Montage	Erprobung/ Try-Out
Neu-aufträge	●	●	●	●	●	●	●
Ähnlich-/ Wiederholaufträge	◐	◐	◐	◐	●	●	●
Änderungs-aufträge	○	◐	◐	○	●	●	●
Reparatur-/ Wartungsaufträge	○	◐	○	○	●	●	●

Auftragsarten

Legende: ○ kein/geringer Aufwand ◐ mittlerer Aufwand ● hoher Aufwand

Bild 2.3   Prozeßketten der Auftragsarten im Werkzeugbau

2.1.1.2
Erzeugnisspektrum

Das Erzeugnisspektrum im Betriebsmittelbau wird in fünf Bereiche unterschiedlicher Komplexität und Einsatzzwecke gegliedert, die nachfolgend detailliert beschrieben werden:

- Hohlformwerkzeuge,
- Vorrichtungen,
- Sondermaschinen,
- Prüfmittel und
- Modelle (Abb. 2.4).

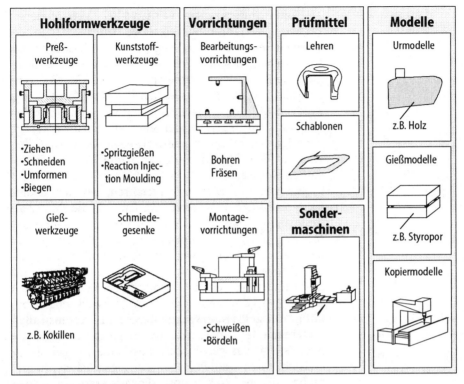

Bild 2.4 Erzeugnisspektrum des Werkzeugbaus

Unter Werkzeugen werden nach VDI Fertigungsmittel **Definition Werkzeug**
verstanden, die auf ein bestimmtes Material unmittel-
bar zum Zweck der Form- oder Substanzveränderung
mechanischer bzw. physikalisch-chemischer Art ein-
wirken. Da diese Definition auch Standardwerkzeuge,
z.B. Drehmeißel, Schneidplatten, Fräsköpfe, Bohrer
oder Schleifscheiben, umfaßt, die vornehmlich bei den
spanenden Bearbeitungsverfahren Drehen, Fräsen,
Bohren oder Schleifen eingesetzt werden, ist es nötig,
eine Abgrenzung von den Erzeugnissen des Werkzeugbaus vorzunehmen. Ferner sind auch Sonderwerkzeuge
von dieser Definition auszugrenzen, deren Herstellung
sehr spezifisches Know-how erfordert und bei entsprechenden Fachbetrieben durchgeführt wird, wie z.B. die
Anfertigung spezieller Räumnadeln. Die im Werkzeugbau hergestellten Werkzeuge charakterisieren sich
durch eine teilweise oder vollständige Abbildung der
Werkstückform auf der Werzeuggeometrie und werden
daher häufig als Hohlformwerkzeuge bezeichnet.

Hohlformwerkzeuge

Hohlformwerkzeuge werden bei verschiedenen Fertigungsverfahren benötigt. Das Urformen erfordert beispielsweise Gießwerkzeuge. Diese Gießwerkzeuge sind bei metallischen Werkstoffen für die Serienfertigung (z.B. für Getriebegehäuse von PKW-Motoren) bestimmt, so daß hauptsächlich Druckgußformen und Kokillenwerkzeuge angefertigt werden. Beim Urformen von Kunststoffteilen werden ebenfalls Formwerkzeuge benötigt. Solche Spritzgießwerkzeuge werden bei den verschiedenen Verfahren des Spritzgießens von Kunststoffen eingesetzt .

Ein weiteres Fertigungsverfahren, bei dem Hohlformwerkzeuge eingesetzt werden, ist die Materialumformung. Dabei wird zwischen der Blech- und der Massivumformung unterschieden. Als Werkstoffe bei der Blechumformung werden meist Stahl und Aluminium eingesetzt.

Zur Umformung eines Walzblechs zu einem Formteil wird dabei i.d.R. eine Reihe von Preßwerkzeugen benötigt. Diese Preßwerkzeuge werden in Pressenstraßen hintereinander eingesetzt, um in einer schrittweisen Arbeitsfolge das gewünschte Bearbeitungsergebnis zu erzielen. Dazu werden neben der eigentlichen Umformung durch Zieh- und Formoperationen auch Schneidvorgänge integriert. Da in der Regel bei der Blechumformung immer Trennoperationen erforderlich sind, werden hier alle Werkzeuge für die Blechumformung und die Materialtrennung unter dem Begriff Preßwerkzeuge zusammengefaßt. Neben den Preßwerkzeugen für die Serienfertigung werden vermehrt Preßwerkzeuge mit erheblich niedrigeren Standzeiten für die Abpressung von Prototypenteilen angefertigt.

Als letzte Untergruppe der Hohlformwerkzeuge sind die Schmiedegesenke zu erwähnen. Diese Werkzeuge werden für die Massivumformung von Werkstücken benötigt. Zur Umformung der massiven Werkstücke bis zur gewünschten Endgeometrie sind in der Regel mehrere Umformschritte notwendig, so daß Schmiedegesenke, ähnlich wie Preßwerkzeuge, meist als mehrstufige Werkzeugsätze (sog. Mehrstufengesenke) hergestellt werden.

Vorrichtungen

Ein weiterer großer Bereich des Erzeugnisspektrums im Werkzeugbau sind Vorrichtungen. Nach DIN 6300 werden darunter Fertigungsmittel verstanden, die an Werkstücke gebunden sind und unmittelbar in Beziehung zum Arbeitsvorgang stehen. Sie dienen der Positionierung, Fixierung und Einspannung von Werkstücken und der Führung von Werkzeugen. Gemäß Verwendungszweck lassen sich Vorrichtungen in Bearbeitungsvorrichtungen und Montagevorrichtungen aufteilen.

Bearbeitungsvorrichtungen werden zur Einspannung von Werkstücken für einen Bearbeitungsvorgang, z.B. eine Fräsbearbeitung, benötigt. Montagevorrichtungen dienen dagegen der Positionierung und Fixierung zu fügender Bauteile. Als Beispiel seien hier Schweißvorrichtungen für den Rohkarroseriebau in der Automobilproduktion genannt.

Zu den Fertigungsmitteln werden auch Prüfmittel gezählt. Im Werkzeugbau werden dabei spezielle Prüfmittel erstellt, die für die Kontrolle bestimmter Merkmale eines Produkts ausgelegt sind. Aufgrund der Beschränkung des Prüfmitteleinsatzes auf ein Produkt werden solche Prüfmittel in der Regel ausschließlich für die Großserienproduktion hergestellt. Häufig hergestellte Prüfmittel sind u.a. Lehren und Schablonen. Im Automobilbau werden beispielsweise die zu dem Preßteil gehörigen Lehren meist mit den Preßwerkzeugsätzen angefertigt. *Prüfmittel*

Häufig gehören auch Sondermaschinen zum Erzeugnisspektrum des Werkzeugbaus. Ähnlich dem Vorrichtungsbau handelt es sich hier um Fertigungsmittel, die speziell an die Anforderungen der Serienproduktion angepaßt werden. Dabei wird die gesamte Maschinenkonzeption entsprechend der zu erfüllenden Aufgabe ausgelegt, so daß hier eine Abgrenzung gegenüber modifizierten und mit speziellen Werkstückaufnahmen ausgestatteten Standardmaschinen vorliegt. *Sondermaschinen*

Zu dem Erzeugnisspektrum des Werkzeugbaus gehört noch die Modellherstellung. Dabei werden Modelle für verschiedene Anwendungen gefertigt: *Modelle*

Urmodelle werden für die Abbildung der Teilegeometrien verwendet. Sie werden u.a. bei der Herstellung von Gieß- oder Kopiermodellen benötigt.

Kopiermodelle werden bei spanabhebenden und abtragenden Fertigungsverfahren eingesetzt. Für das Kopierfräsen werden überwiegend Urmodelle mit Holz umbaut, so daß ein Modell des benötigten Werkzeugs mit einer Werkstückteilgeometrie entsteht. Diese Modelle können dann abgegossen werden, um das eigentliche Kopiermodell zu erhalten. Bei der Herstellung der Werkzeuggegenseite wird die dazwischen liegende Blechdicke durch Wachsbeschichtung der abzugießenden Modelle berücksichtigt.

Neben der Fräsbearbeitung werden Kopiermodelle bei den abtragenden Verfahren des elektrochemischen (ECM) und des funkenerosiven Senkens (EDM) benötigt.

2.1.2
Identifikation von Kernerzeugnissen

Auf Basis der beschriebenen Auftragsarten und des Erzeugnisspektrums im Werkzeugbau wird im folgenden eine Vorgehensweise zur Bestimmung der Kernerzeugnisse eines Werkzeugbaus dargestellt (Abb. 2.5). Als nächster Schritt zur Identifikation von Kernwerkzeugen sind für jedes Erzeugnis die Know-how-Relevanz und das Zulieferpotential zu ermitteln.

Schritte zur Identifikation der Kernerzeugnisse

Bei der Ermittlung des Zulieferpotentials sind neben den vorhandenen und bekannten Zulieferern auch die Möglichkeiten zum Aufbau von Kooperationen zu berücksichtigen. Die Einordnung der beiden Kriterien Know-how-Relevanz und Zulieferpotential in ein Portfolio dient zur Identifikation der Kernerzeugnisse. Im letzten Schritt werden mittels Kostenanalysen und auf Basis externer Angebote Leistungsvergleiche durchgeführt. Dadurch kann für alle Erzeugnisse das Verbesserungspotential (Einsparmöglichkeiten bei interner Optimierung) und für Nicht-Kernerzeugnisse das Outsourcingpotential (Einsparmöglichkeiten bei Fremdvergabe) ermittelt werden. Im folgenden wird auf die einzelnen Schritte der Identifikation von Kernerzeugnissen eingegangen. Abschließend wird die Vorgehensweise an einem Fallbeispiel aus einem Werkzeugbau erläutert.

2.1.2.1
Ermittlung der Know-how-Relevanz

Unter Kern-Know-how werden Wissen und Erfahrung verstanden, welche maßgeblichen Einfluß auf die Erfüllung der Kundenanforderungen und die effiziente Leistungserstellung haben. Darüber hinaus gewährlei-

stet die Bildung von Kern-Know-how die Unabhängigkeit und die Zukunftssicherung eines Werkzeugbaus.

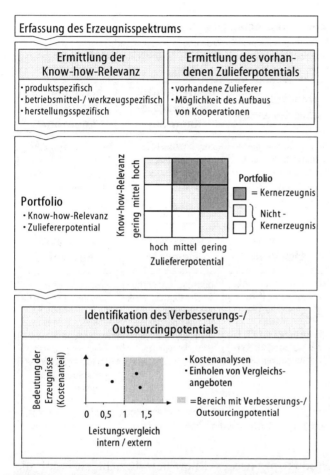

Bild 2.5   Vorgehensweise zur Identifikation der Kernerzeugnisse

Das Kern-Know-how im Werkzeugbau kann hierbei
gegliedert werden in:

Know-how im
Werkzeugbau

- produktspezifisches Know-how,
- betriebsmittel- /werkzeugspezifisches Know-how
  und
- herstellungsspezifisches Know-how (Abb. 2.6).

Für jede dieser drei Gruppen können hierzu sogenannte „Know-how-Elemente" identifiziert bzw. fest-

gelegt werden, die als Kriterien zur Know-how-Bewertung herangezogen werden.

Kern-Know-how ist Voraussetzung für die ...		
• Erfüllung der Kundenanforderungen • Zukunftssicherung • effiziente Leistungserstellung • Unabhängigkeit des Unternehmens		
produktspezifisches Know-how	**betriebsmittel-/ werkzeugspez. Know-how**	**herstellungsspezifisches Know-how**
Know-how über die Gestaltung der Bauteile, für die die Betriebsmittel/ Werkzeuge hergestellt werden	Know-how über die Gestaltung der Betriebsmittel/ Werkzeuge	Know-how über die Verfahren zur Herstellung von Betriebsmitteln/ Werkzeugen
Know-how-Elemente	**Know-how-Elemente**	**Know-how-Elemente**
• betriebsmittel-/ werkzeuggerechte (fertigungsgerechte) Bauteilkonstruktion • Betriebsmittel-/ Werkzeugaufwand für Bauteilalternativen • ...	• günstige/ ungünstige Betriebsmittel-/ Werkzeugkonzepte • Werkzeugauslegung in Abhängigkeit der Bauteilgenauigkeit • ...	• einsetzbare Fertigungstechnologien für die Betriebsmittel-/ Werkzeuganfertigung • Fertigung (Prozesse/ Parameter) zur Herstellung kritischer Betriebsmittel-/ Werkzeugteile • ...

Bild 2.6   Kern-Know-how im Werkzeugbau

Produktspezifisches Know-how

Produktspezifisches Know-how bezieht sich auf die Bauteile, für die die Betriebsmittel/ Werkzeuge hergestellt werden. Die Anwendung des produktspezifischen Know-how ermöglicht eine den Produktanforderungen entsprechende Gestaltung der Betriebsmittel. Dieses Know-how muß vom Werkzeugbau in der Produktentwicklung bereitgestellt werden, um frühzeitig eine werkzeuggerechte Gestaltung des Produkts zu gewährleisten.

Betriebsmittel-/ werkzeugspezifisches Know-how

Betriebsmittel- und werkzeugspezifisches Know-how ist Wissen über die Gestaltung von Werkzeugen. Die optimale Werkzeuggestaltung setzt Know-how über effektive Werkzeugkonzepte und die geeignete Werkzeugauslegung voraus.

Herstellungspezifisches Know-how ist Voraussetzung für die Auswahl der am besten geeigneten Verfahren zur Herstellung der Werkzeuge und deren Komponenten. Hierzu ist ein breites Wissen über Fertigungstechnologien notwendig.

Herstellungspezifisches
Know-how

2.1.2.2
Ermittlung des Zulieferpotentials

Zur Ermittlung des Zulieferpotentials muß das Lei-
stungsangebot möglicher externer Werkzeuganbieter
erfaßt und bewertet werden (Abb. 2.7).

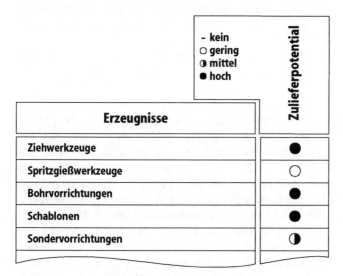

Bild 2.7   Bewertung des Zulieferpotentials (Beispiel)

Der Leistungsumfang der Zulieferer kann vom Zukauf
einzelner Werkzeugelemente bis hin zur kompletten
Entwicklung und Herstellung komplexer Werkzeuge
reichen und limitiert maßgeblich die Kooperations-
möglichkeiten. In diesem Kapitel wird zunächst das
Zulieferpotential im Bezug auf Erzeugnisse des Werkzeugbaus betrachtet. Ein um die Prozesse im Werkzeugbau erweitertes Spektrum wird in Kap. 2.1.3.2 dargestellt. Zur Einordnung des Zulieferpotentials hat sich
eine vierstufige Skala als geeignet erwiesen. Die Skala
umfaßt die Bewertungen:

Leistungsumfang
der Zulieferer

- kein Zulieferpotential (Weltweit besteht keine Be-
  zugsmöglichkeit.)

- geringes Zulieferpotential (Es gibt weniger als 5 Bezugsmöglichkeiten.)
- mittleres Zulieferpotential (Bezugsmöglichkeiten sind ausreichend, jedoch müssen entsprechend qualifizierte Partner identifiziert werden.)
- hohes Zulieferpotential (Es bestehen zahlreiche Bezugsquellen und die betrachtete Leistung ist industrieller Stand der Technik.)

Fallbeispiel An einem Fallbeispiel (Abb. 2.8) soll die Vorgehensweise zur Identifikation von Kernerzeugnissen verdeutlicht werden. Das Erzeugnisspektrum des betrachteten Werkzeugbaus umfaßt Ziehwerkzeuge, Spritzgießwerkzeuge, Bohrvorrichtungen, Schablonen und Sondervorrichtungen. Diese Erzeugnisse werden aus unternehmensinterner Sicht hinsichtlich ihrer Know-how-Relevanz bewertet. Das Zulieferpotential für die Erzeugnisse wird aus unternehmensexterner Sicht erfaßt. Know-how-Relevanz und Zulieferpotential werden in dem Portfolio zur Identifikation von Kernerzeugnissen eingeordnet. Aus dem Portfolio lassen sich mit den gegebenen Beispieldaten Spritzgießwerkzeuge und Sondervorrichtungen als Kernerzeugnisse identifizieren, während Bohrvorrichtungen, Schablonen und Ziehwerkzeuge Nicht-Kernerzeugnisse repräsentieren.

Verbesserungs-/ Outsourcingpotential Die abschließende Identifikation des Verbesserungs-/ Outsourcingpotentials erfolgt über einen intern/ externen Preisvergleich aller Erzeugnisse. Für die Kernerzeugnisse wird im Beispiel deutlich, daß die Spritzgießwerkzeuge zu teuer sind im Verhältnis zu den Preisen, die externe Werkzeugbauer anbieten. Hier muß Verbesserungspotential durch Optimierung von Werkzeugen und Prozeßketten erfolgen. Bohrvorrichtungen als Nicht-Kernerzeugnisse sind für den externen Bezug geeignet, da sie intern nur wesentlich teurer angefertigt werden können, als dies die externen Anbieter ermöglichen. Darüber hinaus ist die Bedeutung der Bohrvorrichtungen bezüglich des Umsatzanteils als gering einzustufen.

2.1.3
Bestimmung der Kernprozesse

Nachdem die Kernerzeugnisse und die zugehörigen Auftragsarten festgelegt wurden, müssen die zur Erstellung dieser Leistungen erforderlichen Kernprozesse (z.B. NC-Programmierung, Bankarbeit) identifiziert werden. Die Vorgehensweise bei der Identifikation von Kernprozessen in einem Werkzeugbau ähnelt der für die Kernerzeugnisse (Abb. 2.9):

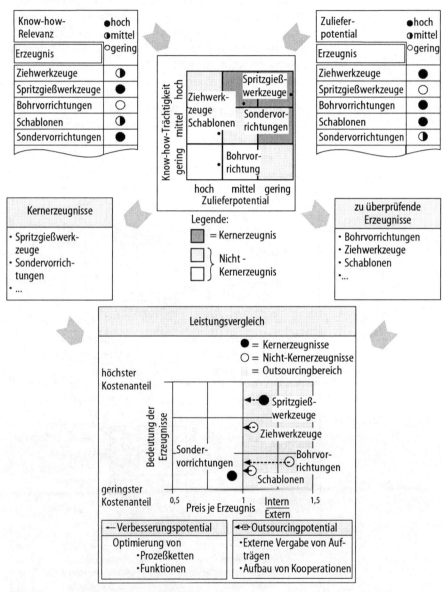

Bild 2.8   Identifikation von Kernerzeugnissen

2.1.3
Bestimmung der Kernprozesse

Nachdem die Kernerzeugnisse und die zugehörigen Auftragsarten festgelegt wurden, müssen die zur Erstellung dieser Leistungen erforderlichen Kernprozesse (z.B. NC-Programmierung, Bankarbeit) identifiziert werden. Die Vorgehensweise bei der Identifikation von Kernprozessen in einem Werkzeugbau ähnelt der für die Kernerzeugnisse (Abb. 2.9):

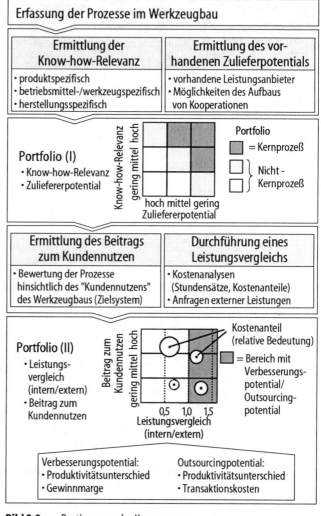

Bild 2.9   Bestimmung der Kernprozesse

In einem ersten Schritt müssen die bei der Abwicklung unterschiedlicher Aufträge im Werkzeugbau zu durchlaufenden Prozesse erfaßt werden. Der Detaillierungsgrad bei der Erfassung ist so zu wählen, daß die Prozesse bzw. Teilprozeßketten an externe Lieferanten vergeben werden können.

Zur Identifikation der Kernprozesse müssen das prozeßimmanente Know-how sowie das vorhandene Zulieferpotential abgeschätzt werden. Mit dieser Einordnung können die Prozesse innerhalb eines Portfolios positioniert und Kernprozesse identifiziert werden.

In einem zweiten Portfolio wird für die Prozesse das Nutzenpotential bei einem Fremdbezug bzw. der Verbesserungsbedarf bei weiterhin interner Leistungserstellung ermittelt. Dazu wird der Beitrag der einzelnen Prozesse zum Kundennutzen der Leistungsfähigkeit von Konkurrenten gegenübergestellt.

Vorgehensweise zur Kernprozeßidentifikation

2.1.3.1
Erfassung der Prozesse im Werkzeugbau

Bei der Bestimmung von Kernprozessen wird letztendlich darüber entschieden, welche Prozesse innerhalb des betrachteten Werkzeugbaus durchzuführen sind und welche besser an Subunternehmer vergeben werden. Als Grundlage solcher Entscheidungen müssen in einem ersten Schritt alle Prozesse, die bei der Abwicklung der unterschiedlichen Aufträge für die Kernerzeugnisse erforderlich sind, erfaßt werden.

Für die Erfassung können Mitarbeiter der Auftragsplanung und -steuerung nach den bestehenden Abläufen befragt werden. Als Ergebnis liegt eine Auflistung der innerhalb eines Auftragdurchlaufs erforderlichen Prozesse vor. Der notwendige Detaillierungsgrad bei der Erfassung wird durch die Möglichkeit einer Fremdvergabe dieser Prozesse bestimmt. Doch auch wenn eine grundsätzliche Vergabemöglichkeit der Prozesse besteht, sind deren Schnittstellen untereinander zu bewerten. Dazu sind prozeßverantwortliche Mitarbeiter über die Abhängigkeiten der Prozesse untereinander zu befragen. Es ist der Umfang von Abstimmungen und Informationsflüssen zu bestimmen und in einer Matrix einzutragen (Abb. 2.10). Das Ergebnis kann bei der späteren Fragestellung nach einer Fremdvergabe genutzt werden, um zusätzliche Auf-

Schnittstellen der Prozesse

wände bei der Schnittstellenrealisierung zu einem externen Unternehmen zu bewerten.

Legende:

Abhängigkeit der Prozesse

- – keine
- ○ gering
- ◑ mittel
- ● stark

(z.B. Abstimmung, Informationsaustausch)

	Angebotserstellung	Beratung der Artikelkonstruktion	Konzepterstellung	Konstruktion (Zusammenstellung)	Detaillierung	Arbeitsplanung	NC-Programmierung (komplexe Teile)	Auftragssteuerung	Komponentenfertigung (einfache Teile)	Komponentenfertigung (Formteile)	Werkzeugscharfschleifen	Montage-Vorrichtungen	Bankarbeit Spritzgießwerkzeuge	Bankarbeit Stanzwerkzeuge	Wärmebehandlung	Messen und Prüfen
Angebotserstellung																
Beratung der Artikelkonstruktion	◑															
Konzepterstellung	●	●														
Konstruktion (Zusammenstellung)	○	◑	●													
Detaillierung	–	○	◑	●												
Arbeitsplanung	●	–	○	○	◑											
NC-Programmierung (komplexe Teile)	◑	◑	○	–	◑	●										
Auftragssteuerung	–	–	–	–	–	●	◑									
Komponentenfertigung (einfache Teile)	○	–	–	–	–	●	●	●								
Komponentenfertigung (Formteile)	○	–	–	–	–	●	●	●	○							
Werkzeugscharfschleifen	–	–	–	–	–	○	◑	○	●	●						
Montage-Vorrichtungen	◑	○	○	○	○	●	◑	●	●	●	○					
Bankarbeit Spritzgießwerkzeuge	◑	○	○	○	○	●	◑	●	●	●	○	○				
Bankarbeit Stanzwerkzeuge	◑	○	○	○	○	●	◑	●	●	●	○	○	–			
Wärmebehandlung	–	–	–	–	–	–	◑	–	●	○	○	–	–	–		
Messen und Prüfen	–	–	–	–	–	–	◑	○	●	●	○	◑	◑	◑	–	

Bild 2.10   Abhängigkeiten der Prozesse (Beispiel)

2.1.3.2
Bewertung von Prozeß-Know-how und Zulieferpotential

Die Bewertung von Prozeß-Know-how und Zulieferpotential stellt den zweiten Schritt zur Ermittlung der Kernprozesse dar. Die Vorgehensweise erfolgt analog zu der für die Kernerzeugnisse. Als Ergebnis können die Prozesse in ein Portfolio eingetragen und Kern- sowie Nicht-Kernprozesse identifiziert werden Bei der Bewertung des Prozeß-Know-how ist die Frage zu stellen, welches Wissen und welche Erfahrungen im Werkzeugbau abrufbar sind, wenn diese Prozesse innerhalb des eigenen Werkzeugbaus verbleiben. Für die Bewertung der einzelnen Know-how-Elemente (Kap. 2.1.2.1) wird eine dreistufige Skala mit einer Punktevergabe nach dem QFD (Quality-Function-Deployment) genutzt und eine zusammenfassende Bewertung erstellt (Abb. 2.11).

		Know-how-relevant für:						
Legende: ● = Know-how vorhanden (9 Punkte) ◑ = Know-how bedingt vorhanden (3 Punkte) ○ = Know-how nicht vorhanden (0 Punkte) Know-how-Anteil: 10-25 Punkte gering 26-40 Punkte mittel 41-56 Punkte hoch	Werkzeug- und fertigungsgerechte Bauteilkonstruktion	Bewertung des Werkzeugaufwandes (über die Lebensdauer)	günstige und ungünstige Werkzeug-konzepte, erprobte Werkzeuglösungen	Werkzeugauslegung in Abhängigkeit von Genauigkeitsanforderungen	einsetzbare Fertigungstechnologien (für die Werkzeugfertigung)	Fertigungsfolge und Prozeßparameter kritischer Werkzeugbauteile	∑ **(Punktesumme Know-how-Relevanz)**
Angebotserstellung	◑ 3	◑ 3	● 9	● 9	○ 0	○ 0	46
Beratung Artikelkonstruktion	● 9	◑ 3	● 9	● 9	◑ 3	○ 0	54
Konzepterstellung	● 9	◑ 3	● 9	● 9	◑ 3	○ 0	56
Konstruktion (Zusammenstellung)	● 9	◑ 3	● 9	● 9	◑ 3	○ 0	50
Detaillierung	● 9	○ 0	◑ 3	◑ 3	◑ 3	○ 0	26
Komponentenfertigung (einfache Teile)	○ 0	○ 0	○ 0	○ 0	◑ 3	● 9	20
Bankarbeit Spritzgießwerkzeuge	◑ 3	◑ 3	◑ 3	◑ 3	● 9	◑ 3	48
Bankarbeit Stanzwerkzeuge	◑ 3	◑ 3	◑ 3	◑ 3	● 9	◑ 3	48
Wärmebehandlung	○ 0	○ 0	○ 0	○ 0	○ 0	● 9	18
Messen und Prüfen	○ 0	○ 0	○ 0	○ 0	○ 0	○ 0	10

(Prozesse:)

Bild 2.11 Bewertung der Know-how-Relevanz für Prozesse (Beispiel)

Für die Bewertung der Know-how-Relevanz von Prozessen sind Mitarbeiter zu befragen, die einem Überblick über mehrere Prozesse bzw. die gesamte Auftragsabwicklung haben. Bei der Bewertung ist darauf zu achten, daß die Prozesse relativ zueinander beurteilt werden. Wird dies vernachlässigt oder werden nur die jeweils Prozeßverantwortlichen hinzugezogen, so besteht die Gefahr, Überbewertungen für die betroffenen Prozesse zu erhalten. In diesem Fall werden sämtliche Prozesse als besonders Know-how-relevant bewertet.

Prozeß-Know-how

Zulieferpotential

Dieser Aspekt ist ebenfalls bei der Erfassung des Zulieferpotentials zu berücksichtigen. Das Zulieferpotential kann sinnvoll nur von Mitarbeitern abgeschätzt werden, die sich mit der Vergabe von Leistungsumfängen an externe Betriebe befassen und daher einen Überblick über bestehende Bezugsmöglichkeiten für den Werkzeugbau haben. Zur Einordnung des Zulieferpotentials hat sich eine vierstufige Skala wie bei der Bewertung für die Erzeugnisse (Kap. 2.1.2.2) als geeignet erwiesen (Abb. 2.12).

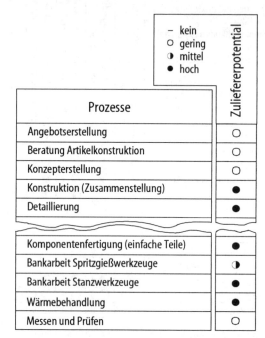

Bild 2.12   Bewertung des Zulieferpotentials (Beispiel)

Das Prozeß Know-how und das Zulieferpotential bilden die Grundlage für die Bestimmung von Kern- und Nicht-Kernprozessen (Abb. 2.9).

2.1.3.3
Ermittlung des Kundennutzens

Anhand einer Unterscheidung von Kern- und Nicht-Kernprozessen kann noch keine sinnvolle Entscheidung über eine Fremdvergabe bzw. bestehenden eigenen Verbesserungsbedarf getroffen werden. Für diese Entscheidungen müssen Informationen über den Kundennutzen der einzelnen Prozesse sowie ihre Leistungsfähigkeit im Vergleich zur Konkurrenz ermittelt werden. An dieser Stelle soll zunächst gezeigt werden, wie der Beitrag der Prozesse zum Kundennutzen eines Werkzeugbaus bestimmt werden kann.

Der Kundennutzen eines Werkzeugbaus läßt sich in die Subziele Lieferfähigkeit, Preisgünstigkeit, Änderungsflexibilität, Termintreue, Einsatzqualität und Service aufgliedern. Für jeden der zu untersuchenden Prozesse ist der Beitrag zu diesen Subzielen zu bewerten. Als Bewertungsstufen eignen sich ebenfalls die des QFD. Bei der Bewertung des Kundennutzens sollten möglichst die Kunden selbst eingebunden werden. Entweder wird diese Aufgabe in direkter Zusammenarbeit mit Kunden durchgeführt (z.B. mit Hilfe eines Fragebogens) oder alternativ durch Einbindung von Vertriebsmitarbeitern. Diese können als Mittler zum Kunden auftreten.

Auf der Grundlage der einzelnen Zuordnungen kann für jeden Prozeß ein gesamter Beitrag zum Kundennutzen ermittelt werden. Dabei werden die Punkte des jeweiligen Subziels mit dem innerhalb der Zielsystems festgelegten Gewichtungsfaktor (Kap. 1) multipliziert und die Ergebnisse aufsummiert (Abb. 2.13).

Kriterien des Kundennutzens

Legende: 9 hoher Einfluß 3 mittlerer Einfluß 1 geringer Einfluß 0 kein Einfluß Maximalwert: 9.000 Minimalwert: 0.000	Subziele "Kundennutzen"						
	Lieferfähigkeit	Preisgünstigkeit	Änderungsflexibilität	Termintreue	Einsatzqualität	Service	Bedeutung für den Kundennutzen
Gewichtungsfaktoren aus Zielsystem	0,025	0,066	0,126	0,185	0,441	0,156	**1,000**
Angebotserstellung	0	9	0	0	0	0	**0,594**
Beratung Artikelkonstruktion	0	9	3	0	3	0	**2,295**
Konzepterstellung	3	9	3	0	3	1	**2,526**
Konstruktion (Zusammenstellung)	9	9	9	3	9	3	**6,945**
Detaillierung	3	3	3	3	9	1	**5,331**
Komponentenfertigung (einfache Teile)	3	3	3	9	9	1	**6,441**
Bankarbeit Spritzgießwerkzeuge	9	3	3	9	9	9	**7,839**
Bankarbeit Stanzwerkzeuge	9	3	3	9	9	9	**7,839**
Wärmebehandlung	1	1	1	1	3	3	**2,067**
Messen und Prüfen	1	0	0	3	9	3	**5,143**

Bild 2.13   Beitrag zum Kundennutzen

2.1.3.4
Durchführung eines Leistungsvergleichs

Für die Entscheidung über eine Fremdvergabe von Prozessen ist deren Leistungsfähigkeit zu bewerten. Nachdem mit dem Kundennutzen die kundenseitigen Interessen bei einer Fremdvergabe berücksichtigt wurden, werden mit der Leistungsfähigkeit die ökonomischen Zielsetzungen der Kapitalgeber des Werkzeugbaus als Maßstab herangezogen. Im Rahmen des Leistungsvergleichs wird ermittelt, inwieweit die Prozesse einen Beitrag zu den ökonomischen Zielsetzungen liefern. Infolge der Unterscheidung in Prozesse, die auf jeden Fall innerhalb des Werkzeugbaus verbleiben sollen (Kernprozesse) und solche, die fremdbezogen werden können (Nicht-Kernprozesse), bestehen beim Leistungsvergleich zwei verschiedene Sichtweisen (Abb. 2.14).

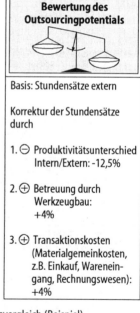

Bild 2.14   Sichtweisen beim Leistungsvergleich (Beispiel)

Vergleichsbasis

Grundlage für beide Sichtweisen des Leistungsvergleichs bilden Gegenüberstellungen von Stundensätzen aus dem betrachteten Werkzeugbau und aus Konkurrenzunternehmen. Als Vorbereitung müssen somit

Informationen über Konkurrenten (z.B. im Rahmen eines Benchmarking) eingeholt werden. Zahlreiche Informationen liegen i.d.R. in den Werkzeugbaubetrieben bereits vor. Stundensätze können z.B. aus bereits vergebenen Aufträgen abgeleitet werden. Darüber hinaus können spezielle Datenbanken, wie die Werkzeugbaudatenbank am WZL der RWTH Aachen, genutzt werden

Bei der Sichtweise „Verbesserungspotential" werden die Prozesse für den Fall eines Verbleibs im eigenen Werkzeugbau bewertet. Als Ergebnis werden die Zielvorgaben festgelegt, die für einen Aufschluß zur Leistungsfähigkeit der Konkurrenz erreicht werden müssen. Dabei sind zwei Aspekte zu berücksichtigen:

Sichtweise Verbesserungspotential

- der Produktivitätsunterschied zur Konkurrenz und
- die Gewinnmarge der Konkurrenz.

Der Produktivitätsunterschied kann durch einen Vergleich der eigenen Wertschöpfung mit der der Konkurrenz ermittelt werden. Dazu können Vergleichswerte von Verbänden (z.B. VDMA, ISTA) für die gesamte Branche oder aber die o.g. Werkzeugbaudatenbank am WZL für ein ausgewähltes Spektrum von Vergleichsbetrieben genutzt werden. Damit wird berücksichtigt, daß andere Werkzeugbaubetriebe innerhalb einer abgerechneten Stunde eine ggf. höhere Leistung erbringen.

Die Gewinnmarge ist von den Stundensätzen der Konkurrenz abzuziehen. Da es sich bei den betrachteten Vergleichsbetrieben um potentielle Zulieferer handelt, die für externe Kunden anbieten, ist ein Wert fallspezifisch abzuschätzen.

Bei der Sichtweise „Outsourcingpotential" wird bewertet, welche Prozesse günstiger extern bezogen werden können. Es soll das Einsparpotential ermittelt werden, das bei einer Fremdvergabe zu erwarten ist. Wie bei der Bestimmung des Verbesserungsbedarfs ist zunächst der Produktivitätsunterschied zu berücksichtigen.

Sichtweise Outsourcingpotential

In einem zweiten Schritt müssen die bei einer Fremdvergabe anfallenden Einstandskosten bestimmt werden. Dazu zählen zum einen allgemeine Transaktionskosten, die vor allem in den nicht-wertschöpfenden Prozessen (z.B. Einkauf) anfallen, und zum anderen Betreuungskosten für Abstimmungsaufgaben mit den wertschöpfenden Prozessen (z.B. Konstruktion). Bei der Ermittlung der zugehörigen Werte kann i.d.R. auf Erfahrungen mit Lieferanten zurückgegriffen werden. Als Ergebnis der Bewertung kann die Entscheidung über eine Fremdvergabe getroffen werden.

2.1.3.5
Identifikation von Kernprozessen

Nachdem bisher dargestellt wurde, welche Informationen für eine Identifikation von Kernprozessen im Werkzeugbau wie zu erheben sind, wird nachfolgend das Zusammenwirken der Informationen und der daraus zu ziehenden Schlußfolgerungen für einen Werkzeugbau anhand eines Beispiels erläutert.

Kernprozeßidentifikation

Zunächst werden die Prozesse hinsichtlich ihrer Know-how-Relevanz und hinsichtlich des Zulieferpotentials eingeordnet. Wie in Kap. 2.1.3.2 beschriebenen, werden zunächst das Prozeß Know-how und das Zulieferpotential bewertet und die Prozesse in einem Portfolio positioniert. Anhand der Position können Kern- und Nicht-Kernprozesse bestimmt werden. Bei dem in Abb. 2.15 gezeigten Beispiel werden die Prozesse entsprechend der in den Abb. 2.11 und Abb. 2.12 dargestellten Bewertungen eingeordnet. Die Beratung der Artikelkonstruktion, die Erstellung des Werkzeugkonzepts sowie die Bankarbeit für die Spritzgießwerkzeuge bilden die Kernprozesse. Diese verbleiben weiterhin im Werkzeugbau. Die Komponentenfertigung von einfachen Teilen, die Wärmebehandlung von Teilen und die Detaillierung der Werkzeugkonstruktion sind eindeutig Nicht-Kernprozesse. Die Komponentenfertigung von Formteilen liegt innerhalb des indifferenten Bereichs und muß somit auch hinsichtlich eines Fremdbezugs hinterfragt werden.

Outsourcingpotential

Für die Entscheidung über eine Fremdvergabe bzw. die Vorgabe des internen Verbesserungsbedarfs wird die Effektivität der Prozesse zunächst anhand ihres Beitrags zum Kundennutzen erfaßt. Dafür werden, wie in Kapitel 2.1.3.3 gezeigt, die Subziele des Kundennutzens als Kriterien genutzt. Weiterhin wird die Effizienz der Prozesse mit Hilfe eines Leistungsvergleichs gegenüber Konkurrenten ermittelt. Dabei werden die Sichtweisen Outsourcingpotential und Verbesserungsbedarf unterschiedlich behandelt.

Wie in Kapitel 2.1.3.4 dargestellt, werden beim Leistungsvergleich die eigenen Stundensätze der Prozesse denen von Konkurrenten gegenübergestellt. Für eine Abschätzung des Outsourcingpotentials werden dabei der Produktivitätsunterschied, Transaktionskosten sowie Kosten für eine Betreuung durch den Werkzeugbau in den Stundensätzen der Vergleichspartner berücksichtigt.

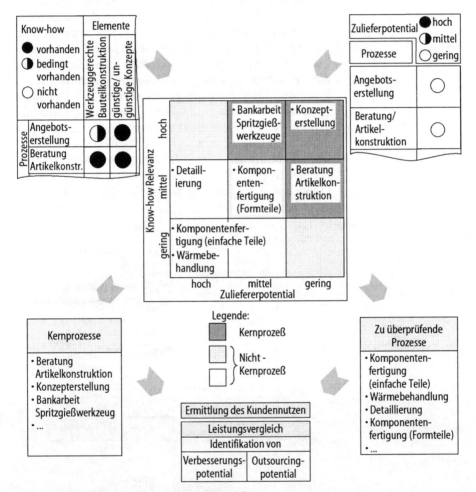

Bild 2.15   Identifikation der Kernprozesse (Beispiel)

In Abb. 2.16 ist diese Positionierung für das zuvor behandelte Beispiel dargestellt. Erwartungsgemäß haben die Kernprozesse Beratung der Artikelkonstruktion, Konzepterstellung und die Bankarbeit Spritzgießwerkzeuge einen hohen Beitrag zum Kundennutzen. Die monetäre Bedeutung der Prozesse wird durch ihren Durchmesser in dem Portfolio symbolisiert. Aus der Abbildung wird deutlich, daß ein hohes Einsparungspotential bei einer Fremdvergabe der Komponentenfertigung für einfache Teile vorliegt. Bei Eigenfertigung fallen mehr als 30% höhere Kosten als bei einer Fremdvergabe an. Außerdem ist der Anteil an den Gesamtkosten für diesen Prozeß hoch, so daß sich nicht nur relativ zum Wettbewerb, sondern auch in der Summe hohe Einsparungen erzielen lassen. Neben der Komponentenfertigung für einfache Teile zeigt sich bei der Wärmebehandlung Outsourcingpotential. Beide Prozesse sollten fremdvergeben werden. Die Detaillierung der Werkzeugkonstruktion läßt keine Einsparungen bei einer Fremdvergabe erwarten. An dieser Stelle muß entweder eine strategische Entscheidung getroffen werden, ob dieser Prozeß langfristig im Werkzeugbau verbleiben soll, oder die Entscheidung an die weitere Entwicklung der Leistungsfähigkeit gebunden wird.

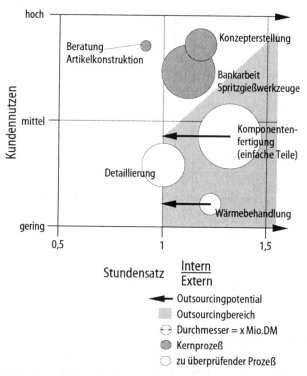

Bild 2.16   Ableitung des Outsourcingpotentials

Angenommen, die strategische Entscheidung fällt zugunsten einer Detaillierung innerhalb des Werkzeugbaus aus, so ist für die verbleibenden „inhouse"-Prozesse der Verbesserungsbedarf auf der Grundlage des Leistungsvergleichs zu bestimmen. Dazu werden neben dem Produktivitätsunterschied die Gewinnmargen der Vergleichsbetriebe berücksichtigt, um deren tatsächliche Leistungsfähigkeit zu bewerten.

Für das in Abb. 2.17 gezeigte Beispiel ergibt sich bei relativer Sichtweise das größte Verbesserungspotential bei der Erstellung der Werkzeugkonzepte. Infolge der hohen monetären Bedeutung können jedoch für die Bankarbeit der Spritzgießwerkzeuge die höchsten Einsparbeträge bei der angestrebten Verbesserung erwartet werden. Ferner zeigt das Beispiel deutlich, daß ein Rückstand der Leistungsfähigkeit gegenüber dem Wettbewerb bestehen kann, auch dann wenn sich eine Fremdvergabe zunächst nicht lohnt. Dies ist in Abb. 2.17 für den Prozeß der Detaillierung der Fall.

Verbesserungspotential

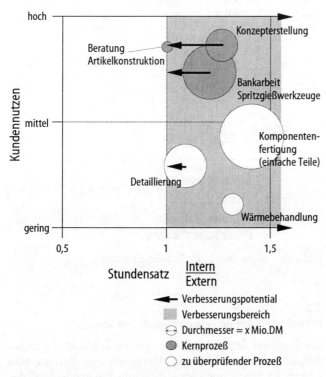

Bild 2.17   Ableitung des Verbesserungspotentials

2.2
Prozeßorientierte Organisationsgestaltung

Die Konzentration auf Kernerzeugnisse und Kernprozesse reicht allein nicht aus, um die Wettbewerbsfähigkeit des Werkzeugbaus auf einem globalen Markt langfristig sicherzustellen. Außerdem ist es erforderlich, die Unternehmensaktivitäten und -ressourcen auf die Gestaltung neuer und die Optimierung existierender Abläufe zu fokussieren (Abb. 2.18). Dieser Wettbewerbssituation müssen sich zunehmend nicht nur ganze Unternehmen, sondern auch einzelne Profit-Center, z.B. ein interner Werkzeugbau, stellen.

Einen Lösungsansatz für diese Problemstellung stellt die Prozeßorientierung dar. Sie steht für eine Abkehr von den klassischen, nach Funktionen orientierten Strukturen hin zu einer an den Abläufen orientierten Struktur (OSTROFF 1992).

Bild 2.18   Notwendigkeit der Prozeßorientierung

2.2.1
Prozeßorientierung - ein ganzheitlicher Ansatz

Optimierte Abläufe sichern die Wettbewerbsfähigkeit

Im Rahmen der prozeßorientierten Betrachtung eines Ablaufs wird unabhängig davon, ob ein Auftrag von extern kommt oder einen internen Ursprung hat, der Durchlauf durch das Unternehmen verfolgt. Hierbei nimmt der Betrachter quasi die Position des Auftrags ein und durchläuft so den gesamten Prozeß der Auftragsabwicklung.

Ein Prozeß wird als ein Bündel von Aktivitäten verstanden, für das eine oder mehrere Eingangsgrößen benötigt werden und das für den Kunden ein Ergebnis von Wert erzeugt (HAMMER U. CHAMPY 1995).

Prozesse erzeugen Ergebnisse von Wert

Zum vollständigen Verständnis des Prozeßbegriffes ist es zunächst erforderlich, den Unterschied zwischen Funktion und Prozeß herauszustellen.

Unter dem Begriff der Funktion versteht man, als Ergebnis einer Tätigkeitsanalyse, die strukturorganisatorische Zusammenfassung einer oder mehrerer Teilaufgaben. Hierbei kann es sich stellenbezogen um eine einzelne Tätigkeit, z.B. das Erodieren eines Werkzeugs, oder, bezogen auf einen Stellenbereich, um eine Abteilung wie den Werkzeugbau handeln. Eine Funktion kann auch systembezogen sein, beispielsweise bei einem speziellen Bereich zugeordneten EDV-Systemen. Insgesamt konzentriert sich die funktionale Organisationsbetrachtung auf stellen- oder abteilungsbezogene Arbeitsumfänge und -inhalte (SCHOLZ-REITER 1990). Mit dieser Sichtweise wird untersucht, wie aus einem Eingangs- ein Ausgangsobjekt wird, und zwar durch das, was dem Objekt hinzugefügt wird (MÜLLER 1992).

Funktionen fassen Aufgaben struktur organisatorisch zusammen

Im Sinne der prozeßorientierten Sichtweise werden Aufgaben ablauforganisatorisch zusammengefaßt, unabhängig von der bestehenden Aufbauorganisation. Der Fokus liegt hierbei auf der Existenz der Prozesse, deren Zeitbedarf, dem zugeordneten Ressourcenverzehr und der Wertschöpfung. Außerdem ist die komplexe Vernetzung der Prozesse untereinander von Interesse, da durch eine prozeßorientierte Betrachtung eine objektive Ermittlung der Ist-Abläufe möglich ist und somit Transparenz über die Abläufe im Unternehmen geschaffen werden kann.

Prozeßorientierung faßt Aufgaben ablauf organisatorisch zusammen

Für Prozesse können in Abhängigkeit von Ihrem Umfang, ihrer Bedeutung für das Unternehmen und ihrem Abstraktionsgrad verschiedene Hierarchiestufen definiert werden. Hierbei unterscheidet man Unternehmensprozesse, Hauptprozesse, Geschäftsprozesse und Aktivitäten.

Durch die prozeßorientierte Sichtweise ergibt sich eine Vielzahl von Möglichkeiten zur Neugestaltung von Abläufen bzw. zur Optimierung bestehender Abläufe.

Prozeßorientierung ist flexibel

Zum einen kann durch die Verknüpfung von einzelnen Teilprozessen zu Prozeßketten eine technische und organisatorische Integration dieser Unternehmensabläufe erreicht werden (MÜLLER 1992). Des weiteren schlägt sich diese ablauforientierte Organisationsgestaltung durch ihre große Transparenz in einer höheren Flexibilität nieder, die durch die Konzentration auf die wesentlichen Aspekte der Leistungserstellung erzeugt wird. Dadurch kann z.B. auf Störungen oder veränderte Randbedingungen schneller und gezielter reagiert werden. Auch können hierdurch Schwachstellen im Hinblick auf Liegezeiten erkannt und beseitigt werden.

2.2.2
Prozeßorientierte Ablaufgestaltung

Eine prozeßorientierte Ablaufgestaltung wird i.d.R. in vier Arbeitsschritten durchgeführt (Abb. 2.19).

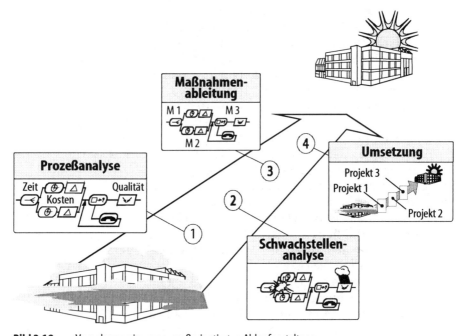

Bild 2.19   Vorgehensweise zur prozeßorientierten Ablaufgestaltung

1. Prozeßanalyse
Ziel einer Prozeßanalyse ist die Aufnahme des Ist-Zustands. Dies kann in Form von Interviews oder

durch Gruppendiskussionen erfolgen. Als Ergebnis liegt ein Prozeßmodell vor, in dem alle Aktivitäten zusammen mit ihren Zeitdauern und ihren Ressourcenbedarfen abgebildet sind. Des weiteren enthält das Prozeßmodell implizit logische Abhängigkeiten der Abläufe und die sich daraus ergebende zeitliche Reihenfolge der Bearbeitung. Bei der Prozeßanalyse müssen, ebenso wie bei den noch folgenden Arbeitsschritten, die von der Neugestaltung der Abläufe betroffenen Mitarbeiter mit eingebunden werden. Zum einen wird so auf das vorhandene Know-how im Bezug auf Abläufe und Schwachstellen zurückgegriffen. Des weiteren wird auch ein verbessertes Verständnis für die Notwendigkeit der Neugestaltung bei den Mitarbeitern erzeugt.

2. Schwachstellenanalyse

   Im Rahmen der Schwachstellenanalyse werden Schwachpunkte in den bisherigen Abläufen, beispielsweise Rückschleifen aufgrund unvollständiger Datenmodelle, identifiziert. Hierbei kann auch ein Vergleich verschiedener Abläufe miteinander erfolgen. Die hierzu erforderliche Bewertung von Prozessen kann sowohl im Hinblick auf die Durchlaufzeit als auch im Hinblick auf den Ressourcenverbrauch erfolgen.

3. Maßnahmenableitung

   Basierend auf den Ergebnissen der Schwachstellenanalyse werden verschiedene Maßnahmen erarbeitet, mit denen die gezielte Verbesserung der Abläufe verfolgt wird. Anhand einer Prognose voraussichtlicher Nutzenpotentiale erfolgt im Anschluß unter Berücksichtigung der jeweiligen Randbedingungen eine Auswahl der optimalen Maßnahmenkombination.

4. Umsetzung

   Ziel der Maßnahmenumsetzung ist die eigentliche Optimierung der Abläufe, wobei die langfristige Sicherung des Projekterfolgs im Vordergrund geachtet werden muß. Auch hierbei muß vor allem die Einbeziehung der betroffenen Mitarbeiter in den Umsetzungsprozeß im Vordergrund stehen.

2.2.2.1
Prozeßanalyse

Analysebereiche
auswählen

Bevor der erste Arbeitsschritt der prozeßorientierten Organisationsgestaltung, die Prozeßanalyse, durchgeführt werden kann, muß im Vorfeld zunächst entschieden werden, ob der komplette Werkzeugbau oder nur Teilbereiche analysiert werden sollen. Falls die Analyse auf Teile des Werkzeugbaus beschränkt wird, sollte die Abgrenzung nicht abteilungsbezogen, sondern entsprechend den gefertigten Produkten bzw. der Auftragsbearbeitung erfolgen. Nachdem die zu untersuchenden Bereiche ausgewählt worden sind, müssen die betroffenen Mitarbeiter informiert und die Analyseteams zusammengestellt werden. Als optimal haben sich hierbei Gruppen mit einer Größe von vier bis acht Mitarbeitern herausgestellt.

Teams bilden

Bei der Bildung der Teams muß vor allem die Beteiligung von solchen operativen Mitarbeitern geachtet werden, die langjährige Erfahrungen im Werkzeugbau gesammelt haben. Dies ist eine notwendige Voraussetzung für die erfolgreiche Analyse der Prozesse.

Zur Abbildung der Prozesse stehen verschiedene Modellierungsmethoden zur Verfügung, z.B. die Netzplantechnik oder die Methode der Prozeßelemente. Bei der Methode der Prozeßelemente handelt es sich um eine Beschreibungssprache, die eine transparente Darstellung von sämtlichen Prozessen der Auftragsabwicklungsprozessen ermöglicht (EVERSHEIM 1995).

Die besondere Stärke der Methode der Prozeßelemente liegt darin, daß sowohl direkte als auch indirekte Tätigkeiten, z.B. Rückfragen, Liegezeiten oder Störungen, detailliert betrachtet werden können. Dafür stehen insgesamt 14 Prozeßelemente zur Verfügung (Abb. 2.20).

Direkte und indirekte
Prozesse erfassen

Die 6 direkten Prozeßelemente beschreiben Prozesse, die unmittelbar zur Wertschöpfung beitragen. Dies sind beispielsweise die Fertigung oder die Bankarbeit/Montage eines Werkzeugs. Mit den indirekten Prozeßelementen werden solche Prozesse beschrieben, die für die Auftragsabwicklung notwendig sind, aber keinen unmittelbaren Beitrag zur Wertschöpfung leisten, z.B. Transportvorgänge. Da etwa 80-95 % aller Tätigkeiten im Werkzeugbau indirekter Natur sind, finden sich bei ihnen die größten Optimierungspotentiale im Hinblick auf die Gestaltung der Ablauforganisation.

Die Prozeßelemente besitzen neben einem Eingang, der sich auf der linken Seite befindet, bis zu drei Ausgänge. Neben dem Standard-Ausgang auf der rechten Seite, der den normalen Prozeßdurchlauf repräsentiert, kann nach unten und nach oben verzweigt werden. Der untere Ausgang steht für eine Verzweigung, die aufgrund einer Prozeßstörung, z.B. durch fehlende Informationen, erfolgt und für die alternative Abläufe bekannt sind. Ein Beispiel für eine Prozeßstörung ist das Fehlen von Rohmaterial, auf das durch Beschaffung aus dem Lager reagiert werden kann. Eine Unterbrechung des Prozesses wird durch den oberen Ausgang repräsentiert. Von einer Unterbrechung spricht man, wenn der weitere Ablauf unbekannt ist, d.h. wenn im Falle einer Störung, z.B. beim Ausfall einer Maschine, durch eine übergeordnete Stelle eine Entscheidung über den weiteren Auftragsdurchlauf zu treffen ist.

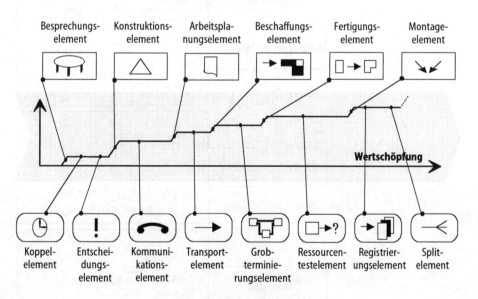

Bild 2.20   Prozeßelemente

Zusätzlich zu den Ein- und Ausgängen besitzt ein Prozeßelement eine textuelle Prozeßbeschreibung, die zur genauen Erläuterung der durchgeführten Tätigkeiten dient, sowie eine Angabe der prozeßbezogenen Durchlaufzeit. Die Übergangswahrscheinlichkeiten, d.h. die Wahrscheinlichkeiten, daß der Prozeß in einen bestimmten Ausgang verzweigt, werden an den jeweiligen Ausgängen angegeben.

Arten von Prozeßverkettungen   Insgesamt werden vier verschiedene Arten der Prozeßverknüpfung, sog. Strukturtypen, unterschieden, für die jeweils zugehörige Berechnungsformeln existieren (Abb. 2.21) (EVERSHEIM 1995).

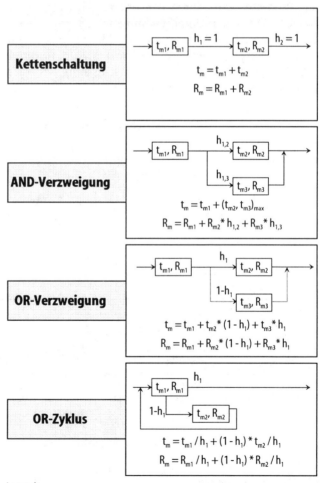

Legende:
t = Durchlaufzeit; R = Ressourcenverzehr; h = Übergangswahrscheinlichkeit

Bild 2.21   Zeit- und ressourcenorientierte Bewertung von Prozessen

- Kettenschaltung
  Von einer Kettenschaltung spricht man, wenn zwei
  Aktivitäten unabhängig von den Randbedingungen
  immer nacheinander erfolgen.
- Eine AND-Verzeigung liegt vor, wenn auf eine Aktivität zwei (oder mehrere) weitere Aktivitäten gleichzeitig erfolgen.
- Bei einer OR-Verzweigung finden mehrere Aktivitäten alternativ zueinander statt.
- Der OR-Zyklus beschreibt Schleifen sich wiederho-
  ender Prozesse. Solche Schleifen sind oftmals Hinweise auf bestehende Schwachstellen.

Die Prozeßaufnahme selbst besteht aus drei Arbeits-
schritten, die mehrfach im Rahmen des sogenannten
Autor-Kritiker-Zyklus durchlaufen werden. Auf diese
Weise ergibt sich iterativ das Prozeßmodell (Abb. 2.22).

    Zunächst werden Mitarbeiterinterviews durchge-
führt, in denen die aktuellen Prozesse aufgenommen
werden. Die Interviews erfolgen anfangs mit den Pro-
zeßeignern, d.h. einzelnen Mitarbeitern oder kleinen
Gruppen mit vier bis acht Angehörigen einer einzelnen
Abteilung des Werkzeugbaus, die den zu analysieren-
den Prozeß ausführen. Hierbei ist es sinnvoll, daß alle
Anwesenden einer ähnlichen Hierarchiestufe angehö-
ren. Erst in späteren Interviews werden verschiedene
Abteilungen gemeinsam eingeladen.

    Durch dieses Vorgehen wird vermieden, daß Infor-
mationen über nicht optimale Abläufe aus Respekt
oder Furcht vor Vorgesetzten oder Angehörigen anderer Abteilungen dem Analyseteam vorenthalten werden. Darüber hinaus liefern die unterschiedlichen
Sichtweisen verschiedener, getrennt befragter Personen
oftmals gute Hinweise für die spätere Schwachstellenanalyse. Die Beschränkung des befragten Personenkrei-
ses verhindert außerdem, daß aufgrund der Vielzahl zu
befragender Personen einzelne Mitarbeiter nicht zu
Wort kommen oder ihre Kritik nicht äußern.

    Die Ergebnisse der Interviews werden in einem Pro-
zeßplan dokumentiert, anhand dessen im dritten Arbeitsschritt die Verifikation der Ergebnisse durchgeführt werden kann. Die Überprüfung des Plans erfolgt
mit den Prozeßinhabern, d.h. mit den Mitarbeitern, die
die jeweiligen Prozesse im Tagesgeschäft ausführen.
Sich hieraus ergebende Korrekturen werden im An-

Mitarbeiter interviewen

*Prozesse dokumentieren
und verifizieren*

schluß in den Prozeßplan eingearbeitet. Dieser Zyklus aus Prozeßaufnahme, Dokumentation und Verifikation wird so lange durchlaufen, bis der Prozeßplan die Abläufe korrekt widerspiegelt.

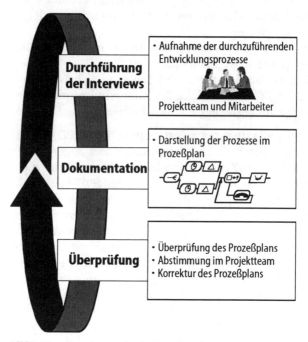

Bild 2.22   Vorgehensweise der Prozeßanalyse

Bei der Prozeßaufnahme ist auf die Wahl des Detaillierungsgrades zu achten. Eine Analyse auf Basis eines zu geringen Detaillierungsgrades würde eine Vielzahl von Schwachstellen verbergen. Bei zu großer Detaillierung entsteht ein übermäßiger Aufwand sowohl für das Analyseteam als auch für die betroffenen Mitarbeiter, ohne daß dies zur Identifikation weiterer Schwachstellen führt. Als Richtlinie kann man eine Wert von 30-50 Aktivitäten bei einfachen Werkzeugen bzw. 70-100 Aktivitäten bei komplexen Werkzeugen nennen. Hierbei ist in Problembereichen eine höhere Detaillierung zu wählen als bei unkritischen Prozessen.

Quantifizierung der Abläufe   Nach dem Abschluß des Autor-Kritiker-Zyklus erfolgt die Quantifizierung der aufgenommenen Prozesse. Für jede Aktivität müssen hierbei mehrere Werte aufgenommen werden, um später eine realistische Bewertung durchführen zu können. Zunächst muß der

durchschnittliche Zeitbedarf für den Prozeß ermittelt
werden. Des weiteren sind Informationen über die
Übergangswahrscheinlichkeiten notwendig. Soll zusätzlich noch eine ressourcenbasierte Bewertung
durchgeführt werden, so sind zusätzlich noch die Bedarfe an untersuchungsrelevanten Ressourcen, i.d.R.
der Personalbedarf und die kalkulatorischen Abschreibungen, aufzunehmen.

Für die Quantifizierung stehen verschiedene Vorge-
hensweisen zur Verfügung. Die bereits erwähnte Inter-
viewmethode liefert bei relativ geringem Aufwand gute
Informationen. Hierbei werden allerdings hohe Anforderungen an das Abstraktionsvermögen der befragten
Mitarbeiter und der Interviewer gestellt. In der prakti-
schen Anwendung hat sich diese Methode vielfach
bewährt.

Wege zur Quantifizierung

Bei kurzen Durchlaufzeiten kann die Quantifizierung durch die Kopplung des noch nicht quantifizier-
ten Prozeßplans an die Auftragsunterlagen erfolgen.
Die jeweiligen Sachbearbeiter tragen die zu erfassen-
den Daten bezüglich Durchlaufzeit und Weg des Auftrags für die von Ihnen ausgeführten Prozesse ein. Für
Prozesse mit langen Durchlaufzeiten ist diese Methode
nicht anwendbar, da zur Gewinnung verläßlicher Aussagen mehrere Aufträge betrachtet werden müssen.

Als dritte Möglichkeit zur Quantifizierung von Prozessen steht die Methode der Prozeßkettenbetrachtung
zur Verfügung. Bei dieser Vorgehensweise füllen die
jeweiligen Prozeßinhaber ein Formular aus, das den
von ihm bearbeiteten Teil des Gesamtprozesses enthält.
Um eine eindeutige Zuordnung zu gewährleisten, werden die einzelnen Prozesse mit einer Identifikations-
nummer versehen. Diese Methode ist vor allem dann
sinnvoll einzusetzen, wenn eine Quantifizierung der
Prozesse auf Interviewbasis nicht möglich ist.

Durchschnittswerte erfassen

Bei der Quantifizierung der Prozesse ist es wichtig,
Durchschnittswerte zu erfassen, nicht aber Extrem-
werte, die nur in Einzelfällen auftreten, den Betroffenen
aber als schlechte Beispiele noch sehr gut in Erinne-
rung sind. Hierdurch werden zum einen statistisch
abgesicherte Werte für die Gesamtdurchlaufzeiten gewährleistet. Darüber hinaus wird so die Anonymität
einzelner Mitarbeiter gewahrt, damit aus dem Prozeßmodell keine Rückschlüsse auf die persönliche Leistungsfähigkeit gezogen werden können.

2.2.2.2
Ermittlung von Schwachstellen

Lange Durchlaufzeiten
weisen auf
Schwachstellen hin

Basierend auf den Ergebnissen der Prozeßanalyse erfolgt die Ermittlung von Schwachstellen im Auftragsdurchlauf. Dies kann anhand mehrerer Kriterien geschehen (Abb. 2.23). Zum einen kann die Betrachtung der Durchlaufzeit zur Identifikation von Schwachstellen genutzt werden. Lange Durchlaufzeiten ebenso wie indirekte Prozesse mit langen Liegezeiten deuten oftmals auf Optimierungspotentiale hin. Diese Schwachpunkte können unterschiedlichste Ursachen haben. Beispielsweise führt im Rahmen der Werkzeugkonstruktion eine unzureichende Hardwareausstattung der CAD-Arbeitsplätze zu überhöhten Durchlaufzeiten.

Auch die mangelnde Nutzung von Standardbibliotheken oder parametrisierten Konstruktionen schlagen sich in einem überhöhten Zeitbedarf nieder. Die Hauptursache für lange Durchlaufzeiten ist jedoch i.d.R. ein mangelnder Informationsfluß, d.h. zur Aufgabenerfüllung benötigte Informationen stehen nicht rechtzeitig in ausreichender Qualität zur Verfügung.

Hohe Übergangs-
wahrscheinlichkeiten
zeigen Optimierungs-
potentiale auf

Ein weiterer Hinweis auf Schwachstellen läßt sich aus den Übergangswahrscheinlichkeiten entnehmen. Wenn ein Prozeß mit hoher Wahrscheinlichkeit eine Verzweigung oder eine Unterbrechung erfährt, in dies ein Hinweis auf vorliegende Optimierungspotentiale. Insbesondere bei der im Werkzeugbau vorliegenden Einzel- und Kleinserienproduktion, die von einem starken Kundeneinfluß geprägt ist, sind in den indirekten Bereichen häufig Prozeßverzweigungen zu finden. Dies resultiert ebenfalls wieder aus einem mangelnden Informationsfluß. Die Vorgänge zur Beschaffung der notwendigen Informationen sind in der Regel sehr zeitintensiv und haben einen großen Einfluß auf die Gesamtdurchlaufzeit.

Im Rahmen der Schwachstellenanalyse können nicht nur einzelne Prozesse, sondern auch mehrere zusammenhängende Prozesse, sogenannte Prozeßketten, als Reorganisationssegmente abgegrenzt und untersucht werden. Bedingung für die Abgrenzung eines solchen Segments ist, daß die Bilanzgrenze zu anderen Segmenten nur einen Ein- und einen Ausgang besitzt. Eine detaillierte Untersuchung eines Reorganisationssegments sollte dann durchgeführt werden, wenn ein relativ hoher Anteil an der Gesamtdurchlaufzeit besteht.

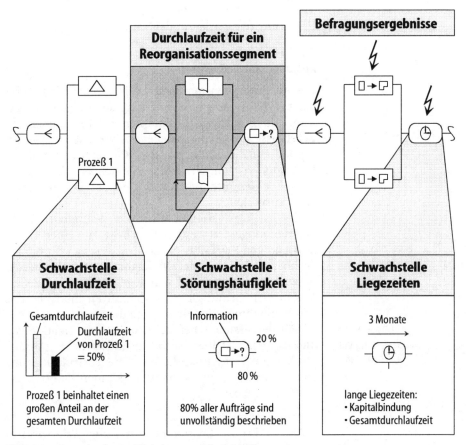

Bild 2.23 Ansatzpunkte zur Ermittlung von Schwachstellen

Auch die Interviews mit den Mitarbeitern, die die betrachteten Prozesse im Tagesgeschäft ausführen, sind eine wichtige Quelle zur Aufdeckung von existierenden Schwachstellen. Zum einen werden oftmals bereits bei der Prozeßaufnahme Hinweise auf Schwachstellen gegeben. Bei späteren Diskussionen dient dann das im Vorfeld aufgenommene Prozeßmodell als Diskussionsgrundlage. Durch die aktive Einbeziehung der Mitarbeiter in die Schwachstellenanalyse können oftmals bislang unentdeckte Problemfelder bei der operativen Auftragsabwicklung aufgedeckt werden. Beispielsweise tritt hierdurch eine ungenügende Abstimmung einzel-

Wissen der
Mitarbeiter nutzen

ner Abteilungen untereinander zu Tage. Eine weitere, häufig auftretende Schwachstelle, die aus der Befragung der betroffenen Mitarbeiter abgeleitet werden kann, ist die mangelnde Nutzung des Wissens und der Erfahrung der Werker in der Werkzeugfertigung.

2.2.2.3
Ableitung von Maßnahmen

Die Ableitung von Maßnahmen ist nächste Schritt bei der prozeßorientierten Gestaltung der Ablauforganisation. Als Eingangsinformationen hierfür dienen die Ergebnisse der Schwachstellenanalyse (Abb. 2.24). Basierend auf diesen Ergebnissen können dann einzelne Maßnahmen ermittelt werden, die sich auf die Reduzierung der Gesamtdurchlaufzeit und des Ressourcenbedarfs auswirken.

In der Regel können nicht alle gefundenen Maßnahmen umgesetzt werden. Dies liegt zum einen an der notwendigen Kapazität, die zur Umsetzung erforderlich ist, aber auch daran, daß Maßnahmen oftmals alternativ zueinander sind und sich gegenseitig ausschließen. Aus diesem Grund ist im Anschluß an die Ableitung von Maßnahmen eine Bewertung durchzuführen.

Ansätze zur Neugestaltung von Abläufen

Für den ersten Arbeitsschritt, die Identifikation von Maßnahmen, stehen sechs grundsätzliche Ansatzpunkte zur Verfügung, die bei der Neustrukturierung von Abläufen genutzt werden können (Abb. 2.25) (SCHNOPP 1990):

- Eliminieren
  Ist der Prozeß überhaupt notwendig? Wie wirkt es sich auf die übrigen Abläufe aus, wenn der Prozeß entfällt?
- Auslagern
  Gehört der Prozeß zu den Kernkompetenzen des Unternehmens? Kann die Leistung auch von einem externen Partner erbracht werden?
- Zusammenfassen
  Muß der Vorgang als eigenständiger Prozeß durchgeführt werden, oder kann er mit anderen Abläufen zusammengefaßt werden?
- Parallelisieren
  Müssen die Abläufe nacheinander erfolgen, oder sind sie inhaltlich und zeitlich voneinander unabhängig? Kann die Bearbeitung, zumindest teilweise,

parallel erfolgen? Ist eine frühzeitige Informations-
bereitstellung möglich?

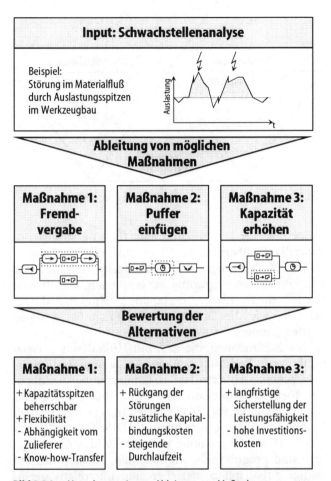

Bild 2.24 Vorgehensweise zur Ableitung von Maßnahmen

- Verlagern
  Muß der Prozeß zu diesem Zeitpunkt stattfinden,
  oder ist eine Durchführung zu einem früheren Zeitpunkt in der Prozeßkette realisierbar? Stehen alle
  notwendigen Eingangsinformationen oder Bauteile
  bereits früher zur Verfügung?
- Beschleunigen
  Kann durch den Einsatz effizienteren Hilfsmittel eine Beschleunigung der Abläufe erreicht werden, die
  auf dem kritischen Pfad liegen?

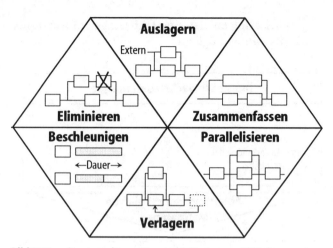

Bild 2.25   Ansatzpunkte zur Neustrukturierung von Abläufen

Anhand dieser Fragen kann man für jede vorliegende Prozeßkette überprüfen, ob es sinnvoll ist, entsprechende Maßnahmen zur Durchlaufzeitverkürzung und zur Ressourceneinsparung zu erarbeiten. Gleichzeitig werden durch diese Ansatzpunkte Hinweise darauf gegeben, wie die Optimierungsmaßnahmen gestaltet werden können.

Die Maßnahmen, die sich mit Hilfe dieser Ansatzpunkte zur Verbesserung der Ablauforganisation im Werkzeugbau ableiten lassen, können unterschiedlichste Abstraktionsniveaus und Ansatzpunkte besitzen. Die Offenlegung von Kostensätzen für die Werker oder Einrichtung funktionstüchtiger CAD-Schnittstellen zur problemlosen Übernahme von Dateien des Auftraggebers sind pragmatische Maßnahmen, die sich nur auf wenige Arbeitsplätze beziehen und mit relativ geringem Aufwand zu realisieren sind. Eine Standardisierung des Werkzeugaufbaus mit dem Hintergrund der Zeit- und Kosteneinsparung betrifft dagegen alle Bereiche des Werkzeugbaus und erfordert große Aufwände.

Bewertung von Maßnahmen

Die Bewertung der gefundenen Optimierungsmaßnahmen kann auf einfache Weise im Hinblick auf die zu erzielende Durchlaufzeiteinsparung erfolgen (vgl. Kap 2.2.1). Hierbei wird der Sollprozeß, der sich durch die Umsetzung der zu bewertenden Maßnahme ergibt, mit Hilfe der Prozeßelemente modelliert. Die sich hieraus ergebende Durchlaufzeit wird dann von der Durchlaufzeit des Ist-Zustandes subtrahiert. Ein Ver-

gleich der Durchlaufzeiten ist nicht nur für den gesamten Prozeß, sondern auch für einzelne Segmente
möglich. Die Maßnahmen können anschließend entsprechend der Durchlaufzeiteinsparung für die Umsetzung priorisiert werden.

Eine weitaus umfassendere Möglichkeit zur Bewertung von Optimierungsmaßnahmen bietet das Ressourcenverfahren (Abb. 2.26, vgl. auch Abb. 2.21). Es
basiert darauf, den Werteverzehr der zu betrachtenden
Geschäftsprozesse in Abhängigkeit von Ressourcen-
treibern zu beschreiben. Als Ressourcentreiber bezeichnet man die technisch-organisatorischen Parameter, die einen starken Einfluß auf die entstehenden
Kosten haben.

Ressourcenverfahren

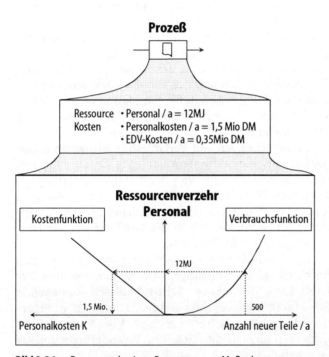

Bild 2.26   Ressourcenbasierte Bewertung von Maßnahmen

Für eine ressourcenbasierte Bewertung müssen zunächst die Ressourcentreiber der Prozesse ermittelt
werden, die von den zu untersuchenden Maßnahmen
betroffen werden. Anschließend erfolgt die Ermittlung
einer Verbrauchsfunktion, aus der der Zusammenhang
zwischen dem Ressourcentreiber und dem Ressourcen-

verzehr hervorgeht. Über die Kostenfunktion, die Verknüpfung der Ressource mit dem Kostensatz, kann dann auf die entstehenden Kosten geschlossen werden.

Mit dieser Vorgehensweise ist es möglich, den unterschiedlichen Maßnahmen zur ablauforganisatorischen Gestaltung monetäre Aufwände und Einsparungspotentiale zuzuordnen. Auf diese Weise können verläßliche Aussagen über den zu erwartenden Erfolg der sich an die Bewertung anschließenden Maßnahmenumsetzung getroffen werden.

2.2.2.4
Umsetzung

Umsetzung ist der entscheidende Teil der Veränderung

Über 80% aller Veränderungsprojekte scheitern, auch wenn gute Ideen und Konzepte vorgelegen haben (SCOTT-MORGAN U. LITTLE 1995). Die Gründe hierfür liegen oftmals in der mangelhaften Umsetzung der gefundenen Verbesserungsmaßnahmen (UNGEHEUER U.A. 1996). In Anbetracht des hohen personellen und finanziellen Aufwands, der für die vorausgegangenen Analysen und die Ableitung von Maßnahmen anfallen, wird der hohe Stellenwert deutlich, der der Umsetzung zukommen muß.

Untersuchungen von Veränderungsprojekten haben gezeigt, daß die bei weitem häufigste Ursache für auftretende Probleme die von der Umstrukturierung betroffenen Personen darstellen (Abb. 2.27). Daneben kommt auch der finanziellen Absicherung von Veränderungsmaßnahmen sowie der Organisation der Umsetzung eine große Bedeutung zu.

Zur Veränderung von Abläufen im Werkzeugbau hat sich eine dreistufige Vorgehensweise bewährt (Abb. 2.28). Im ersten Schritt müssen bestehende Strukturen aufgebrochen werden. Hierzu ist es erforderlich, bei den Betroffenen eine Vision aufzubauen und Vertrauen in die Ziele des Veränderungsprojekts zu schaffen.

Veränderungsprojekte in Unternehmen

- 17% erfolgreich umgesetzt
- 65% ohne ausreichende Resonanz
- 70% mit unvorhergesehenen Problemen
  und Nebeneffekten   P.Scott-Morgan/A.D.Little

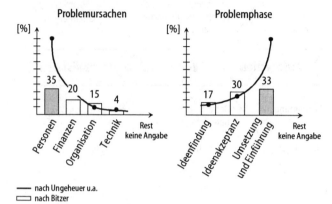

—— nach Ungeheuer u.a.
▭ nach Bitzer

Bild 2.27   Umsetzungshemmnisse

Im nächsten Schritt, der Veränderung bestehender Abläufe, findet die eigentliche Umsetzung der Maßnahmen statt. In dieser Phase ist es wichtig, die Vision der Veränderung überzeugend in den betrieblichen Alltag zu überführen. Dies kann nur erfolgreich sein, wenn die Änderungen von den Vorgesetzten vorgelebt und alle Betroffenen zu Beteiligten am Veränderungsprozeß gemacht werden. Durch die Partizipation am Veränderungsprozeß wird eine starke Identifikation der Mitarbeiter mit den umzusetzenden Maßnahmen erreicht.

Während sowohl die Werkzeugbauleitung als auch die Werker erfahrungsgemäß der Veränderung positiv gegenüberstehen, kommen die größten Widerstände i.d.R. aus den mittleren Hierarchieebenen, d.h. beispielsweise aus den Reihen der Abteilungsleiter.

Vertrauen schaffen

Bild 2.28   Erfolgsfaktoren in Veränderungsprozessen

Veränderung vorleben
Nutzen transparent
machen

Um den Nutzen der Veränderungsmaßnahmen in dieser Phase deutlich zu machen, sind sogenannte „early wins" von großer Bedeutung. Hierbei handelt es sich um für alle Beteiligten sichtbare Verbesserungsmaßnahmen, die ohne großen Aufwand schnell umgesetzt werden können.

Nachdem die Veränderung vollzogen ist, muß sichergestellt werden, daß die neuen, optimierten Abläufe auch im betrieblichen Alltag gelebt werden. Diese Stabilisierung ist nur dann möglich, wenn sich mit den neuen Abläufen offensichtliche Verbesserungen ergeben haben, die für alle Beteiligten transparent sind.

2.2.3
Prozeßorientierte Gestaltung der Aufbauorganisation

Die Aufbauorganisation
wird aus den
Aufgaben abgeleitet

Die aufbauorganisatorische Gestaltung beinhaltet die Übertragung von Aufgaben auf Personen und Stellen. Dabei werden die in der Ablaufgestaltung identifizierten Teilaufgaben (Analyse) zu Aufgabenkomplexen zusammengefaßt (Synthese) (GAITANIDES 1983). Ausgehend von dem Leistungsspektrum des Werkzeugbaus werden Gestaltungsparameter und Kenngrößen für die

Auswahl einer passenden Organisationsform vorgestellt.

2.2.3.1
Gestaltungsparameter und Auswahlgrößen

Die Aufbauorganisation eines Unternehmens oder eines Unternehmensbereichs muß dazu geeignet sein, die Kernprodukte und -prozesse effizient umzusetzen. Für den Werkzeugbau wurden fünf Auftragsarten identifiziert (Kap. 2.1.1.1).

Dieses heterogene Aufgabenspektrum des Werkzeugbaus umfaßt zahlreiche verschiedenartige Erzeugnisse. Dabei werden die Aufträge als Einzelaufträge auf Bestellung ausgelöst. Die Fertigung der Werkzeuge erfordert den Umgang mit zahlreichen technologisch sehr aufwendigen Verfahren.

Für das vorgestellte Leistungsspektrum muß eine geeignete Organisationsform ausgewählt werden. Dabei wird zwischen der Organisation innerhalb des Werkzeugbaus und der Einbettung des Werkzeugbaus in die Organisation eines Mutterunternehmens unterschieden. Für die Auswahl von Organisationsformen werden Gestaltungsmerkmale und Kriterien vorgestellt. Dabei wird nur auf Aspekte eingegangen, die eine Differenzierung von Organisationsformen für den Werkzeugbau ermöglichen.

Gestaltungsmerkmale für die Organisationsauswahl sind das Objekt der Strukturierung und die Bestandsdauer der Organisation. Aufgrund des notwendigen Know-how und der hohen Investitionen im Werkzeugbau ist grundsätzlich eine permanente Organisationsform zu wählen. Das Objekt, an dem sich die Struktur ausrichtet, ist entweder das herzustellende Produkt oder die dafür notwendige Technologie. Sollen beide Aspekte für eine Gliederung genutzt werden, kann eine Matrixorganisation gewählt werden.

Ein weiteres Differenzierungsmerkmal ist die Autonomie des Prozesses und des Prozeßergebnisses. Prozesse können voneinander unabhängig sein, um Ressourcen konkurrieren oder ein- bzw. gegenseitig von Ergebnissen abhängen. Die Ergebnisautonomie läßt sich daran beurteilen, ob ein Geschäftsergebnis, Kosten oder ein Budget verantwortet werden muß. Mit der Verantwortbarkeit hängt eng die Beeinflußbarkeit von

Leistungsspektrum des Werkzeugbau

Differenzierende Gestaltungsmerkmale verschiedener Organisationsarten

Prozeßergebnissen zusammen, die sich in den Grenzen des Systems Werkzeugbau widerspiegelt.

Ein weiterer Punkt zur Unterscheidung von Organisationsformen ist der Ablauf von Entscheidungen und die Koordination von Aufgaben. Entscheidungen können direkt innerhalb des Werkzeugbaus getroffen werden oder sie müssen sich an einen vorgegebenen Rahmen halten. Bei einer streng hierarchischen Organisationsform werden Entscheidungen zentral getroffen und deren Ausführung delegiert. Ähnliches gilt für die Koordination von Aktivitäten innerhalb des Werkzeugbaus. Auch hier kann zwischen einer freien, durch Vorgaben begrenzten oder einer zentralen Koordination unterschieden werden.

Für verschiedene Organisationsformen sind die genannten Merkmale verschieden ausgeprägt. Die Technologie- bzw. Produktorientierung bezieht sich auf die bereichsinterne Organisation. Da eine produktorientierte Struktur immer eine homogene Prozeßkette der Leistungserstellung umfaßt, kann sie selbständiger als eine technologieorientierte Organisation geführt werden.

Anforderungen an die Organisationsform

Aus diesen Merkmalen ergeben sich Bewertungskriterien, die für die Auswahl einer Organisationsform für den Werkzeugbau genutzt werden können. Wie bereits gezeigt, werden im Werkzeugbau verschiedene Auftragsarten bearbeitet. Diese Auftragsarten sind durch die von Kunden gewährte Bearbeitungzeit und ihren Umfang charakterisiert. Meist handelt es sich aber um Einzelaufträge, die kundenspezifisch durchgeführt werden. Aus diesen Randbedingung ergibt sich die Anforderung nach einer Organisationsform, die eine hohe Reaktionsfähigkeit und Änderungsflexibilität gewährleistet. Voraussetzung hierfür ist die Durchgängigkeit der Kommunikation. Da es sich bei den Produkten des Werkzeugbaus oft um komplexe Teile handelt, deren Konstruktion und Fertigung ein hohes Maß an Know-how erfordert, ist es zudem notwendig, Synergiepotentiale zu nutzen, in dem gleiche Mitarbeiter ähnliche Aufgabenstellungen bearbeiten. Dadurch läßt sich Know-how langfristig aufbauen.

Durch die kundenbezogene Einzelfertigung wirken sich Auftragsschwankungen zwischen verschiedenen Auftragsarten direkt auf die Kapazitäten aus. Schwankungen können demnach zu Ressourcenknappheit

oder zu einer geringen Auslastung von Maschinen führen. Die Organisationsform muß daher so ausgewählt
werden, daß Auftragsschwankungen durch verschieben
von Kapazitäten zwischen unterschiedlichen Auftragsarten abgefangen werden können.

Diese Merkmale lassen sich zum Teil direkt aus den
Zielen des Werkzeugbaus ableiten (Kap. 1). So kann die
Lieferfähigkeit durch eine hohe Reaktionsfähigkeit auf
Kundenanfragen und dem Abgleich von Kapazitäts-
schwankungen zwischen Auftragsarten sichergestellt
werden. Die Preisgünstigkeit wird im wesentlichen
durch die Gestaltung der notwendigen Prozeßkette
beeinflußt. Kriterien hierfür sind die Durchgängigkeit
der Kommunikation und die Nutzung von Synergien.
Die Temintreue ist durch jede Art der Organisation zu
erfüllen. Unterschiede ergeben sich bei dem Aufwand,
der zur Kontrolle dieses Zieles notwendig ist. Dieser ist
bei einer durchgängigen Kommunikation, bei der Ver-
antwortungen homogene Abschnitte einer Prozeßkette
abdecken, niedriger als bei dem kontinuierlichen
Wechsel von Verantwortungsbereichen. Die Änderungsflexibilität kann direkt als Unterscheidungs-
merkmal von Organisationsformen genutzt werden.
Eine Beeinflussung der Einsatzqualität ergibt sich
durch das Sammeln von Erfahrungen und der konse-
quenten Nutzung dieser Erfahrung bei der Gestaltung
neuer Produkte. Dieses Know-how kann sowohl die
Produktgestalt als auch die einzelnen Fertigungstechnologien betreffen. Der Service des Werkzeugbaus ist
auf die Betreuung des Kunden während des Werkzeu-
geinsatzes in der Produktion ausgerichtet. Dementsprechend lassen sich Organisationsformen durch ihre
Fähigkeit, auf Kundenanfragen kurzfristig zu reagieren,
und der direkten Kommunikation zum Kunden unterscheiden.

Den abgeleiteten Kriterien werden in Abb. 2.29 die
Anforderungen des Werkzeugbaus zugeordnet.

*Abhängigkeit der
Organisationsform von
den angestrebten Zielen*

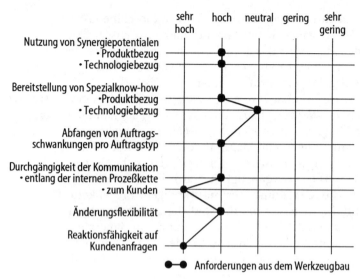

Bild 2.29   Kriterien zur Organisationswahl für den Werkzeugbau

2.2.3.2
Interne Organisationsformen

Produkt- und
technologieorientierte
Aufbauorganisation

Aufgrund der Vielzahl möglicher Aufbauorganisations-
arten werden an dieser Stelle die grundsätzlichen Gestaltungsalternativen innerhalb des Werkzeugbaus
beschrieben. Grundsätzlich kann zwischen einer produktorientierten Aufbauorganisation und einer technologieorientierten Aufbauorganisation des Werkzeugbaus unterschieden werden. Die traditionelle Organisationsform im Werkzeugbau ist technologieorientiert.
Dabei werden die Stellen und Abteilungen aufgrund
der in den einzelnen Prozessen benötigten Technologi-
en getrennt. In jüngerer Zeit werden vermehrt Werk-
zeugbaubereiche nach produktorientierten Gesichtspunkten organisiert. Hier werden die Stellen und Abteilungen durch die unterschiedlichen Erzeugnisse und
Leistungen des Werkzeugbaus bestimmt. In der betrieblichen Praxis kommen in der Regel Mischformen
dieser beiden Ansätze vor.

Technologieorientierte Organisationsform

Strukturierung nach
gleichartigen Tätigkeiten

Im technologieorientiert gestalteten Werkzeugbau wird
die Aufbauorganisation nach gleichartigen Tätigkeiten
wie zum Beispiel Arbeitsvorbereitung, Fertigung oder
Bankarbeit strukturiert (Abb. 2.30). Da alle gleicharti-

gen Aufgaben in einem Verantwortungsbereich zusammengefaßt sind, wird eine Spezialisierung auf einzelne Technologien unterstützt. Die Nutzung kapital-
intensiver Ressourcen für verschiedene Auftragsarten
erlaubt eine optimale Auslastung. Durch das Bereichs-
denken in der Zusammenarbeit unterschiedlicher
Fachabteilungen kommt es häufig zu Kommunikati-
onsproblemen. Zudem ist die Ergebnisverantwortung
unklar, da an jeder Leistungserstellung verschiedene
Abteilungen beteiligt sind (EVERSHEIM 1996).

Eigenschaften einer technologieorientierten Aufbauorganisation
• gleichartige Aufgaben sind in einem Verantwortungsbereich zusammen-gefaßt • für die betriebliche Leistungeserstellung sind verschiedene Unternehmens-bereiche gleichermaßen verantwortlich

+ hohe Spezialisierung	– schwierige Ergebniskontrolle
+ sehr gute Aufgabenerfüllung pro Bereich	– hoher Koordinationsaufwand
+ sehr guter Ressourcenverbrauch pro Bereich	– ausgeprägtes Bereichsdenken

Bild 2.30   Eigenschaften einer technologieorientierten Organisation

Das Prinzip der technologieorientierten Gestaltung der
Aufbauorganisation wird anhand der Organisation
eines Beispielwerkzeugbaus erläutert (Abb. 2.31). In
dem Beispielwerkzeugbau ist das Prinzip der Technologieorientierung bei der organisatorischen Untergliede-
derung der Arbeitsvorbereitung, Fertigung und der
Bankarbeit umgesetzt.

Die Vorteile des technologieorientierten Ansatzes sind   **Vorteile der**
in dem klaren Aufbau und den eindeutigen Weisungs-   **Technologieorientierung**
befugnissen durch eindeutige Kompetenzzuweisung zu
sehen. Dabei bezieht sich diese Kompetenz auf einzelne
Technologien und deren Anwendung. Durch diese Zuordnung fördert der technologieorientierte Unterneh-
mensaufbau die Spezialisierung der Mitarbeiter auf die
durchzuführenden Teilprozesse und damit die Optimierung der einzelnen Prozeßschritte.

Nachteilig wirken sich die mitunter langen Kom-   **Nachteile der**
munikationswege bei produktspezifischen Fragen zwi-   **Technologieorientierung**
schen Mitarbeitern einer Ebene durch den Umweg über
die vorgesetzten Ebenen aus. Beim technologieorientierten Aufbau wird eine bereichsübergreifende Sichtweise häufig unterbunden. Die einzelnen Mitarbeiter
sind nur verantwortlich für die Durchführung des je-

weiligen Prozesses und betrachten dabei nicht die Belange der kompletten Auftragsabwicklung. Das heißt, der Mitarbeiter versucht möglichst in dem jeweiligen Prozeß kosten- und zeitoptimal zu arbeiten. Dabei beachtet er nicht, ob dieses Optimum in 'seinem' Prozeß mit hohen Kosten oder Durchlaufzeiten in einem anderen erkauft werden muß

NC: Numeric Control

Methodenplan.: Methodenplanung

Bild 2.31   Technologieorientierte Aufbauorganisation eines Werkzeugbaus

Gefahr der Bereichsoptimierung

Ein Beispiel für eine solche Konstellation ist die Koordination von Konstruktion und NC-Programmierung. In der Werkzeugkonstruktion wird von einer Beschreibung des Produktes ausgehend, die Geometrie des Werkzeugs bestimmt. Die Produktbeschreibung liegt dabei als Punktewolke, Flächen- oder Volumenmodell vor. Um den Aufwand in der Konstruktion gering zu halten, werden die Punktewolken nur bis zu einer begrenzten Auflösung interpoliert. Bei der Verwendung von Flächenmodellen kann es aus Zeitgründen vorkommen, daß Flächen nicht geschlossen werden. Treten diese Vereinfachungen auf, die in der Konstruktion den Aufwand reduzieren, muß das Werkzeug in der NC-Programmierung fast vollständig neu modelliert werden. Durch die Optimierung eines Teilprozesses wird der Gesamtprozeß verschlechtert.

Aus den genannten Gründen wird auch für den Werkzeugbau eine produktorientierte Organisation der Aufbaustruktur diskutiert.

Produktorientierte Organisationsform

Die unterschiedlichen Erzeugnisse des Werkzeugbaus bilden die Strukturierungsobjekte der produktorientierten Organisation (Abb. 2.32). In dieser auch divisional genannten Strukturform werden Einheiten, sogenannte Sparten, geschaffen, die unterschiedliche Märkte bedienen und die über die notwendige Kontrolle ihrer betrieblichen Funktionen verfügen (MINTZBERG 1992). Die einzelnen Abteilungen sind relativ frei von direkter Kontrolle durch die zentrale Leitung.

Eigenschaften einer produktorientierten Aufbauorganisation	
• alle Aufgaben für eine Produktgruppe sind in einem Verantwortungs-bereich zusammengefaßt	
+ Durchgängige Kommunikation	- Synergieverluste bei der Anwendung komplexer Technologien
+ gute Kundenorientierung	- schwieriger Ausgleich von Kapazitäts-spitzen
+ klare Verantwortung	

Bild 2.32   Eigenschaften einer produktorientierten Aufbauorganisation

Die produktorientierte Organisationsform sollte gewählt werden, wenn sehr uneinheitliche Produktgruppen hergestellt werden. In einer Sparte werden dann Produkte zusammengefaßt, die eine hohe Ähnlichkeit untereinander aufweisen.

Absatzorientierung

Die produktorientierte Struktur ist einseitig absatzorientiert. Dadurch geht der Zusammenhalt verschiedener Sparten und damit die Möglichkeit zur Nutzung von Synergieeffekten verloren. Dies zeigt sich z.B. daran, daß eine Zusammenarbeit bei der Beschaffung und der Produktion häufig nicht gewährleistet ist. Daher werden Zentralbereiche für Aufgaben eingerichtet, die entweder in einzelnen Organisationseinheiten nicht durchgeführt werden können oder die durch eine Zusammenlegung einen wesentlichen kostensenkenden Effekt erwarten lassen (EVERSHEIM 1996).

In Abb. 2.33 wird als Beispiel die Aufbauorganisation des Werkzeugbaus eines Zulieferers der Automobilindustrie dargestellt.

Anstatt einzelne Abteilungen anhand der Tätigkeiten zu bilden, werden Tätigkeiten unter Produktgruppen zusammengefaßt. In dem betrachteten Werkzeugbau wird zwischen den Produkten Scheinwerfer und

Zusammenfassung nach Produktgruppen

Stoßfänger sowie dem internen Produkt Vorrichtungen unterschieden.

NC: Numeric Control; Arbeitsst.: Arbeitssteuerung; Arbeitsvor.: Arbeitsvorbereitung;
Spritzgießwz.: Spritzgießwerkzeug

Bild 2.33   Beispiel einer produktorientierten Aufbauorganisation

Der interne Aufbau dieser Bereiche hängt von den bei der Herstellung der jeweiligen Produkte durchzuführenden Tätigkeiten ab. Die übrigen genannten Aufgaben können auch bei größeren Werkzeugbaubetrieben aufgrund ihrer geringen Größe nicht einzelnen Produktgruppen zugeordnet werden. Im vorgestellten Beispiel bleiben Ausbildung, Qualitätsmanagement, Controlling und Rapid Prototyping als eigenständige Abteilungen in einer zentralen Sparte erhalten. In betriebsinternen Werkzeugbaubereichen werden diese Funktionen häufig durch zentrale Stellen des Gesamtunternehmens durchgeführt.

Vorteile der ganzheitlichen Leistungserstellung

Die produktorientierte Organisationsform bietet den großen Vorteil, daß von der Angebotserstellung bis zur Einarbeitung der Werkzeuge auf den Produktionsanlagen beim Kunden das produktspezifische Know-how im Werkzeugbau gebündelt wird. In dieser Know-how-Konzentration ist ein großes Potential für Effizienzsteigerungen zu sehen. Ferner wird eine ganzheitliche Sichtweise der Mitarbeiter gefördert, die den Blick auf Rationalisierungspotentiale eröffnet. Für den Kunden verbessert sich damit die Einsatzqualität der Produkte sowie der Service und die Liefertreue.

Auf der anderen Seite ist eine solche Organisationsform nicht in jedem Werkzeugbau umsetzbar und mit Vorteilen verbunden. Eine wesentliche Voraussetzung für einen produktorientierten Aufbau ist eine ausreichende Größe des Werkzeugbaus. Dadurch, daß die einzelnen Tätigkeiten für jede Produktgruppe getrennt durchgeführt werden, ist zunächst ausreichend Personal für die Durchführung erforderlich. Es müssen entweder genügend Spezialisten vorhanden sein, oder es müssen Aufgaben zusammengelegt und entsprechendes Personal geschult werden. **Voraussetzungen**

Ein weiteres Problem stellt die in der Regel knappe Maschinen- und Anlagenkapazität dar. Gerade die im Werkzeugbau besonders kapitalintensiven Fertigungsanlagen, wie z.B. 5-Achs- oder Hochgeschwindigkeits-(HSC)-Fräsmaschinen, können nicht ohne weiteres auf Produktgruppen aufgeteilt werden, da bei diesen Anlagen eine hohe Auslastung für den wirtschaftlichen Einsatz wesentlich ist. Aus diesem Grund werden mitunter kleine kostengünstige Fertigungsanlagen, z.B. Drehbänke oder Schleifmaschinen, den Produkten zugeordnet, wogegen die kapitalintensiven Fertigungsmittel, z.B. Erodieranlagen und CNC-Fräsmaschinen, in einem Großmaschinenpark zusammengefaßt werden. In diesem Fall können allerdings Kompetenzprobleme zwischen den Verantwortlichen der Produktbereiche und dem Leiter eines solchen Großmaschinenparks auftreten. **Kapazitätsbedarf**

In dem dargestellten Beispiel ist die Galvanik dem Produktbereich Vorrichtungen zugeordnet, da sie im wesentlichen von diesem Produktbereich beauftragt wird. Fallen in anderen Bereichen galvanische Arbeiten an, so muß die Kapazitätsplanung und die Kostenverrechnung zwischen den jeweiligen Produktbereichen abgestimmt werden.

Somit wird offensichtlich, daß es keine allgemeingültige optimale Aufbauorganisation für den Werkzeugbau gibt. Vielmehr muß sie den jeweiligen Gegebenheiten angepaßt werden. In Abb. 2.34 werden den Anforderungen aus dem Werkzeugbau die Erfüllungsgrade durch eine produkt- bzw. technologieorientierte Organisationsform gegenübergestellt. Zur Gestaltung einer geeigneten Aufbauorganisation ist eine genaue Analyse der Erzeugnis- und Leistungsspektren sowie der Ablauforganisation mit den notwendigen Arbeits- **Keine allgemeingültig optimale Aufbauorganisation** schritten   zur   Leistungserstellung   erforderlich (Kap. 2.2.2).

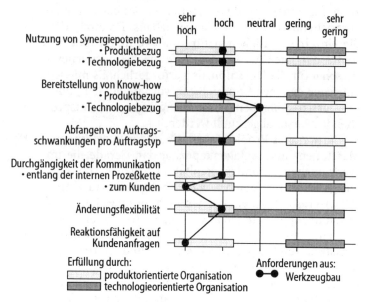

Bild 2.34   Gegenüberstellung der produkt- und technologieorientierten Organisationsform

2.2.3.3
Werkzeugbau als Profit-Center

Bisher wurden verschiedene Organisationsformen für die interne Strukturierung des Werkzeugbaus vorgestellt. Ein weiteres wesentliches Differenzierungsmerkmal ist die Gestaltung des Verhältnisses zwischen dem Werkzeugbau und seinem Kunden. Dabei wird zwischen einem unternehmensinternen Werkzeugbau und einem Werkzeugbau als eigenständiges Unternehmen unterschieden.

Der Werkzeugbau als eigenständiges Unternehmen   Das eigenständige Unternehmen hat in der Regel ein weitgefächertes Kundenspektrum. Es gibt nicht, wie bei einem unternehmensinternen Werkzeugbau einen Hauptkunden, der gleichzeitig den Kapitalgeber darstellt (s. Kapitel 1.1). Die Organisation des eigenständigen Unternehmens Werkzeugbau erfolgt nach produkt- oder technologieorientierten Kriterien, die im vorherigen Kapitel beschrieben wurden.

Der interne Werkzeugbau ist in ein übergeordnetes Unternehmen eingegliedert, das gleichzeitig als Hauptabnehmer der Leistungen des Werkzeugbaus auftritt. Dazu bestehen die drei grundsätzliche Möglichkeiten als

- Abteilung,
- Cost-Center oder
- Profit-Center.

Interner Werkzeugbau

Werkzeugbau als Abteilung

Bei dieser traditionellen Organisationsform wird der Werkzeugbau als Abteilung des Gesamtunternehmens betrachtet. Kosten im Werkzeugbau werden nach festgelegten Schlüsseln auf die Hauptkostenstellen des Unternehmens umgelegt. Der Werkzeugbau wird somit als Gemeinkostenstelle behandelt.

Die Leistungen des Werkzeugbaus werden ausschließlich für das eigene Unternehmen erbracht. Daher wird in der Abteilung Werkzeugbau kein Gewinn erzielt und keine Erfolgsrechnung durchgeführt. Auf der anderen Seite trägt das Unternehmen sämtliche Kosten und führt daher eine Kostenrechnung nur in reduzierter Form durch. Es besteht keine unmittelbare Kostenverantwortung in diesem Bereich.

Aufgrund der mangelnden Transparenz der Kosten, ist es in dieser Organisationsform nicht üblich, Angebote für das eigene Unternehmen zu erstellen. Die Aufträge werden abhängig von der technischen Durchführbarkeit und der Kapazitätsauslastung im Werkzeugbau vergeben.

Werkzeugbau als Gemeinkostenstelle

Werkzeugbau als Cost-Center

Um die Kosten des traditionell als Gemeinkostenstelle betrachteten Werkzeugbaus zu senken, wird ihm die Verantwortung für die bei der Herstellung von Werkzeugen anfallenden Kosten übertragen. Dazu erstellt der Werkzeugbau bei einer Anfrage durch das eigene Unternehmen eine Kalkulation der zu erwartenden Kosten für die Durchführung der angefragten Aufgabe. Das Mutterunternehmen entscheidet bei der Auftragsvergabe nach Kernprodukten (Kap. 2.1.2), Kernprozessen (Kap. 2.1.3) sowie der Auslastung und den Kosten. Dabei werden die vorliegenden Angebote verglichen. Der eigene Werkzeugbau hat in der Regel die Option

Das Cost-Center Werkzeugbau muß gegen externe Angebote konkurrieren

des sogenannten 'Last Call'. Dabei werden sämtliche Angebote offengelegt, und es wird dem eigenen Werkzeugbau ermöglicht, ein verbessertes Angebot abzugeben, das meist nahe oder unter dem Preis des günstigsten Konkurrenten liegen muß.

Der als Cost-Center organisierte Werkzeugbau wird zum Abschluß der Geschäftsperiode anhand des Vergleichs der kalkulierten und der tatsächlichen Kosten gemessen. Dabei werden dem Werkzeugbau auch die Leistungen anderer Unternehmensbereiche, die von ihm in Anspruch genommen wurden, in Rechnung gestellt.

Mit dieser Kostenverantwortung wird der interne Werkzeugbau zum Vergleich mit dem Wettbewerb gezwungen. Dadurch wird die Grundlage für die Identifikation von Schwachstellen im eigenen Betrieb geschaffen. Durch die Vergleichbarkeit mit dem Wettbewerb wird es zudem möglich, Leistungen auf dem Markt anzubieten und für fremde Unternehmen Aufträge durchzuführen.

Mit einer Cost-Center-Organisation soll die Belastung des Gesamtunternehmens durch den Werkzeugbau mit Hilfe einer strengen Kostenkontrolle reduziert werden.

Werkzeugbau als Profit-Center

Das Profit-Center Werkzeugbau tritt selbständig am Markt auf

Die dem Cost-Center zugrunde liegende Idee, die Wettbewerbsfähigkeit des Werkzeugbaus zu steigern und an den Maßnahmen zur Sicherung der Existenz des Gesamtunternehmens zu beteiligen, findet in einer Profit-Center-Organisation eine konsequente Weiterführung (Abb.2.35).

Das Profit-Center muß eigenständig Gewinne erwirtschaften

Der Werkzeugbau als Profit-Center wird als eigenständiges Unternehmen betrachtet, das auf dem Markt agiert. Der Kapitalgeber ist weiterhin das Mutterunternehmen, womit eine umfangreiche Finanzdecke im Werkzeugbau zur Verfügung steht. Trotz der Sichtweise des Werkzeugbaus als eigenständiges Unternehmen bleibt dieser beim Profit-Center allerdings immer noch ein Unternehmensbereich. Es wird also keine eigene Gesellschaft gegründet. Dadurch kann die Versorgung des Mutterunternehmens mit Werkzeugen und der Schutz von Know-how sichergestellt werden

Bei dieser Einbindung in das Gesamtunternehmen wird der Werkzeugbau als eigenständiger Geschäftsbe-

reich betrachtet. Dazu ist es erforderlich, im Werkzeugbau Gewinne zu erzielen. Aus diesem Grund wird in
einem Profit-Center eine Schattenbilanz geführt. Mit
dem Begriff Schattenbilanz wird angedeutet, daß es
sich dabei nicht um eine echte Gesellschaftsbilanz handelt. Die Vorgehensweise und der Inhalt sind jedoch
vergleichbar.

Voraussetzungen für ein Profit-Center
• abgeschlossene homogene Aufgabenstellung / Prozeßkette (produktorientiert) • unmittelbarer Marktzugang • eigenständige Beeinflussung aller Erfolgskomponenten

Eigenschaften eines Profit-Centers
• trägt die Ergebnisverantwortung • bezahlt alle Leistungen, die es außerhalb des Profit-Centers bezieht • organisatorische Zuordnung von Personal und Betriebsmitteln • hohe Kostentransparenz entlang der Prozeßkette • Grundauslastung des Profit-Centers durch Aufträge des eigenen Mutterunternehmens • Vollauslastung durch selbstakquirierte Aufträge • ist gewinnorientiert • wird an der Einhaltung der vereinbarten Ergebnisvorgaben gemessen • führt eigene Vertriebsaktivitäten durch

Kompetenzen eines Profit-Centers
• Entscheidungsautonomie hinsichtlich der beeinflußbaren Prozesse, Kosten und Erlöse • eigenverantwortliche Kapazitäts- und Terminplanung • selbständige Disposition • legt Preise für alle zu erstellenden Leistungen fest • wählt qualifizierte Lieferanten und Dienstleister intern und extern frei aus • kann über Vorfinanzierungen/Investitionen/Einstellungen frei entscheiden

Bild 2.35   Merkmale eines Profit-Centers

Der Werkzeugbau als Profit-Center ist weitgehend ei-
genverantwortlich für die Akquisition von Aufträgen.
Das Mutterunternehmen fragt allerdings neben anderen Werkzeugbaubetrieben immer den eigenen an.
Dieser erstellt eine Angebot für die Anfrage, wobei
nicht nur die Kosten, sondern auch Gewinnzuschläge
berücksichtigt werden können. Wie bei der Cost-
Center-Organisation vergleicht das Mutterunternehmen die Angebote und wendet sich an den eigenen
Werkzeugbau mit der Option des 'Last Call'. Neben
unternehmensinternen Aufträgen muß sich der Werk-

zeugbau um entsprechende Aufträge vom Markt be-
mühen.

Bedingungen für ein Profit-Center

Grundsätzlich müssen für die Einführung eines
Profit-Center zwei Bedingungen erfüllt sein. Zum einen
muß der als Profit-Center geführte Bereich einen direkten Zugang zum Markt besitzen, d.h. auch Marke-
ting- und Vertriebsaktivitäten durchführen, um eine
direkte Zurechnung der Erfolgskomponente zu ermöglichen. Zum anderen muß der Profit-Center-Leiter in
die Lage versetzt werden, alle Faktoren, von denen ein
Einfluß auf den Bereichserfolg ausgeht, eigenverant-
wortlich kontrollieren zu können. In der Realität sind
die genannten Bedingungen jedoch meist nicht erfüllt.
Daher entsteht die Notwendigkeit, auf künstlichem
Wege autonome Profit-Center mit eigenem Marktzu-
gang zu schaffen. Dies geschieht über Verrechnungs-
preise, die dann wieder in die Schattenbilanz einfließen
(FRESE 1996).

Zum Abschluß der Geschäftsperiode wird neben
der bereits erwähnten Schattenbilanz eine Verrechnung
von Leistungen und Aufwand durchgeführt. Dabei
werden dem Werkzeugbau die Auftragsvolumina der
internen Aufträge als Erlöse, d.h. Umsatz, angerechnet.
Die Leistungen, die der Werkzeugbau vom Gesamtunternehmen in Anspruch genommen hat, werden ihm
auf der Kostenseite zugeteilt. Nach der Verrechnung
sämtlicher interner und externer Erlöse und Kosten
verbleibt dem Werkzeugbau ein Gewinn bzw. Verlust.

Dem Werkzeugbau obliegt das Recht der Gewinn-
verwendung. Der Gewinn wird anders als im Cost-
Center nicht an das Gesamtunternehmen abgeführt,
sondern kann eigenständig eingesetzt werden. Auf der
anderen Seite ist der Werkzeugbau auch für die Dek-
kung eines Defizits verantwortlich, wozu gegebenenfalls Kredite beim Mutterunternehmen aufgenommen
werden müssen.

Das Profit-Center über-
nimmt Verantwortung für
den Geschäftserfolg

Bei einer Organisation des Werkzeugbaus als Profit-
Center überträgt das Gesamtunternehmen die Verantwortung für das wirtschaftliche Arbeiten und die Wah-
rung der Wettbewerbsfähigkeit in diesem Bereich zu
großen Teilen an den Werkzeugbau. Dieser soll eigenständig am Markt agieren und dem Mutterunternehmen sowohl Leistungen zu konkurrenzfähigen Preisen
anbieten als auch Gewinn erwirtschaften. Dennoch ist
die wichtigste Aufgabe des Werkzeugbaus in der Siche-

rung der Produktion des eigenen Unternehmens zu sehen.

Interne Struktur eines Profit Centers

Die interne Struktur eines Profit-Centers Werkzeugbau muß sich an den jeweiligen Randbedingungen des Unternehmens und der Auftragsarten ausrichten. Vorteilhaft ist meist eine Kombination aus Technologie- und Produktorientierung, um so die Vorteile beider Organisationsformen zu vereinen (Abb. 2.36).

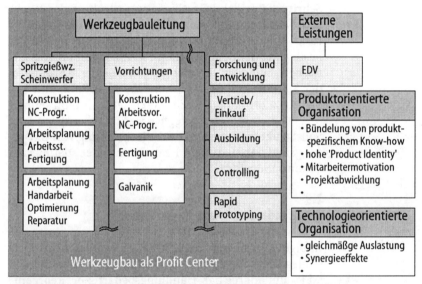

NC: Numeric Control; Arbeitsst.: Arbeitssteuerung; Arbeitsvor.: Arbeitsvorbereitung
Spritzgießwz.: Spritzgießwerkzeug

Bild. 2.36   Werkzeugbau als Profit-Center

Die Strukturierung eines Profit-Center in einzelne, auf Produkte ausgerichtete Sparten, erlaubt die detaillierte Zuordnung der Ergebnisverantwortung. Diese Sparten stellen zum einen im Vergleich zu einem rein technologisch gegliederten Werkzeugbau flexible Einheiten dar, die sich an die Marktbedürfnisse und an die wirtschaftliche Situation anpassen können. Zum anderen können durch die technologieorientierte Bündelung Synergieeffekte erschlossen und Auslastungsprobleme vermieden werden. Eigenständige Serviceeinheiten in der Produktion erlauben häufig eine flexible und schnelle Reparatur bei Störungen und liefern dann

Interne Struktur eines
Profit-Centers

einen wertvollen Beitrag zum Kundennutzen. Das Profit-Center Werkzeugbau beinhaltet zur Sicherung der Selbständigkeit Funktionen, wie z.B. den Einkauf und Vertrieb. Leistungen, die extern günstiger zugekauft werden können, sind extern zu beziehen. Dies gilt meist für EDV-Leistungen. Eine solche Gestaltung der Organisation fördert die Effektivität und Effizienz im Werkzeugbau.

Abgleich von Ideal- und Ist-Struktur

Ist die Ideal-Struktur für die Aufbauorganisation im Werkzeugbau festgelegt, muß ein Abgleich mit der Ist-Struktur erfolgen. Dabei wird in einem ersten Schritt die prinzipielle Gliederungsstruktur des Werkzeugbaus festgelegt. Anschließend erfolgt die Detaillierung bzw. Konkretisierung der Struktur durch die Festlegung der Schnittstellen zwischen den organisatorischen Einheiten. Letzter Schritt bei der Konzeption der Soll-Struktur ist die räumliche Aufteilung und Kapazitätszuordnung der einzelnen Organisationseinheiten. Die somit festgelegte, werkzeugbauspezifische Soll-Struktur ist die Basis für die Ableitung von Umsetzungsmaßnahmen zur Realisierung der definierten Organisationsform.

2.3
Dimensionierung von Kapazitäten

Infolge der bisher dargestellten Arbeitsschritte zur strategischen Gestaltung des Werkzeugbaus ergibt sich i.d.R. umfangreicher Handlungsbedarf zur Reorganisation des Betriebs. Durch das neu definierte Leistungsspektrum sowie die prozeßorientierte Gestaltung der Organisation werden mit der Vergabe von Leistungen an externe Betriebe und interne Produktivitätssteigerungen die vorzuhaltenden Kapazitäten beeinflußt.

Aus diesem Grund sind die Kapazitäten unter Berücksichtigung der bereits erfolgten bzw. geplanten Veränderungen zu dimensionieren. Als Grundlage für eine vorausschauende Festlegung der Kapazitäten muß der zukünftige Werkzeugbedarf der Abnehmer bestimmt werden. Ausgehend von Marktprognosen für die Kunden des Werkzeugbaus ist der Kapazitätsbedarf auf die einzelnen Auftragsarten im Werkzeugbau herunterzubrechen. Anschließend kann für die neuen Abläufe und Strukturen im Werkzeugbau der Kapazitätsbedarf in den einzelnen Prozessen und damit auch in den organisatorischen Einheiten abgeleitet werden. Unter Dimensionierung wird dabei eine dem geschätzten Aufwand angepaßte Vorhaltung von Kapazitäten für zukünftige Aufträge verstanden. Voraussetzungen für eine Dimensionierung sind Prognosen über zukünftige Aufträge. Bei dieser Dimensionierung sind die verschiedenen Auftragsarten zu berücksichtigen, da sie verschiedene Kapazitäten betreffen und unterschiedlich prognostiziert werden können. Im wesentlichen kann zwischen Aufträgen für neue Betriebsmittel, Ähnlich- und Wiederholaufträgen, Änderungsaufträgen sowie Wartungs- und Reparaturaufträgen unterschieden werden (Kap. 2.1.1.1). Sind detaillierte Prognosen vorhanden, werden die Kapazitäten im Werkzeugbau dem erwarteten Bedarf angepaßt. Dabei ist unter anderem zu prüfen, ob die erwarteten Aufträge den strategischen Ausrichtungen des Werkzeugbaus entsprechen und welche Maßnahmen geeignet sind, Kapazitäten vorzuhalten.

Prognosen bilden die Grundlage für die Dimensionierung

2.3.1
Marktprognosen

Die Voraussetzung für eine Dimensionierung von Kapazitäten ist die Prognose der zukünftigen Bedarfe. Mit Hilfe von Prognosemethoden lassen sich Trends ermitteln. Mit dem Begriff der Prognose wird vielfach die Vorstellung verbunden, daß man bestimmte Ereignisse oder Entwicklungen vorherbestimmen könnte. Tatsächlich kann jedoch nur ermittelt werden, wie eine Entwicklung wahrscheinlich verlaufen wird. Die Genauigkeit einer Prognose hängt direkt von der Zuverlässigkeit und der Genauigkeit der zugrunde gelegten Daten ab.

Zusätzlich wird die Genauigkeit dadurch beeinflußt, daß die zugrunde gelegten Daten selten konstant sind. Daher sind Prognosen kein einmaliger Vorgang, sondern müssen kontinuierlich durchgeführt werden. Da sich Veränderungen im Werkzeugbau im allgemeinen allmählich und nicht sprunghaft vollziehen, ermöglicht die regelmäßige Durchführung von Prognosen hinreichend genaue Aussagen.

Prognosen müssen kontinuierlich aktualisiert werden

2.3.1.1
Methodeneinsatz

Prognosearten

Grundsätzlich kann zwischen zwei Arten der Prognose unterschieden werden. Zum einen werden Methoden eingesetzt, um aus Vergangenheitsdaten für die Zukunft zu extrapolieren. Zum anderen wird eine zukünftige Entwicklung abgeschätzt, aus der dann die gesuchten Werte abgeleitet werden. Für die Extrapolation werden systematische Trendstudien durchgeführt. Klassische Methoden sind die Trendextrapolation, die Trendkorrelation und die Wachstumskurvenkonstruktion. Die Abschätzung zukünftiger Entwicklungen geschieht intuitiv, wobei z.B. die 'Delphi-Methode' eingesetzt wird. Eine weitere Möglichkeit besteht in dem Einsatz sogenannter Strukturmethoden, zu denen u.a. die Szenariotechnik zählt. Im folgenden sollen ausgewählte Methoden kurz vorgestellt werden:

Prognose für weitgehend störungsfreie Prozesse

Als Methode zur Prognose weitgehend störungsfreier Prozesse kann die Trendextrapolation eingesetzt werden. Basis dieser Prognosemethode ist eine Analyse der Vergangenheit (VDI 1976). Voraussetzung ist die Störungsfreiheit des betrachteten Prozesses. Dabei wird angenommen, daß die Entwicklungstendenzen der Vergangenheit sich in der Zukunft fortsetzt. Unter dieser Prämisse wird die Entwicklung der zu prognostizierenden Größe in der Vergangenheit auf Veränderungstendenzen analysiert. Dieser Trend wird dann für die Zukunft weiter geschrieben. Zur Ermittlung dienen insbesondere Geraden-, Parabel- und Exponentialgleichungen. Je länger der Beobachtungszeitraum ist, desto größer kann das Vertrauen in die Prognoseergebnisse sein. Die Reichweite einer solchen Anwendung ist nicht allgemein zu bestimmen, sondern immer von der Dynamik des Marktes und der technischen Entwicklung abhängig.

Prognosen bei gestörten Prozessen

Neben Störungen können sich ändernde Randbedingungen, technologische Wachstumsgrenzen oder Sättigungseffekte dazu führen, daß die Fortschreibung von Trends der Vergangenheit zu unrealistischen Ergebnissen führen. Um diese Ursachen zu berücksichtigen, werden die Trendkorrelation und die Konstruktion von Wachstumskurven angewendet.

Trendkorrelation

Technische Parameter können eng mit anderen Entwicklungen verknüpft sein, so daß sie schwierig isoliert vorhersehbar sind. In vielen Fällen ist es daher sinnvoller, einen Parameter aufgrund seiner Verknüpfung mit den Trends anderer Größen vorherzusagen.

Bei der Vorhersage aufgrund einer Analyse von Vorgängerereignissen wird die Korrelation, die in der Vergangenheit zwischen zwei Entwicklungen festgestellt wurde, zugrunde gelegt (BRANKAMP 1971). Beispiel für solche Vorgänger sind auslaufende Patente oder Prozeßinnovationen, die zu neuen Produkten führen.

Eine weitere Möglichkeit von Relationen ist die direkte Verknüpfung der zu prognostizierenden Größe mit anderen Variablen. Zum Beispiel ist die Anzahl der notwendigen Reparaturen an Werkzeugen direkt proportional zu der Anzahl der genutzten Werkzeuge und deren Nutzungsintensität. Aufgabe einer Korrelationsanalyse ist die Ermittlung der Relationen. Handelt es sich um komplexe Relationen, die auch unterschiedliche Prognosegrößen beinhalten, spricht man von Modellprognosen.

Direkte Verknüpfung von Prognosegrößen

Viele Entwicklungen folgen einem charakteristischen, nicht-linearen Verlauf. Zunächst beginnt sie mit einem langsamen Wachstum, das dann exponentiell ansteigt, um langfristig sich asymptotisch einem festen Grenzwert anzunähern. Auch dieser Verlauf kann im Sinne einer Trendextrapolation verwendet werden (BRANKAMP 1971). Ein Beispiel für eine solche Entwicklung zeigt sich bei der Erschließung eines neuen Marktsegmentes. Nach ersten Probeaufträgen werden, bei erfolgreicher Durchführung, Folgeprojekte anfallen, deren Anzahl schnell steigt und sich dann langsam einer Sättigungsgrenze annähert.

Wachstumskurvenkonstruktion

Als Methode zur systematischen Expertenbefragung kann die Delphi-Methode eingesetzt werden (HILBER 1971, BRONNER 1992). Die Befragung wird über formale Fragebögen für die einzelnen Experten anonym durchgeführt. Dabei findet eine kontrollierte Rückkopplung statt, da die zusammengetragenen Ergebnisse der ersten Runde den Befragten in einer zweiten Runde für eine weitere Bewertung zur Verfügung gestellt werden.

Systematische Expertenbefragung

Für die Prognose zukünftiger Aufträge kann zum einen nach beeinflussenden Kriterien, nach deren Einfluß sowie nach der erwarteten Ausprägung gefragt werden. Dabei wird in einer ersten Umfrage den Experten nur ein grobes Antwortraster zur Verfügung gestellt. Nach einer Auswertung der Antworten werden dieselben Fragen mit den entsprechenden Auswertungen an die Experten verschickt, die nun in einem zweiten Schritt eine Feinbewertung durchführen. Durch das iterative Vorgehen und die gewährte Anonymität wird die Objektivität der ermittelten Ergebnisse sichergestellt.

Zukünftige Umweltentwicklungen

Zukünftige Umweltentwicklungen können in Szenarien beschrieben werden. Bei dem Erarbeiten von Szenarien geht es um die Beschreibung von potentiellen zukünftigen Umweltsituationen und um das nachvollziehbare Aufzeigen des Entwicklungsverlaufs, der zu einer solchen Situation führen könnte (HAHN 1996, VDI 1976). Ziel eines Szenarios ist es, unter Berücksichtigung verschiedener relevanter Randbedingungen eine zukünftige Situation zu prognostizieren. So ist das Szenario eine logische Zusammenstellung von Ereignissen, deren zeitlichen Entwicklung und Wechselwirkung. Bei der Ausarbeitung liegt ein wesentlicher Schwerpunkt auf den kritischen Verzweigungspunkten, an denen kleine Ursachen zu wesentlichen Veränderungen des Ergebnisses führen. Um die Bandbreite möglicher Entwicklungen aufzuzeigen, ist es angebracht, neben dem Szenario mit der höchsten Eintrittswahrscheinlichkeit alternative Szenarien, insbesondere Extremszenarien, zu erstellen.

Im Rahmen des Werkzeugbaus können auf diese Weise z.B. die Entwicklung der Automobilindustrie und der Einsatz von Blech oder Kunststoffen abgeschätzt werden. Aus den ermittelten Szenarien sind dann die notwendigen Kapazitäten zu ermitteln.

2.3.1.2
Sicherheit der Prognose

Kurz bis mittelfristige Prognosen

Die Sicherheit einer Prognose nimmt mit der Länge des Prognosezeitraums ab. Der Auftragsbestand des Werkzeugbaus kann über erwartete Aufträge für einen kurzen bis mittleren Zeitraum auf Basis von offenen Angeboten und einer angenommenen, vergangenheits- oder situationsbezogenen Umwandlungsrate relativ genau abgeschätzt werden. Hochrechnungen, die auf der Fortschreibung der Vergangenheit basieren, können nur grobe Trends berücksichtigen. Aufgrund des dynamischen Umfeldes des Werkzeugbaus sind nutzbare Aussagen über langfristige Entwicklungen durch diese Art der Prognose nicht zu erwarten.

Eine Alternative liegt in der Analyse des eigenen Kunden und dessen Auftragslage und -prognose. Ist der Werkzeugbau in ein Unternehmen eingebunden und ist dieses Unternehmen gleichzeitig Hauptauftraggeber des Werkzeugbaus, dann ist der Zugriff auf diese Informationen über den Vertrieb direkt möglich. Die Prognose der eigenen Kapazitäten erfolgt auf Basis der beim Kunden vorliegenden Aufträge und offener Angebote. Über die Analyse dieser Aufträge oder einen vergangenheitsbezogenen Umrechnungsfaktor kann auf eigene Aufträge und deren Umfang und Zeithorizont zurückgeschlossen werden.

Langfristige Prognosen können im Umfeld des Werkzeugbaus nicht durch Fortschreiben von Trends ermittelt werden. Andere Möglichkeiten bieten die Delphi-Methode oder die Szenariotechnik. Dabei wird die Entwicklung des Endabnehmermarktes analysiert und darüber der Bedarf an Werkzeugen abgeleitet. Aussagen aus diesen Analysen beziehen sich auf die Entwicklung des Werkzeugbaus im allgemeinen. Prognosen für das eigene Unternehmen sind über die Abschätzung von Marktanteilen möglich.

Mittel- bis langfristige Prognosen

Langfristige Prognosen

2.3.2
Prognose für einzelne Auftragstypen

Für die Prognose sind die verschiedenen Auftragsarten im Werkzeugbau (Kap. 2.1.1.1) bezüglich ihrer Vorhersagbarkeit in drei Gruppen zu unterteilen. Dies sind Aufträge für neue Betriebsmittel sowie Änderungs- und Reparaturaufträge. Dabei enthalten Neuaufträge alle Aufträge, bei denen ein Werkzeug erstellt wird, das sind Aufträge für neue Betriebsmittel sowie Ähnlich- und Wiederholaufträge. Reparaturaufträge umfassen Wartung und Eilreparatur.

Im Rahmen der Kapazitätsplanung werden diese drei Gruppen unterschiedlich prognostiziert. Dabei hängt das zukünftige Änderungs- und Reparaturaufkommen im wesentlichen von dem Umfang der Neuanfertigungen ab.

Drei Prognosegruppen

Im folgenden wird der Einsatz der vorgestellten Prognosemethoden und die notwendigen Informationsquellen vorgestellt. Anschließend wird kurz dargestellt, wie aus dem prognostizierten Eingang von Neuaufträgen auf die Ableitung von Kapazitäten auf Funktionsebene geschlossen wird.

Neuaufträge   Neuaufträge können mittels Trendextrapolation oder -korrelation auf Basis von Vergangenheitsdaten bestimmt werden. Diese Prognosen sind, bei sich wechselnden Marktbedingungen, nur für kurzfristige Aussagen zu verwenden. Daher ist es notwendig, zusätzliche Daten zu erheben, die den Umfang zukünftiger Neuaufträge im wesentlichen bestimmen. Hierfür eignen sich Informationen über der Auftragsbestand der Kunden, deren Auftragserwartungen bzw. Analysen über generelle Marktentwicklungen. Anhand einer Analyse der Marktentwicklung soll der Ablauf zur Ermittlung von auftragsspezifischen Prognosen beschrieben werden.

Für eine zuverlässige Prognose von Auftragseingängen ist ein mehrstufiges Vorgehen notwendig, das den zeitlichen Horizont der Prognose auf den einzelnen Stufen berücksichtigt. Je nach Fristigkeit der Prognose kann dann eine der vorgestellten Prognosemethoden (Kap. 2.3.1.1) ausgewählt werden.

In einem ersten Schritt wird die Entwicklung des Endabnehmermarkts untersucht. Dabei wird die Entwicklung des Marktvolumens für die Endprodukte abgeschätzt. Mögliche Methoden in dieser Phase der Prognose sind Expertenbefragungen. Dabei kann sowohl die Delphi-Methode als auch die Szenariotechnik eingesetzt werden.

Auf Basis dieser Daten kann entweder über die Berücksichtigung angestrebter Marktanteile direkt auf den Umfang von Neuaufträgen geschlossen werden, oder es wird die Anzahl der Aufträge bei Kunden des eigenen Werkzeugbaus abgeschätzt.

Anhand der potentiellen Aufträge des Kunden werden mittels einer Umwandlungswahrscheinlichkeit die zu erwartenden Aufträge des Kunden geschätzt. Eine alternative Möglichkeit zur Abschätzung der erwarteten Aufträge des Kunden liegt in der Trendextrapolation des Auftragseingangs. Ist bekannt, mit welcher Wahrscheinlichkeit Aufträge an den Kunden in Aufträge für den eigenen Werkzeugbau umgewandelt werden können, ist es möglich, die zu erwartenden Neuaufträge zu ermitteln. Eine Darstellung diese Ablaufs findet sich in Abb. 2.37.

Änderungsaufträge   Änderungsaufträge beziehen sich meist auf Werkzeuge, die im eigenen Werkzeugbau gefertigt wurden. Daher ist das Änderungsaufkommen direkt von der

Anzahl der gefertigten Werkzeuge und den prognostizierten Neuanfertigungen abhängig. Weitere Parameter für die Prognose des Änderungsaufkommens sind die Änderungswahrscheinlichkeiten eines Werkzeugs. Dabei ist auf kundenspezifische Besonderheiten zu achten, da das Änderungsaufkommen häufig mit den internen Abläufen des Kunden zusammenhängt. Durch Analyse der bisherigen Änderungsaufträge kann zwischen Kunden unterschieden werden, die eine hohe oder niedrige Änderungswahrscheinlichkeit aufweisen.

Bild2.37   Erstellen auftragstypspezifischer Prognosen

Reparaturaufträge sind in zwei Gruppen zu unterteilen. Zum einen handelt es sich um Standardreparaturaufträge, die nach Ablauf von Instandhaltungsintervallen anfallen. Die Anzahl dieser Reparaturart ist auf Basis der Anzahl der Werkzeuge im Einsatz, der prognostizierten Neuanfertigungen und den berechneten Instandhaltungsintervallen eines Werkzeugs zu ermitteln. Zum anderen können Werkzeuge unerwartet ausfallen. Eine Abschätzung der dann notwendigen Reparaturen ist über Ausfallwahrscheinlichkeiten möglich. Der Unterschied in der Art der Reparaturaufträge bezieht sich auf die Dringlichkeit des Auftrags. Werkzeugausfälle müssen innerhalb kürzester Zeit bearbei-

Reparaturaufträge können in Wartungs- und Eilaufträge unterteilt werden

tet werden, wenn die Produktion des Kunden direkt beeinflußt ist. Da Eilaufträge meist mit geringem Aufwand bearbeitet werden können, ist es möglich, die Eilaufträge durch Verschiebung zeitunkritischer Normalaufträge zu kompensieren.

Beispiel zum Erstellen
einer Prognose
Der dargestellte Ablauf soll an einem Beispiel der Automobilzulieferindustrie erläutert werden. Das betrachtete Produkt sind Spritzgießwerkzeuge für Stoßfänger von PKWs. Eine Expertenbefragung über die Entwicklung des Endabnehmermarktes hat ergeben, daß mittelfristig für jeden PKW weiterhin Kunststoffstoßfänger benötigt werden. Dabei kann von einer Wachstumsrate des Marktes für Neufahrzeuge von 5% ausgegangen werden.

Eine detailliertere Analyse der Verteilung dieses Wachstums auf unterschiedliche Endanbieter zeigt, daß die Kunden des betrachteten Werkzeugbaus verstärkt bei den Automobilherstellern Aufträge akquirieren, die von dem Marktwachstum betroffen sind. Daher kann davon ausgegangen werden, daß der Anteil der vom eigenen Werkzeugbau belieferten Automobilzulieferer bei der Auftragsvergabe durch die Endhersteller wachsen wird. Für diesen Anteil wurde ebenfalls eine Steigerung um 5% ermittelt.

Aufgrund des in der Vergangenheit erworbenen Know-how und der bislang guten Zusammenarbeit des eigenen Werkzeugbaus und den betroffenen Automobilzulieferern für Stoßfänger geht die eigene Werkzeugbauleitung zusätzlich von einer Vergrößerung des Auftragsanteils für die Spritzgießformen um 7% aus.

Aus diesen Steigerungsraten kann auf einen Auftragszuwachs von knapp 18% geschlossen werden.

Um aus dieser Steigerungsrate auf benötigte Kapazitäten zu schließen, ist es notwendig, Änderungen im Aufwand der Erstellung der Werkzeuge zu berücksichtigen. Auch hierzu konnte eine Abschätzung durchgeführt werden. Da verstärkt Leuchten und Sicherheitskomponenten in Stoßfänger integriert werden und zudem die Sicherheitsanforderungen steigen, muß mit einer wesentlich erhöhten Komplexität des Produktes Stoßfänger und damit auch dem Werkzeug zu seiner Herstellung ausgegangen werden. Durch diese geforderte Komplexität nimmt die Bearbeitungsdauer des Werkzeugs um 10% zu.

Erst aus der gemeinsamen Betrachtung dieser Werte kann auf eine notwendige Kapazitätssteigerung von 30% geschlossen werden.

Auf ähnliche Weise kann die Kapazität für Reparaturaufträge aus der Entwicklung des Endabnehmermarktes abgeleitet werden. Zum einen ist eine Verkürzung der Laufzeit eines PKW zu beobachten. Dadurch reduzieren sich die Stückzahlen, die erzeugt werden müssen. Zum anderen werden immer längere Instandhaltungsintervalle vom Zulieferer gefordert. Diese Kombination läßt einen starken Rückgang der Reparatur- und Wartungsaufträge vermuten.

Auf Basis des vorgestellten Ablaufs können für verschiedene Planungszeiträume Prognosen durchgeführt werden. Für eine Dimensionierung der Kapazitäten im Werkzeugbau müssen diese prognostizierten Aufträge Unternehmensfunktionen zugeordnet werden. Dabei wird aus dem prognostizierten Eingang von Neuaufträgen auf die Aufträge pro Produktklasse geschlossen. Diese Unterscheidung kann entweder direkt in einer detaillierten Prognose berücksichtigt werden oder nachträglich anhand der durchschnittlichen Verteilung von Produktklassen bestimmt werden.

Von der Prognose des Auftragseingangs zur Kapazitätsplanung auf Funktionsebene

Sind die Umfänge der Neuaufträge für die einzelnen Produktklassen bekannt, wird das Volumen der Änderungs- und Reparaturbedarfe bestimmt. Dabei werden der Änderungsaufwand pro Kunde sowie die Instandhaltungsintervalle und die Ausfallwahrscheinlichkeit von Werkzeugen berücksichtigt.

Für die weitere Detaillierung müssen die verschiedenen Auftragsarten auf die jeweils benötigten Tätigkeiten im Werkzeugbau verteilt werden. Die ermittelten Aufträge pro Tätigkeit im Werkzeugbau werden abschließend für die Kapazitätsplanung genutzt. Diese Schritte werden im folgenden Kapitel vorgestellt.

Wesentlicher Bestand der Planung ist die kontinuierliche Aktualisierung der Prognose sowie der Abgleich der prognostizierten Größen mit den realen Aufträgen. Durch diesen Abgleich können die Schätzparameter verfeinert und somit der Planungsablauf sicherer gemacht werden.

2.3.3
Kapazitätsdimensionierung

Bei der Kapazitätsdimensionierung besteht die Aufgabe, langfristig und vorausschauend die vorzuhaltenden Kapazitäten innerhalb des Werkzeugbaus zu bestimmen. Wichtige Eingangsgröße ist die Abschätzung des Kapazitätsbedarfs für die einzelnen Auftragsarten und Erzeugnisse. Für jede Gruppe von Werkzeugen und Betriebsmitteln muß der zukünftige Bedarf

- für Neuaufträge,
- für Ähnlich- und Wiederholaufträge,
- für Änderungsaufträge und
- für Reparatur- und Wartungsaufträge

entsprechend der in Kap. 2.3.2 dargestellten Vorgehensweise abgeleitet worden sein.

Je nachdem, ob ein interner oder ein eigenständiger Werkzeugbaubetrieb betrachtet wird, muß ggf. auch eine Beschaffung der Nicht-Kernerzeugnisse für die Produktion berücksichtigt werden. Es kann für ein Unternehmen mit einem internen Werkzeugbau durchaus sinnvoll sein, externe Werkzeuge durch den Werkzeugbau beschaffen zu lassen. Der interne Werkzeugbau übernimmt dringende Reparaturen für die Produktion und soll daher bereits bei der Werkzeugbeschaffung eingebunden werden. So kann die Verfügbarkeit wichtiger Daten (z.B. CAD- und NC-Daten) gewährleistet werden.

Neben der Abschätzung des zukünftigen Kapazitätsbedarfs auf Erzeugnisniveau müssen weitere Informationen zur Dimensionierung der internen Kapazitäten vorliegen:

- Welche Kernerzeugnisse der Werkzeugbau hat?
- Welche Kernprozesse der Werkzeugbau hat?
- Welche produktivitätssteigernden Maßnahmen eingeleitet wurden oder werden?
- Wie die grundsätzliche Struktur der Aufbauorganisation aussieht?

Für die Kernerzeugnisse des Werkzeugbaus sind interne Kapazitäten vorzuhalten. Die Werkzeuge, die zukünftig von externen Anbietern bezogen werden, sind ggf. in Hinblick auf die Betreuung der Zulieferer und die terminliche Auftragskoordination zu berücksichtigen. Bei den Kernerzeugnissen ist in einem nächsten

Schritt die Kapazität für die Kernprozesse abzuleiten. Auch dabei ist der interne Aufwand zur Betreuung externer Dienstleister für Nicht-Kernprozesse einzubeziehen.

Weitere Randbedingungen sind die eingeleiteten bzw. einzuleitenden Maßnahmen zur Produktivitätssteigerung. Entsprechend der Maßnahmenlandschaft ist der Kapazitätsdimensionierung in den einzelnen Prozessen die zukünftige Produktivität zugrunde zu legen.

Steht der zukünftige Kapazitätsbedarf für die Prozesse und Erzeugnisse fest, so können die organisatorischen Einheiten dimensioniert werden. Als Grundlage dient die zukünftige Struktur der Aufbauorganisation. Wie in Kap. 2.2.3 dargestellt, werden die Prozesse organisatorischen Einheiten zugeordnet. Die Struktur der Aufbauorganisation muß bereits dem Kerngeschäft angepaßt sein. Kapazitätsdimensionierungen können jedoch erst mit Hilfe der dargestellten Prognosen durchgeführt werden.

Auf Grundlage der Organisationsstruktur, in der dann Aufgaben und Kapazitätsbedarfe den organisatorischen Einheiten zugeordnet sind, können Mitarbeiterbenennungen erfolgen. Bei der Zuordnung von Mitarbeitern müssen deren Qualifikationsprofile mit den Anforderungen und Aufgabenfeldern verglichen werden. So können ehemalig zentrale Konstruktions- oder NC-Programmierabteilungen entfallen und die Mitarbeiter produktbezogenen Sparten zugeordnet werden. Die Position eines Konstruktionsleiters ist somit nicht mehr erforderlich. Statt dessen werden für die neu eingerichteten Sparten leitende Mitarbeiter benötigt, die in der Lage sind, unternehmerisch zu denken und Ergebnisverantwortung zu tragen.

Ergebnis der Kapazitätsdimensionierung

Im folgenden wird auf die Vorgehensweise zur Kapazitätsdimensionierung anhand eines Beispiels eingegangen. Nachdem, wie im vorangegangenen Kapitel beschrieben, Kapazitätsprognosen für die Auftragsarten und Erzeugnisse vorliegen, müssen diese Prognosen für die Prozesse genutzt werden. In dem in Abb. 2.39 betrachteten Werkzeugbau werden die Reparatur und Wartung sowie die Neu-/ Ähnlich-/ Änderungs- und Wiederholanfertigung von Stanzwerkzeugen, Umformwerkzeugen, Spritzgießwerkzeugen und Vorrichtungen durchgeführt. Die Aufteilung des Auftrags-

Beispiel zur Kapazitätsdimensionierung

volumens zu den Prozessen erfolgt auf Grundlage der bisherigen Auftragsabwicklung. Informationen über die Auswirkungen der im Rahmen der Organisationsgestaltung veränderten Abläufe liegen zu diesem Zeitpunkt noch nicht vor. Während für Reparaturaufträge in den frühen Konstruktionsprozessen (Konzepterstellung, Konstruktion der Zusammenstellung) keine Aufwände anfallen, wird die Anfertigung von Vorrichtungen schon in der betrachteten Ausgangssituation durch Externe durchgeführt (Abb. 2.38).

Einfluß des veränderten Leistungsspektrums

In einem nächsten Schritt kann der Kapazitätsbedarf für die Prozesse bestimmt werden. Als Beispiel wird der Prozeß der Komponentenfertigung betrachtet (Abb. 2.39).

Durch eine Gegenüberstellung der in der Komponentenfertigung angefallenen Stunden für die Auftragsarten und Erzeugnisse zu den gesamten Auftragsvolumina kann der prozentuale Anteil für die Komponentenfertigung bestimmt werden. Bei Reparaturen und Wartungsaufgaben fallen 33%, bei Stanzwerkzeugen 45%, bei Blechumformwerkzeuge 42% und bei Spritzgießwerkzeugen 26% der Auftragsstunden in der Komponentenfertigung an.

Einfluß der Kernerzeugnisse

Die Ableitung der zukünftig vorzuhaltenden Kapazität erfolgt auf Basis der Prognosewerte. Durch die Verlagerung einfacher Reparatur- und Wartungsaufgaben, die bisher in dem internen Werkzeugbau durchgeführt wurden, in die Produktion ist zukünftig mit einem Auftragsvolumen von 70.000 Std./ Jahr zu rechnen. Die Untersuchung der Erzeugnisse hat für Stanzwerkzeuge ergeben, daß diese keine Kernerzeugnisse sind und günstiger bei externen Anbietern bezogen werden. Des weiteren wurde für Umformwerkzeuge ein leicht fallender (- 4.000 Std.) und für Spritzgießwerkzeuge ein steigender (+ 14.000 Std.) jährlicher Bedarf prognostiziert. Anhand der Verteilung des Auftragsvolumens ergibt sich für die Komponentenfertigung ein Bedarf von 23.100 Std./ Jahr für Reparaturen/ Wartung, 8.400 Std./ Jahr für Umformwerkzeuge und 15.600 Std./ Jahr für Spritzgießwerkzeuge.

	Reparatur/Wartung	Neu-/Ähnlich-/Änderungs- und Wiederholaufträge				Summe
		Stanzwerkzeuge	Umformwerkzeuge	Spritzgießwerkzeuge	Vorrichtungen	
Angebotserstellung	—	200	100	400	400	1.100
Bewertung Artikelkonstruktion	—	200	500	2.000	600	3.300
Konzepterstellung	—	800	300	1.500	800	3.400
Konstruktion (Zusammenstellung)	—	1.300	700	3.000	3.200	8.200
Detaillierung	500	2.500	1.400	3.100	—	7.500
Komponentenfertigung	30.000	15.000	10.000	12.000	—	67.000
Bankarbeit Spritzgießwerkzeuge	20.000	—	—	15.000	—	35.000
Bankarbeit Stanzwerkzeuge	15.000	8.000	—	—	—	23.000
Bankarbeit Umformwerkzeuge	10.000	—	6.000	—	—	16.000
Wärmebehandlung	500	200	500	500	—	1.700
Messen und Prüfen	4.000	1.800	1.500	2.500	—	9.800
Summe	90.000	33.000	24.000	46.000	7.000	200.000

(Zahlenangaben in Std./Jahr)

Bild 2.38 Aufgliederung des bisherigen Kapazitätsbedarfs

Im nächsten Schritt müssen die Ergebnisse der Kernprozeßidentifikation eingebunden werden. Wie im Rahmen des Fallbeispiels in Kapitel 2.1.3 dargestellt, zählt die Komponentenfertigung einfacher Teile nicht zu den Kernprozessen und wird aufgrund des Leistungsvergleichs an Subunternehmer vergeben. Dies wirkt sich auf den Kapazitätsbedarf der Komponentenfertigung für Werkzeuganfertigung aus. Anhand einer Untersuchung des Verhältnisses von einfachen und komplexen Komponenten kann der Anteil des fremd zu vergebenden Auftragsvolumens abgeschätzt werden. Für Umformwerkzeuge werden dann 5.000 Std./Jahr und für Spritzgießwerkzeuge 11.000 Std./Jahr benötigt. Die Komponentenfertigung einfacher Teile für Reparaturen und Wartungsaufgaben verbleibt aufgrund der kurzfristigen Termine und der engen Abstimmungswege im internen Werkzeugbau.

Einfluß der Kernprozesse

	Reparatur/Wartung	Neu-/Ähnlich-/Änderungs- und Wiederholaufträge			Vorrichtungen
		Stanz- werkzeuge	Umform- werkzeuge	Spritzgieß- werkzeuge	
Komponentenfertigung					
Ist-Stunden Komp.-fert.[Std./Jahr]	30.000	15.000	10.000	12.000	——
Ist-Stunden-Gesamt [Std./Jahr]	90.000	33.000	24.000	46.000	——
Anteil-Ist-Stunden Komp.-fert. [%]	33	45	42	26	——
Prognose-Stunden-Gesamt [Std./Jahr]	70.000	Fremd- ver- gabe	20.000	60.000	——
Prognose-Stunden Komp.-fert. [Std./Jahr]	23.100	——	8.400 Fremdvergabe einfache Teile ▼ 5.000	15.600 Fremdvergabe einfache Teile ▼ 11.000	——
Produktivitätssteigerung durch eingeleitete Maßnahmen [%]	30	——	20	20	——
Zukünftiger Bedarf Komp.-fert. [Std./Jahr]	17.800	——	4.200	9.200	——

Bild 2.39   Bestimmung der zukünftigen Kapazität

Einfluß der Maßnahmen zur Produktivitätssteigerung

Abschließend müssen zukünftige Produktivitätssteigerungen berücksichtigt werden. Diese werden im Rahmen der Prozeßanalyse und Maßnahmenableitung ermittelt. Im dargestellten Beispiel wird davon ausgegangen, daß durch Optimierungsmaßnahmen bei Reparaturen und Wartungen 30% Produktivitätssteigerung in der Komponentenfertigung zu erzielen sind. Für die Werkzeuganfertigung sind geringere Potentiale (20%) zu erwarten.

Werden die Prognosestunden durch die zukünftige Produktivität (z.B. 130% bei Reparatur) dividiert, so ergibt sich der Kapazitätsbedarf für Auftragsart, Erzeugnis und Prozeß. Dieser Bedarf kann den organisatorischen Einheiten (vgl. Kap. 2.2.3) zugeordnet werden.

2.4
Schnittstellenfunktion des Werkzeugbaus

2.4.1
Position des Werkzeugbaus in der Gesamtprozeßkette

In diesem Kapitel werden die Schnittstellen des Werkzeugbaus zu angrenzenden Organisationseinheiten dargestellt. Dabei wird der Werkzeugbau zunächst anhand von Hauptprozessen in die gesamte Wertschöpfungskette eingeordnet. Anschließend werden drei schwerpunktorientierte Ausrichtungen des Werkzeugbaus dargestellt.

2.4.1.1
Schnittstellen der Hauptprozesse

Die Prozeßkette „Werkzeugbau" läßt sich in die gesamte Wertschöpfungskette als Bindeglied zwischen Produktentwicklung und Serienproduktion einordnen (Abb. 2.40).

Parallel zu der Entwicklung eines neuen Produkts beginnen die Kunden eines Werkzeugbaus häufig bereits mit der Planung und Vorbereitung der zugehörigen Produktion. Bei der Produktionsvorbereitung werden die einzelnen, für die Herstellung des Produktes erforderlichen Prozeßschritte bestimmt. Dabei werden u.a. die Arbeitsschritte in der Fertigung und der Montage der geplanten Produktion festgelegt. Parallel dazu werden die für die Durchführung dieser Arbeitsschritte notwendigen Werkzeuge spezifiziert und Anfragen an die Werkzeugherstellung geleitet.

Die angefragten Werkzeugbaubetriebe erstellen daraufhin i.d.R. die Angebote. Im Rahmen der Angebotserstellung müssen bei Anfragen für neue Werkzeuge in Zusammenarbeit mit der Werkzeugkonstruktion anhand der Spezifikationen zunächst die Realisierbarkeit der angefragten Aufgabe geprüft und prinzipielle Lösungen dafür erstellt werden.

Basierend auf diesen Lösungen sind dann die zu erwartenden Kosten für die Entwicklung und Fertigung der Werkzeuge abzuschätzen und ein entsprechender Angebotspreis zu ermitteln. Das Angebot wird erstellt und schließlich dem anfragenden Unternehmen zugestellt. Erfolgt auf dieses Angebot die Auftragser-

Schnittstelle
Produktentwicklung

teilung, so werden je nach Auftragsart die Prozesse des Werkzeugbaus durchlaufen.

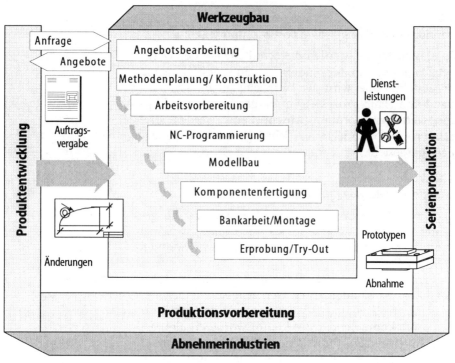

Bild 2.40   Position des Werkzeugbaus in der Gesamtprozeßkette

Schnittstelle Serienproduktion

Eine weitere Schnittstelle des Werkzeugbaus besteht zur Serienproduktion. Nach Anfertigung und Erprobung eines Werkzeugs wird dieses in der Serienproduktion eingesetzt. Aufgrund von Verschleißerscheinungen und zur Erhaltung der Produktqualität müssen Werkzeuge repariert oder instandgehalten werden. Daraus ergibt sich ein weiteres Aufgabenfeld für den Werkzeugbau.

Um die Schnittstellen zwischen Werkzeugbau und angrenzenden Unternehmenseinheiten genauer zu definieren, werden im folgenden die Auswirkungen der unterschiedlichen Auftragsarten auf die Ausrichtung des Werkzeugbaus beschrieben.

2.4.1.2
Schnittstellendefinition anhand der Auftragsarten

Im Werkzeugbau variieren die Schwerpunkte der Arbeitsaufwände der einzelnen Prozesse je nach Auftragsart (vgl. Kap. 2.1.1.1). Man unterscheidet zwischen vier verschiedenen Auftragsarten, die in Abb. 2.41 dargestellt sind.

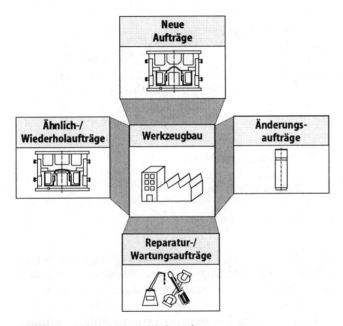

Bild 2.41   Auftragsarten im Werkzeugbau

Bei Neuaufträgen wird die gesamte Prozeßkette des Werkzeugbaus durchlaufen. Eine enge Abstimmung mit der Produktentwicklung ist zwingend notwendig, um frühzeitig werkzeugrelevante Anforderungen in der Produktentwicklung zu berücksichtigen. Daher liegt der Schwerpunkt eines solchen Werkzeugbaus auf dem Gebiet der Werkzeugentwicklung (Abb. 2.42). Über die eigentliche Konzeption und Herstellung des Werkzeugs hinaus liefert ein derartig ausgerichteter Werkzeugbau Unterstützung für die Produktentwicklung und im Extremfall Mitarbeit bei Teilkonstruktionen. Dies kann durch eine begleitende Konstruktionsberatung erfolgen. Darüber hinaus muß ein stark auf die Entwicklung ausgerichteter Werkzeugbau Prototypen für die neuen

Schwerpunkt Werkzeugentwicklung

Produkte anfertigen können, um die Produkt- und Werkzeugkonstruktion zu unterstützen. Verschiedene Rapid-Prototyping Verfahren sowie Prototypen-Werkzeuge bieten Möglichkeiten zur Herstellung dieser Prototypen (vgl. Kap. 4.1).

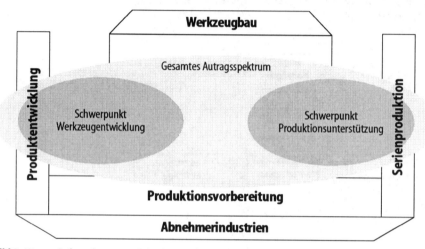

Bild 2.42   Auftragsbezogene Orientierung des Werkzeugbaus

Für Ähnlich- oder Wiederholaufträge ist keine derart intensive Abstimmung mit der Produktentwicklung notwendig wie bei Neuaufträgen. Das Betriebsmittel ist bereits weitgehend bestimmt, und es werden nur Änderungen einzelner Elemente vorgenommen. Diese Änderungen sollten jedoch detailliert beschrieben werden, um spätere Modifikationen im Vorfeld zu vermeiden.

Die Arbeiten eines auf die Werkzeugentwicklung ausgerichteten Werkzeugbaus enden mit der Auslieferung des gefertigten und erprobten Werkzeugs. Die nachfolgende Wartung und Reparatur des Werkzeugs gehört nicht zum Aufgabenspektrum.

Schwerpunkt Produktionsunterstützung   Eine starke Ausrichtung an den Bedürfnissen der Serienproduktion kennzeichnet den Werkzeugbau mit dem Schwerpunkt der Produktionsunterstützung. Anpassungs-, Wartungs- und Reparaturaufträge sowie „Feuerwehr"-Aufträge stellen die Hauptaufgaben des produktionsunterstützenden Werkzeugbaus dar. Bei den angesprochenen Auftragsarten können die ersten Phasen der Prozeßkette des Werkzeugbaus übersprungen werden. Eine Konzentration auf die Anpassung und den Ersatz defekter oder verschlissener Elemente der Serienwerkzeuge sowie die erneute Erprobung und Try-out der reparierten Werkzeuge erfordert eine enge Zusammenarbeit mit der Serienproduktion. Die lokale Nähe des Werkzeugbaus zur Serienproduktion ist besonders bei „Feuerwehr"-Aufträgen ein wichtiges Kriterium, da bei Ausfall eines Werkzeugs die Produktion unterbrochen wird und in solchen Fällen sehr schnell reagiert werden muß.

Sind anhand der Auftragshäufigkeiten keine Schwerpunkte im Werkzeugbau zu identifizieren, so wird das gesamte Auftragsspektrum bearbeitet. Daraus ergeben sich Möglichkeiten, flexibel auf variierende Auftragshäufigkeiten von Neu-, Ähnlich- bzw. Wiederhol-, Änderungsaufträgen oder Reparatur- und Wartungssaufträgen reagieren zu können. Darüber hinaus kann innerhalb der gesamten Prozeßkette des Werkzeugbaus Know-how ausgetauscht und somit ein umfassender Erfahrungsschatz aufgebaut werden. Erkenntnisse über die Einsatzsicherheit von Werkzeugen in der Produktion und daraus resultierende Verbesserungen der Werkzeuge können im Rahmen der Methodenplanung und Werkzeugkonstruktion genutzt werden.

Gesamtes Auftragsspektrum

Die Ausrichtung auf die unterschiedlichen Schwerpunkte werden im folgenden detailliert beschrieben, um Integrationskriterien und darauf aufbauend Integrationsalternativen darzustellen.

2.4.2
Integrationskriterien für den Werkzeugbau

Integrationskriterien für den Werkzeugbau dienen als Auswahlkriterien, anhand derer bestimmt werden kann, welche Integrationsalternative geeignet ist und umgesetzt werden sollte. Für die Festlegung einer Integrationsstrategie des Werkzeugbaus müssen die folgenden Kriterien überprüft werden:

- Spektrum an Auftragsarten,
- Informationsflüsse,
- Komplexität der Artikelgeometrien und
- Materialflüsse.

Hinsichtlich des Auftragsspektrums müssen im Werkzeugbau bestehende Anteile von Neu-, Ähnlich-/ Wiederhol-, Änderungs- und Reparatur-/ Wartungsaufträ-

Auftragsspektrum

ge untersucht werden. Darüber hinaus ist zu berücksichtigen, inwiefern bestehende Anteile an Auftragsarten variieren können.

Informationsflüsse

Bei Informationsflüssen sind einerseits Abstimmungsbedarfe zwischen unterschiedlichen Unternehmenseinheiten und andererseits zu übermittelnde Informationen (z.B. Produkt-Daten als CAD-Dateien) zu berücksichtigen.

Artikelgeometrie

Hinsichtlich der Artikelgeometrie ist zwischen mehr und weniger komplexen Werkzeugen und Betriebsmitteln zu unterscheiden. Die Bauteilgeometrie übt direkten Einfluß auf die Ausprägung der Informationsflüsse, da bei komplexen Bauteilen ein höherer Abstimmungs- und Übermittlungsaufwand besteht als bei vergleichbar einfachen Bauteilen. Eine komplexe Werkzeuggeometrie weist in der Regel Freiformflächen auf und besteht nur zu einem geringen Anteil aus Regelgeometrien. Komplexe Geometrien sind häufig an Spritzgießformen und Schmiedegesenken anzutreffen, während einfache Geometrien verstärkt an Schneidwerkzeugen und Vorrichtungen auftreten.

Materialflüsse

Die zu realisierenden Materialflüsse stellen einen weiteren wichtigen Einflußfaktor auf die Integrationsstrategie im Werkzeugbau dar. Zur Minimierung von Transportaufwänden sollte in Richtung häufig auftretender Materialflüsse integriert werden.

In Abb. 2.43 ist eine Übersicht über die wesentlichen Informations- und Materialflüsse zwischen Werkzeugbau und Produktentwicklung bzw. Werkzeugbau und Serienproduktion enthalten. Deutlich werden folgende Schwerpunkte:

- Informationsflüsse an der Schnittstelle zur Produktentwicklung und
- Materialflüsse an der Schnittstelle zur Serienproduktion.

Die Schwerpunkte entsprechen dem jeweiligen Ergebnisstand des Werkzeugbaus. Zu einem frühen Zeitpunkt liegen lediglich Informationen vor, die ausgetauscht werden können. Zu einem späten Zeitpunkt besteht das Arbeitsergebnis jedoch aus vollständigen Serienwerkzeugen, die transportiert werden müssen.

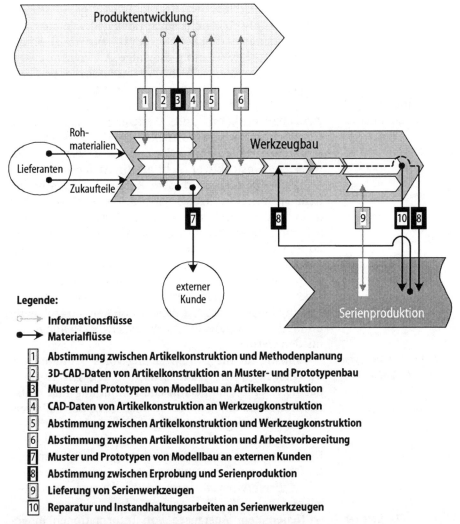

Bild 2.43   Informations- und Materialflüsse zwischen Werkzeugbau
und angrenzenden Organisationseinheiten

An der Schnittstelle zur Produktentwicklung wird im wesentlichen über die Funktionen Methodenplanung, Werkzeugkonstruktion, Modellbau und Arbeitsvorbereitung des Werkzeugbaus kommuniziert. In einer Abstimmung zwischen Methodenplanung und Artikelkonstruktion werden zu berücksichtigende fertigungstechnische Restriktionen bei der Konstruktion des Artikels diskutiert. Zielsetzung ist eine konstruktive Auslegung des Artikels derart, daß eine möglichst gün-

Abstimmung mit
Methodenplanung

stige Stadienfolge der Bearbeitungsaufgabe erreicht werden kann. Aus Artikelausprägungen, die aus konstruktiver Sicht gleichwertig sind, kann in einer gemeinsamen Besprechung diejenige Alternative ausgewählt werden, die aus Sicht der auszuführenden Fertigungsprozesse am günstigsten erscheint.

Abstimmung mit Werkzeugkonstruktion

Der höchste Abstimmungsbedarf liegt zwischen Artikelkonstruktion und Werkzeugkonstruktion. In Gesprächen zwischen Artikel- und Werkzeugkonstrukteur werden Anforderungen erörtert, die aus werkzeugkonstruktiver Sicht an die Artikelkonstruktion gestellt werden. In diesem Rahmen werden bei einem Spritzgießwerkzeug Aspekte der Entformbarkeit diskutiert, wodurch sich die Anzahl, Art und Lage der Schieber des Werkzeugs mittels einer gezielten Artikelkonstruktion optimieren lassen.

Abstimmung mit Arbeitsvorbereitung

Darüber hinaus können sich Abstimmungsbedarfe zwischen Artikelkonstruktion und Arbeitsvorbereitung ergeben. Hier werden Restriktionen der Werkzeugherstellung besprochen. Auf diese Weise können frühzeitig unnötige Aufwände in der Werkzeugherstellung vermieden werden.

Durchführung von Abstimmungen

Günstig für die Durchführung von Abstimmungen ist eine räumliche Nähe zwischen den Diskussionspartnern, eine datentechnische Anbindung und einfache Kommunikationswege. Ist dies nicht der Fall, werden Abstimmungen in der Regel nicht wahrgenommen, weil sie als zusätzliche Belastung angesehen werden. Dies geht jedoch auf Kosten einer ganzheitlichen Optimierung von konstruktiven und fertigungstechnischen Produktparametern an Werkzeugen und Betriebsmitteln.

CAD-Daten an Werkzeugkonstruktion und Modellbau

Neben dem Austausch von Informationen in gemeinsamen Abstimmungsgesprächen existieren einseitige Informationsflüsse, in denen CAD-Daten aus der Produktentwicklung an den Werkzeugbau weitergegeben werden. Hauptempfänger sind die Werkzeugkonstruktion und der Muster- und Prototypenbau. Nach abgeschlossener Detaillierung des Artikels wird der vollständige CAD-Datensatz an die Werkzeugkonstruktion übergeben, damit die Artikelgeometrie nicht erneut erzeugt werden muß. Für den Fall, daß Rapid Prototyping Verfahren zur Herstellung von Mustern und Prototypen eingesetzt werden sollen, müssen dreidimensionale (3D) CAD-Daten an den Modellbau übermittelt werden. Bei Nutzung konventioneller Verfahren zur Muster- und Prototypenherstellung genügen auch 2D-Daten oder Skizzen und Zeichnungen.

Zwischen Produktentwicklung und Werkzeugbau bestehen lediglich die Materialflüsse Muster und Prototypen. Diese sind in der Regel zwar einfach zu transportieren, unterliegen aber besonderen zeitkritischen Bedingungen, da Muster und Prototypen von der Produktentwicklung zur Überprüfung von konstruktiven Annahmen und als Diskussionsgrundlage für Abstimmungsgespräche genutzt werden.

Transport von Mustern und Prototypen

An der Schnittstelle des Werkzeugbaus zur Serienproduktion liegt der Schwerpunkt auf den Materialflüssen. Lediglich zwischen der Funktion Erprobung/ Try-Out und der Serienproduktion erfolgen Abstimmungen über herstellungstechnische Optimierungen der Serienwerkzeuge und ihres Einsatzes. Gemeinsam mit dem Werkzeugbau werden Versuche mit veränderten Werkzeugen, minimiertem Materialeinsatz oder neuen Materialien durchgeführt.

Abstimmung mit Erprobung/ Try-Out

Materialflüsse zwischen Werkzeugbau und Serienproduktion konzentrieren sich auf den Transport von Serienwerkzeugen. Einerseits werden am Ende der Prozeßkette Werkzeugbau die fertiggestellten Werkzeuge ausgeliefert. Andererseits müssen defekte oder verschlissene Werkzeuge zur Überarbeitung an den Werkzeugbau geliefert werden und nach Durchlaufen der entsprechenden Funktionen des Werkzeugbaus (in Abb. 2.43 gestrichelt gekennzeichnet) wieder zurückgebracht werden. Da es sich bei Serienwerkzeugen häufig um umfangreiche, schwer transportierbare Güter handelt, die insbesondere auf dem Weg zur Produktion nicht beschädigt werden dürfen, müssen entsprechende Voraussetzungen geschaffen werden.

Transport von Serienwerkzeugen

Über die beschriebenen Schnittstellen des Werkzeugbaus zur Produktentwicklung und zur Serienproduktion hinaus sollte ein übergreifender Informationsfluß von der Serienproduktion in die Produktentwicklung etabliert werden. Hier können praktische Erfahrungen aus der Produktion an die Artikelkonstruktion weitergegeben werden, um Erfahrungswissen gezielt für zukünftige Projekte aufzubauen. Ein solches direktes Feed-back von Fertigungswissen an die Produktentwicklung ist insbesondere bei einem ganzheitlich orientierten Werkzeugbau realisierbar. Bei einseitigen

Feedback von Fertigungswissen

Orientierungen wird ein direktes Feed-back in der Regel durch eine hohe Anzahl an Schnittstellen und damit verbundenen Informationsverlusten und Fehlinterpretationen oder auch fehlenden Ansporn der betroffenen Mitarbeiter gehemmt.

Die Integrationsansätze, die aus den Ausprägungen der in diesem Kapitel genannten Integrationskriterien resultieren, werden in Kap. 2.4.3 beschrieben.

2.4.3
Integrationsalternativen

Integrationsalternativen

Entsprechend den bereits diskutierten Ausrichtungen auf Schwerpunkte des Werkzeugbaus (vgl. Kapitel 2.4.1) bestehen drei Integrationsalternativen:

- Integration von Produktentwicklung und Werkzeugbau
- Integration von Werkzeugbau und Serienproduktion und
- Integration des Werkzeugbaus in die Gesamtprozeßkette.

Integration von
Produktentwicklung
und Werkzeugbau

Bei einer Integration von Produktentwicklung und Werkzeugbau (Abb. 2.44) steht eine enge Anbindung hinsichtlich der zu unterstützenden Informationsflüsse im Vordergrund. Der für diese Integrationsalternative typische Abstimmungsbedarf mit Methodenplanung, Werkzeugkonstruktion und Arbeitsvorbereitung entsteht vor allem bei der Entwicklung von neuen Produkten und zugehörigen Werkzeugen. Bei einem hohen Anteil von Neuaufträgen ist eine ausgeprägte Entwicklungstätigkeit erforderlich und somit entsteht ein hoher Abstimmungsbedarf, da nicht auf bewährte Lösungen zurückgegriffen werden kann.

Diese Integrationsalternative ist außerdem sinnvoll, wenn der Austausch von CAD-Daten zwischen Produktentwicklung und Werkzeugkonstruktion bzw. Modellbau erforderlich ist. Liegen überwiegend komplexe Bauteilgeometrien vor, so ist besonders auf eine leistungsfähige datentechnische Anbindung des Werkzeugbaus an die Produktentwicklung zu achten. An Materialflüssen sind lediglich die Lieferungen von Mustern und Prototypen zu berücksichtigen, die besonderen zeitlichen Anforderungen unterliegen. Für die Integration von Produktentwicklung und Werkzeugbau wäre ein Standort ideal, der sich in der Nähe des Entwicklungsstandorts befindet. Ist eine räumliche Zusammenlegung nicht möglich, so sind die in Abb. 2.45 aufgeführten Maßnahmen zu überprüfen.

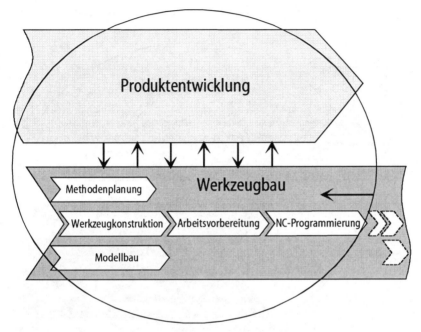

Bild 2.44   Integration von Produktentwicklung und Werkzeugbau

Eine Integration von Werkzeugbau und Serienproduktion (Abb. 2.45) ist vor allem bei einem hohen Anteil an Reparatur- und Instandhaltungsaufträgen zu empfehlen. Sogenannte „Feuerwehr"-Reparaturen verstärken den Integrationsbedarf zusätzlich.

Eine Integration von Werkzeugbau und Serienproduktion ist günstig, wenn ein Bedarf nach Abstimmungen bez. der herstellungstechnischen Optimierung von Serienwerkzeugen und ihres Einsatzes besteht sowie wenn Störungsbehebungen kurzfristig durchgeführt werden müssen. Das Werkzeugspektrum sollte überwiegend einfache Geometrien aufweisen, damit möglichst geringe Abstimmungsbedarfe mit der Produktentwicklung auftreten. Die Weitergabe von CAD-Daten einfacher Geometrien stellt in der Regel keine besondere Herausforderung dar.

Ausschlaggebend für die Entscheidung, einen Werkzeugbau in Richtung Serienproduktion zu integrieren,

Integration von
Werkzeugbau und
Serienproduktion

ist ein hoher Transportbedarf an Serienwerkzeugen. Dies trifft vor allem bei einem hohen Anteil an Reparatur- und Wartungsarbeiten sowie Sofortreparaturen zu. Günstig für diese Integrationsform ist daher auch die Nähe des Werkzeugbaus zum Produktionsstandort.

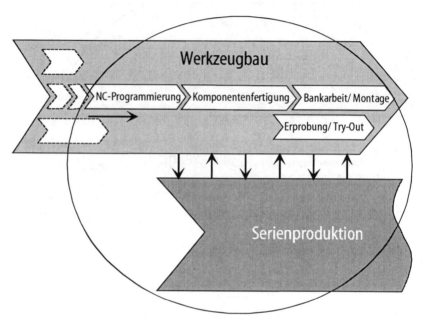

Bild 2.45   Integration von Werkzeugbau und Serienproduktion

Integration des Werkzeugbaus in die Gesamtprozeßkette

Die Bedingungen für eine Integration des Werkzeugbaus in die Gesamtprozeßkette (Abb. 2.46) stellen im wesentlichen eine Mischung der Kriterien für die Integrationsrichtungen Produktentwicklung und Serienproduktion dar. Charakteristisch sind ein ausgewogenes Auftragsspektrum oder variierende Häufigkeiten an Auftragsarten. Hinsichtlich der Informationsflüsse werden ein werkzeugbauübergreifender Know-how-Austausch und das direkte Feed-back von Fertigungswissen an die Produktentwicklung angestrebt. Das Teilespektrum ist gemischt oder variiert stark. Nach Mustern und Prototypen besteht seitens der Produktentwicklung eine hohe Nachfrage, ebenso wie Serienwerkzeuge zwischen Serienproduktion und Werkzeugbau transportiert werden müssen. Ein optimaler Standort für einen in die Gesamtprozeßkette inte-

grierten Werkzeugbau liegt sowohl in der Nähe der Produktentwicklung als auch der Serienproduktion.
Eine vollständige Gegenüberstellung der Integrationskriterien entsprechend den anzustrebenden Integrationsalternativen ist in Abb. 2.47 dargestellt.

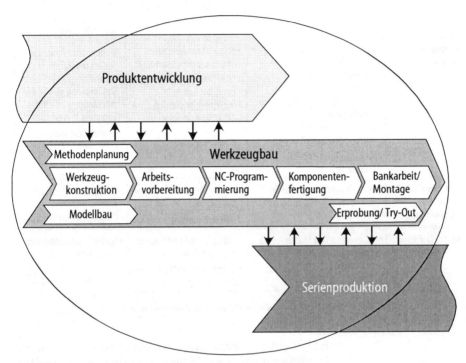

Bild 2.46   Integration des Werkzeugbaus in die Gesamtprozeßkette

Um eine der genannten Integrationsalternativen bei einem externen Werkzeugbau realisieren zu können, müssen unterstützende Maßnahmen eingeleitet werden (Abb. 2.48).

Ist bei einer Integration in Richtung Produktentwicklung keine unmittelbare Standortnähe realisierbar, so kann über moderne Kommunikationshilfsmittel, wie Telekooperation und Datenstandleitungen, eine enge Anbindung geschaffen werden. Auf diese Weise können trotz räumlicher Entfernungen Abstimmungen aufwandsminimal durchgeführt werden. Besteht seitens der Produktentwicklung ein Bedarf nach Mustern und Prototypen, so sollten hierfür die Transportmöglichkeiten geschaffen werden.

Externer Werkzeugbau

Integrations- alternativen Integrations- kriterien	Integration von Produktentwicklung und Werkzeugbau	Integration des Werkzeugbaus in die Gesamtprozeßkette	Integration von Werkzeugbau und Serienproduktion
Auftrags- spektrum	• hoher Anteil an Neuaufträgen	• gleichmäßig gemischte Auftragsarten • variierende Haufigkeiten an Auftragsarten	• hoher Anteil an Wartungs-/ Reparatur- aufträgen • hoher Anteil an "Feuer- wehr"-Reparaturen

**Informations-
flüsse**
	• hohe Abstimmungsbedarfe
	bezüglich:
	- fertigungstechnischer
	  Restriktionen
	- Werkzeug-konstruktiver
	  Restriktionen
	- Werkzeug-herstellungs-
	  technischer Restriktionen
	• Austausch von CAD-Daten
	erforderlich
		• Know-How-Austausch
		innerhalb der gesamten
		Prozeßkette
		• Feed-back von
		Fertigungswissen an
		Artikelkonstruktion
			• hoher Abstimmungs-
			bedarf bezüglich
			herstellungstechnischer
			Optimierung von Serien-
			werkzeugen und ihres
			Einsatzes
			• kurzfristige Störungs-
			behebung

Komplexität der Artikel- geometrien	• überwiegend komplexe Teile- geometrien (Freiformflächen)	• gemischtes Teilespektrum • variierende Teilekomplexität	• überwiegend einfache Teilegeometrien (Regelgeometrien etc.)
Materialflüsse	• hoher Bedarf an Mustern und Prototypen bei Produkt- entwicklung	• hoher Bedarf an Mustern und Prototypen • hoher Transportbedarf von Serienwerkzeugen	• hoher Transportbedarf von Serienwerkzeugen (insbesondere Repara- turen und Wartungen)

Bild 2.47   Integrationsalternativen in Abhängigkeit der Integrationskriterien

Ist bei einer Integration in Richtung Serienproduktion keine Standortnähe realisierbar, so sollte ein Schnellreparaturdienst vor Ort vorgehalten werden, der die Sofort-Reparaturen durchführt. Darüber hinaus sind die Transportwege und -konditionen für Serienwerkzeuge zu überprüfen.

Für eine angestrebte Integration eines externen Werkzeugbaus in die Gesamtprozeßkette muß je nach bestehenden Schwerpunkten durch eine gezielte Kombination der aufgeführten Maßnahmen eine enge unternehmensübergreifende Zusammenarbeit sichergestellt werden.

Integration von Produktent-wicklung und Werkzeugbau	Integration von Werkzeug-bau und Serienproduktion
• Standortnähe suchen • enge Anbindung über moderne Kommunikationshilfsmittel schaffen, z.B. Telekooperation, Datenstandleitung • Transportwege und -konditionen für Muster und Prototypen optimieren	• Standortnähe suchen • Schnellreparaturdienst vor Ort • Transportwege und -konditionen für Serien-werkzeuge optimieren

Bild 2.48   Maßnahmen zur Integration eines externen Werkzeugbaus

3 Standardisierung im Werkzeugbau

Der Werkzeugbau zeichnet sich durch die Herstellung von Unikaten mit Kleinstserien aus. Ziel muß es daher sein, den Wiederverwendungsgrad bei Betriebsmitteln zu erhöhen. Prinzipiell kann der Wiederverwendungsgrad durch die gezielte Suche nach bestehenden Lösungen und durch die Einschränkung der Lösungsvielfalt mittels Standardisierung gesteigert werden. Hierfür stehen geeignete Hilfsmittel wie Produktstrukturierung, Nummernsysteme und Sachmerkmale zur Verfügung, die im folgenden erläutert werden.

Wiederverwendung bei Unikatfertigung

3.1
Produktstrukturierung im Werkzeugbau

Die Strukturierung hat grundlegende Bedeutung für die Wiederverwendung von Betriebsmitteln. Die Produktstruktur gilt als wichtige Voraussetzung für die Einführung eines effektiven und effizienten Nummernsystems im Werkzeugbau sowie für die Standardisierung des Betriebsmittelspektrums.

Produktstrukturierung ist Voraussetzung für Nummernsysteme und Standardisierung

Die Produktstruktur bildet die Zusammensetzung eines Erzeugnisses bestehend aus Elementen und deren Strukturbeziehungen ab. Die Elemente der Produktstruktur können Einzelteile oder Baugruppen sein. Diese können wiederum aus Einzelteilen oder untergeordneten Baugruppen bestehen. Die Beziehungen zwischen den Elementen sind über Strukturbeziehungen definiert. Die Kriterien anhand derer Strukturbeziehungen definiert werden, beispielsweise funktions- oder montageorientiert, hängen von der schwerpunktmäßigen Verwendung der Produktstruktur im Unternehmen ab. Für den Werkzeugbau sind prinzipiell zwei Produktstrukturen von Bedeutung. Die Betriebsmittelstruktur, die den Aufbau des Werkzeugs beschreibt und die Artikelstruktur, die den Aufbau des mit dem Werkzeug herzustellenden Endprodukts wiedergibt. Die Artikelstruktur besitzt insofern eine Relevanz, als das sie die Betriebsmittelstruktur aufgrund technologischer Zusammenhänge beeinflussen kann. Hier dargestellte Ansätze gelten grundsätzlich nur für Betriebsmittel.

3.1.1
Ziele der Betriebsmittelstrukturierung

Mit der Betriebsmittelstrukturierung werden u.a. folgende Zielsetzungen verfolgt (Abb. 3.1):

Zielsetzungen bei der Betriebsmittelstrukturierung

- Strukturierung des Konstruktionsprozesses
- Erhöhung der Wiederverwendung
- Vereinheitlichung der Unterlagen
- Aufbau einer durchgängigen Informationsstruktur
- Standardisierung
- Erleichterung der Angebotserstellung

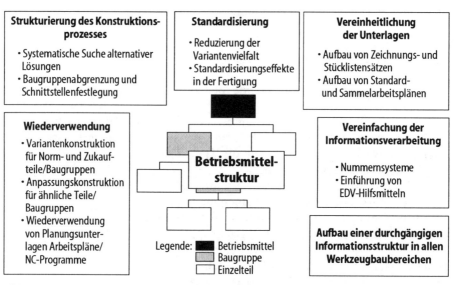

Bild 3.1   Zielsetzung beim Aufbau einer Betriebsmittelstruktur

Durchgängige Informationsstruktur

Die in der Betriebsmittelstruktur vorgenommenen Abgrenzung der Baugruppen und Festlegung der notwendigen Schnittstellen ermöglicht eine Strukturierung des Konstruktionsprozesses. Eine erhöhte Wiederverwendung kann durch Anpassungskonstruktion

für ähnliche Teile und Baugruppen sowie Wiederverwendung von Planungsunterlagen, wie beispielsweise
Arbeitsplänen oder NC-Programmen, auf Basis der
Betriebsmittelstruktur erreicht werden. Die Verwendung standardisierter Produktstrukturen trägt zur
Vereinheitlichung von Planungsunterlagen bei. So kann
zum Beispiel auf Grundlage einer standardisierten
Produktstruktur ein einheitlicher Aufbau für Zeich-
nungs- und Stücklistensätze festgelegt werden. Die
Verwendung einer einheitlichen Betriebsmittelstruktur
schafft die Basis für eine unternehmensweit durchgängige Informationsstruktur.

Nutzungsmöglichkeiten der Betriebsmittelstruktur
bestehen in fast allen Phasen des Lebenslaufs von Betriebsmitteln (Abb. 3.2).

Nutzer und Nutzen der
Produktstruktur

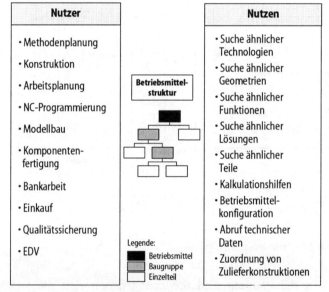

Bild 3.2   Nutzungsmöglichkeiten der Produktstruktur im
Werkzeugbau

Dies beginnt bereits mit der Planung des Serienpro-
dukts, setzt sich mit den betriebsmittelbauspezifischen
Prozeßketten fort und endet mit dem Betriebsmitteleinsatz. Nutzer der Betriebsmittelstruktur können
demnach alle Unternehmen sowie Unternehmensbereiche sein, die sich innerhalb des o.g. Zeitraums mit
den Betriebsmitteln beschäftigen.

<table>
<tr><td>Anwendungs-
möglichkeiten der
Produktstruktur</td><td>Bei der Angebotserstellung kann die Betriebsmittel-
struktur zur schnellen Konfiguration und Kalkulation
von Betriebsmitteln eingesetzt werden, indem bei-
spielsweise auf vorkonfigurierte Betriebsmittelstruktu-
ren zurückgegriffen wird. In der Konstruktionsphase
wird dem Betriebsmittelkonstrukteur die Suche nach
ähnlichen Technologien, Funktionen oder Geometrien
ermöglicht. Damit können bereits vorhandene Lösun-
gen wiederverwendet werden. Weiterhin dient die Be-
triebsmittelstruktur zur Stücklistenerstellung
(Abb. 3.3).</td></tr>
</table>

Anwendungs-
möglichkeiten der
Produktstruktur

Bei der Angebotserstellung kann die Betriebsmittel-struktur zur schnellen Konfiguration und Kalkulation von Betriebsmitteln eingesetzt werden, indem beispielsweise auf vorkonfigurierte Betriebsmittelstrukturen zurückgegriffen wird. In der Konstruktionsphase wird dem Betriebsmittelkonstrukteur die Suche nach ähnlichen Technologien, Funktionen oder Geometrien ermöglicht. Damit können bereits vorhandene Lösungen wiederverwendet werden. Weiterhin dient die Betriebsmittelstruktur zur Stücklistenerstellung (Abb. 3.3).

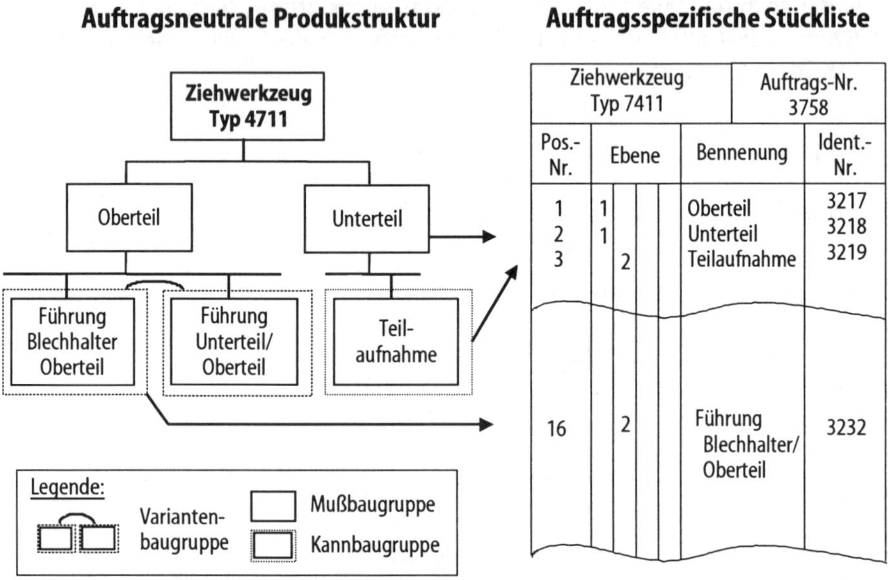

Bild 3.3   Stücklistenerstellung mit Hilfe der Produktstruktur

Für die Planung und Steuerung lassen sich die Betriebsmittelinformationen anhand der Produktstruktur gliedern. Für ein neues Betriebsmittel kann zur schnellen Stücklistenerstellung entweder auf bereits vorhandene Stücklisten ähnlicher Betriebsmittel oder auf Stücklisten vordefinierter, standardisierter Betriebsmittelstrukturen zurückgegriffen werden. In beiden Fällen ist es möglich, durch Modifikation der Struktur in kurzer Zeit die auftragsspezifische Stückliste zu generieren.

Sind Zulieferunternehmen in die Entwicklung und Herstellung eines Betriebsmittels eingebunden, kann die Produktstruktur auch unternehmensübergreifend genutzt werden. Anhand der Produktstruktur lassen sich diejenigen Komponenten des Betriebsmittels bestimmen, die auswärts erstellt werden sollen. Dem ausgewählten Zulieferunternehmen werden daraufhin die vordefinierte Struktur der Betriebsmittelkomponente und die erforderlichen Anschluß- und Artikelgeometrien übermittelt. Der Zulieferer konstruiert und fertigt die Betriebsmittelkomponente und modifiziert die vordefinierte Struktur durch Streichen, Ändern und Ergänzen von Baugruppen und Einzelteilen. Die komplette Betriebsmittelkomponente wird inkl. der Strukturinformationen und der Zeichnungen bzw. CAD-Daten an den Auftraggeber zurückgeliefert.

Unternehmens-übergreifende Zusammenarbeit

Aufgabe der Arbeitsplanung ist die Planung der Fertigungsvorgänge für Werkzeugeinzelteile, wie z.B. Teile von Schiebern, Führungen und Kühleinrichtungen, einschließlich ihrer Montage sowie der Erprobungs- und Optimiervorgänge des Werkzeugs. Mit Hilfe standardisierter Produktstrukturen für einzelne Werkzeugarten können technologisch ähnliche Teilegruppen abgegrenzt werden, denen gemeinsame Bearbeitungsinformationen, z.B. in der Form von Standardarbeitsvorgangsfolgen zugeordnet sind. (Abb. 3.4).

Standardarbeitsfolgen für technologisch ähnliche Teilegruppen

Für solche Standardarbeitsvorgangsfolgen können Planungslogiken aufgestellt werden, mit denen bestimmte Entscheidungsabläufe dokumentiert werden. Diese sind die Basis für weitere Hilfsmittel wie Standard- oder Variantenarbeitspläne. Durch die Bildung von Teilefamilien mit gleicher Planungslogik kann der spätere Planungsaufwand erheblich reduziert werden. Im Idealfall kann bei der Arbeitsplanerstellung auf einen allgemeingültigen, bereits fertiggestellten bzw. leicht zu modifizierenden Arbeitsplan zurückgegriffen werden.

Dokumentation von Entscheidungsabläufen

Komplexere Montagevorgänge sowie Erprobungsvorgänge am weitgehend fertiggestellten Werkzeug, können in Form von Netzplänen dargestellt werden. Ein solcher Netzplan wird demnach dem obersten Element in der Betriebsmittelstruktur zugeordnet. Den im Netzplan aufgeführten Tätigkeiten können ebenfalls Bearbeitungsinformationen in Form von Standardarbeitsvorgangsfolgen zugeordnet werden.

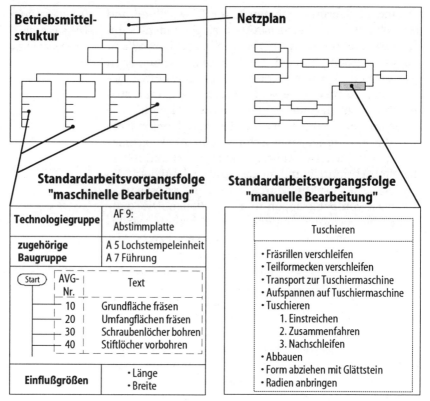

Bild 3.4   Zusammenhang zwischen Produktstruktur und Standardarbeitsvorgangsfolgen

Auch hier ist es ähnlich wie zuvor bei den Teilefamilien möglich, diesen Tätigkeiten Bearbeitungsinformationen in Form von Standardarbeitsvorgangsfolgen zuzuordnen.

Aus den vielfältigen Nutzungsmöglichkeiten resultieren unterschiedliche und zum Teil sich widersprechende Anforderungen an die Betriebsmittelstruktur. Beispielsweise bedeutet die Forderung der Montage nach vormontierbaren Baugruppen, daß bei einem Umformwerkzeug der Stempel der Baugruppe „Pinole" und die Matrize der Baugruppe „Tisch" zugeordnet wird.

Für die Auslegung der "Umformeinheit", bestehend aus Matrize und Stempel, ist die Trennung dieser funktionalen Einheit aus der Sicht des Konstrukteurs, nicht sinnvoll (Abb. 3.5).

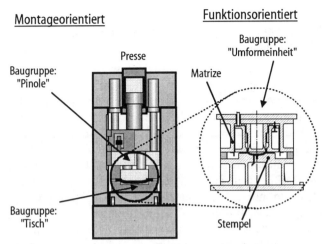

Montageorientiert

Funktionsorientiert

Bild 3.5   Unterschiedliche Sichtweisen auf die Produktstruktur am
Beispiel Umformwerkzeug

Grundsätzlich lassen sich demnach eine funktions- und eine montageorientierte Sichtweise auf die Betriebsmittelstruktur unterscheiden. Bei der funktionsorientierten Sichtweise werden Baugruppen entsprechend der zu realisierenden Funktionen abgegrenzt. Dies entspricht im wesentlichen den Anforderungen des Entwicklers bzw. Konstrukteurs.

Im Gegensatz dazu werden bei der montageorientierten Sichtweise Baugruppen unter Montageaspekten, wie z.B. Vormontier-, Vorprüfbar- und Austauschbarkeit, aber auch im Hinblick auf Wartungsaufgaben und Demontage zusammengefaßt. Montageorientierte Baugruppen können beispielsweise sowohl Mechanik und Hydraulik als auch Elektrik beinhalten.

In der Regel konkurrieren die funktions- und montageorientierte Sichtweise im Unternehmen. Deshalb ist unternehmensspezifisch zu untersuchen, ob eine einzige Betriebsmittelstruktur, die einen Kompromiß der verschiedensten Anforderungen darstellt, oder mehrere, entsprechend der einzelnen Abteilungen aufgebaute Betriebsmittelstrukturen verwendet werden sollen. In dem letztgenannten Fall steht dem erhöhten Strukturierungsaufwand eine optimale Unterstützung der Auftragsabwicklung entgegen.

Unterschiede zwischen der funktions- und montageorientierten Sichtweise auf die Betriebsmittelstruktur

3.1.2
Schwachstellen bei der Produktstrukturierung im Werkzeugbau

Schwachstellen der
Konstruktion

Konstruktionen im Werkzeugbau werden auch heute noch häufig manuell, d.h. ohne CAD-Unterstützung erstellt. Aufgrund des hohen Termindrucks und der traditionell handwerklichen Arbeitsweise werden Konstruktionen teilweise nur skizzenhaft dokumentiert. Infolge geringer Bestände komplett ausgearbeiteter Konstruktionen und mangelhafter EDV-Unterstützung ist der Rückgriff auf bereits vorhandene Lösungen nur selten möglich. Dies hat zur Folge, daß häufig Werkzeuge von Grund auf neu konstruiert werden, wobei in Abhängigkeit vom verantwortlichen Konstrukteur für ähnliche Aufgabenstellungen bisweilen stark unterschiedliche Funktionsträger gewählt werden.

Die personenabhängige Varianz bei der Lösungsfindung führt dazu, daß keine einheitlichen und für alle Konstrukteure bindenden Produktstrukturen für die typischen Produkte des Werkzeugbaus existieren. Infolgedessen weisen Produktstrukturen häufig folgende Schwachstellen auf:

- geringer Strukturierungsgrad,
- unterschiedliche Teilezuordnung und
- uneinheitliche Benennung und Benummerung.

Schwachstellen in der
Produktstruktur

Konstrukteure neigen häufig dazu, Baugruppen entsprechend der Positionsnummern in Zeichnungen zu bilden. Dies führt zu unübersichtlichen Baugruppen mit sehr vielen Einzelteilen. Untersuchungen in der Industrie haben ergeben, daß Baugruppen mit mehr als 50 Einzelteilen keine Seltenheit sind. Ein weiteres Problem besteht in der unterschiedlichen Zuordnung von Einzelteilen bzw. Baugruppen in der Produktstruktur. So variiert häufig die Zuordnung von Einzelteilen und Baugruppen zwischen den Werkzeugen der gleichen Werkzeuggruppe. In der Praxis zeigt sich oft, daß die Wiederverwendung von Teilen von den Kenntnissen des Konstrukteurs über die bisher hergestellten Werkzeuge abhängt. Gleichzeitig werden auch bei häufig verwendeten Teilen regelmäßig Neukonstruktionen erzeugt. Dies liegt .u.a. an der unterschiedlichen Benennung und Benummerung von Teilen, wodurch die Suche nach ähnlichen Teilen erheblich erschwert wird.

Aufgrund des Fehlens einheitlicher Strukturen ist eine systematische Wiederverwendung von Werkzeugkomponenten nicht möglich. So lassen auftragsspezifische Betriebsmittelstrukturen keine Rückschlüsse auf Standard-, Varianten- und Optionsteileumfänge zu.

In Abb. 3.6 sind die zuvor genannten Schwachstellen bei der Produktstrukturierung im Werkzeugbau noch einmal zusammengefaßt dargestellt.

Bild 3.6   Schwachstellen bei der Produktstrukturierung im Werkzeugbau

3.1.3
Vorgehensweise bei der Produktstrukturierung

Bei der Strukturierung der Betriebsmittel empfiehlt sich die in Abb. 3.7 dargestellte Vorgehensweise.

Im ersten Schritt werden die vorhandenen Produktstrukturen analysiert und eine Weiterverwendung innerhalb der neuen Struktur diskutiert. Eine besonderen Bedeutung kommt hierbei der Typisierung bzw. der Gruppierung zu. Die weiteren Schritte sind dann der Aufbau der einzelnen typspezifischen Produktstrukturen mit Muß-, Kann- und Variantenbaugruppen. Ab-

Schritte zur
Produktstrukturierung

schließend muß ein Einführungs- und Umsetzungskonzept erarbeitet werden.

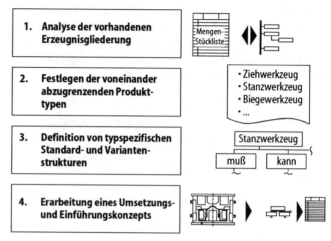

Bild 3.7   Vorgehensweise zur Betriebsmittelstrukturierung

Analyse

Analyse der vorhandenen
Produktstruktur

Die Analyse der vorhandenen Erzeugnisgliederung
erfolgt am besten anhand von Zeichnungen und
Stücklisten repräsentativer Betriebsmittel. Bei der
Auswahl der Untersuchungsobjekte sollten die Ergebnisse der Ermittlung des Kerngeschäftes genutzt werden (siehe Kap. 2.1). Häufig müssen zuerst die in den
Unterlagen verwendeten Begriffe angeglichen werden,
damit gleichartige Teile und Baugruppen zu erkennen
sind. Ziel dieser Analyse ist es, Unterschiede und Ge-
meinsamkeiten sowie die Vor- und Nachteile vorhandener Produktstrukturen zu identifizieren. Weiterhin
sind die möglichen Nutzer der Produktstruktur, beispielsweise bei der Konstruktion, der Fertigung und
der Bankarbeit sowie deren Anforderungen an die
Betriebsmittelstruktur zu ermitteln.

Festlegen der voneinander abzugrenzenden
Betriebsmitteltypen

Identifikation der im
Werkzeugbau relevanten
Produkttypen

Bevor typspezifische Standard- und Variantenstruk-
turen festgelegt werden können, sind zunächst die für
den Werkzeugbau relevanten Produkttypen zu identifizieren. Es empfiehlt sich, eine Einteilung der Produkttypen entsprechend den Fertigungsverfahren vorzu-

nehmen, beschrieben in DIN 8580 (siehe Kap. 2.1), da der Aufbau von Betriebsmitteln unter einem starker technologischen Einfluß steht. Somit können Werkzeuge für die spanende Bearbeitung, Urform- und Umformwerkzeuge etc. unterschieden werden. In Abb. 3.8 ist eine Abgrenzung von Betriebsmittel für ein Unternehmen aus dem Automobilzulieferbereich dargestellt.

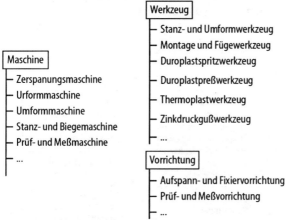

Betriebsmittel
Fertigung und Montage

Werkzeug
— Stanz- und Umformwerkzeug
— Montage und Fügewerkzeug
— Duroplastspritzwerkzeug
— Duroplastpreßwerkzeug
— Thermoplastwerkzeug
— Zinkdruckgußwerkzeug
— ...

Maschine
— Zerspanungsmaschine
— Urformmaschine
— Umformmaschine
— Stanz- und Biegemaschine
— Prüf- und Meßmaschine
— ...

Vorrichtung
— Aufspann- und Fixiervorrichtung
— Prüf- und Meßvorrichtung
— ...

Bild 3.8   Beispiel bei der Klassifizierung von Betriebsmitteln

Definition von typspezifischen Standard- und Variantenstrukturen

Im dritten Schritt müssen typspezifische Produktstrukturen für einzelne Betriebsmitteltypen, wie z.B. Stanz-, Spritzgieß- und Montagewerkzeuge, gebildet werden. Hierbei empfiehlt sich folgende Vorgehensweise. Ausgehend von einem einzelnen repräsentativen Werkzeug wird eine erste Struktur aufgestellt. Anschließend wird versucht weitere Werkzeuge, die ebenfalls diesem Betriebsmitteltyp zuzuordnen sind, mit der Struktur abzubilden. Geht dies nicht, muß die Struktur modifiziert oder erweitert werden. Auf diese Weise läßt sich sukzessive eine Betriebsmittelstruktur entwickeln, mit der sich alle relevanten Werkzeuge abbilden lassen.

Innerhalb der typspezifischen Produktstrukturen wird nach Muß-, Kann- und Varianten-Baugruppen

Bildung der Produktstrukturen

Muß-, Kann und Varianten-Baugruppen

unterschieden. Muß-Baugruppen müssen bei jedem Betriebsmittel des entsprechenden Typs vorhanden sein. Ohne diese Baugruppen wäre das Betriebsmittel nicht funktionstüchtig. Kann-Baugruppen sind in einigen, aber nicht in allen Betriebsmitteln dieses Typs vorhanden. Sie können bei der Konfiguration des Betriebsmittels entfallen, wenn diese in dem speziellen Fall nicht benötigt werden. Falls von mehreren Alternativen eine gewählt werden muß, spricht man von Varianten-Baugruppen. In Abb. 3.9 ist ein Beispiel für die Elemente einer typspezifische Produktstruktur für Stanz- und Umformwerkzeuge dargestellt.

Stanz- und Umformwerkzeuge

M Führung	K Prägeeinheit	K Schneideeinheit
V Wälzführung	M Prägeeinsatz	M Matrize
V Gleitführung	M Prägestempel	M Stempel
V Plattenführung	K Prägestempelverstellung	K Stempelsicherung
	K Prägestempelsicherung	K Schieber-/Umlenksystem
M Werkzeugaufbau	K Schieber-/Umlenksystem	
		K Meß-/Prüfmittel
M Grundplatte	**K Nieteinheit**	M Sensor
M Kopfplatte		K Sensorantrieb
M Stempelhalteplatte	M Zuführung	
V Führungs-/Abstreifplatte	M Nietstempel	**K Montage-/Fügeeinheit**
V Abstreifplatte	M Nieteinsatz	
K Führungsplatte		K Vorschubeinheit
K Druckplatte	**K Biegeeinheit**	M Aktivelemente
K Schiebereinheit		K Zuführsystem
	M Biegeeinsatz	K Schieber-/Umlenksystem
K Federsystem	M Biegestempel	
	K Stempelsicherung	**K Schereinheit**
K internes unten	K Biegestempelverstellung	
K externes unten	K Schieber-/Umlenksystem	M Matrize
V internes oben		M Stempel
V externes oben	**K Schweißeinheit**	K Stempelsicherung
		K Schieber-/Umlenksystem
K Zentriereinheit	M Positioniereinrichtung	
	M Schweißtechnik	**K Bewegungseinheit**

Legende: K = Kann-Baugruppe
                M = Muß-Baugruppe
                V = Varianten-Baugruppe

Bild 3.9   Elemente einer Typstruktur bei Stanz- und Umformwerkzeuge (nach Kostal)

In diesem Beispiel enthält jedes Stanz- und Umformwerkzeug eine Führung und einen Werkzeugaufbau. Bei der Führung muß aus den drei Varianten Wälz-, Gleit- oder Plattenführung eine gewählt werden. Der

Werkzeugaufbau enthält in jedem Fall Grundplatte, Kopfplatte und Stempelhalteplatte sowie entweder eine Führungs-/Abstreifplatte oder nur eine Abstreifplatte. Außerdem können die aufgeführten Kann-Baugruppen, wie z.B. eine weitere Führungs- oder Druckplatte, den Werkzeugaufbau komplettieren. Die formgebenden Elemente des Werkzeugs werden aus den weiteren Kann-Baugruppen, wie beispielsweise der Nieteinheit oder der Schweißeinheit, kombiniert. Diese können auch mehrmals in einem Werkzeug verwendet werden.

Erarbeiten eines Umsetzungs- und Einführungskonzepts

Für die Einführung ist ein entsprechendes Umsetzungs- und Einführungskonzept zu erarbeiten. Beispielsweise kann für die Umsetzung der neuen Produktstruktur eine Konstruktionsrichtlinie ausgearbeitet werden. Eine andere Möglichkeit ist, die Produktstruktur bereits fest im Konstruktionssystem (z.B. dem CAD-System) zu verankern. Dies gibt dem Konstrukteur zum einen eine aktive Konstruktionshilfe. Zum anderen erleichtert es dem Unternehmen, die Einhaltung der Produktstruktur zu kontrollieren. Eine solche Lösung ist allerdings erheblich aufwendiger, so daß die Art der Umsetzung jeweils individuell entschieden werden muß.

Umsetzungs-
möglichkeiten

Basis für die effiziente Nutzung der so eingeführten Produktstruktur sind Nummerungssysteme und die Klassifizierung, die den gezielten Zugriff auf bestimmte Teile und Baugruppen erst ermöglichen. Auf diese wird in den folgenden Abschnitten detailliert eingegangen.

3.2 Nummernsysteme

Ein schneller Zugriff auf vorhandene Unterlagen ist Voraussetzung für die effiziente Wiederverwendung von existierenden Lösungen für Werkzeuge und Betriebsmittel. Dazu müssen Unterlagen zuvor erfaßt, geordnet und registriert werden. Als organisatorisches Hilfsmittel hierfür haben sich Nummernsysteme nicht nur im Bereich des Werkzeugbaus bewährt. Die nachfolgend beschriebenen Grundlagen zu Nummernsystemen gelten über den Anwendungsbereich Werkzeugbau hinaus. Spezifisch für den Werkzeugbau sind

Nummernsysteme als
Grundlage der
Wiederverwendung

dagegen die zur Erläuterung beschriebenen Anwendungsbeispiele.

3.2.1
Ziele der Einführung von Nummernsystemen

Nummernsysteme werden heute in fast allen Unternehmensbereichen des Werkzeugbau eingesetzt. Eine Sachnummer kann aus einem identifizierenden und aus einem klassifizierenden Nummernteil bestehen.

Identifizierung

Der identifizierende Nummernteil ermöglicht es, unterschiedliche Objekte beispielsweise einzelne Werkzeuge zu identifizieren und zu adressieren. Die Forderung der eindeutigen Identifizierung spielt gerade bei sicherheitsrelevanten Produkten und Bauteilen eine wichtige Rolle. So muß zum Beispiel in der für den Werkzeugbau wichtigen Automobilbranche genau nachvollziehbar sein, aus welchem Werkzeug, auf welcher Maschine und in welchem Los/Charge ein sicherheitsrelevantes Teil, beispielsweise eine Lenkstange, hergestellt worden ist. Nur durch die lückenlose Dokumentation der Fertigungsprozesse und -bedingungen, kann der Automobilhersteller im Schadensfall nachweisen, daß er seiner Sorgfaltspflicht im Sinne der Produzentenhaftung nachgekommen ist.

Klassifizierung

Der klassifizierende Teil ermöglicht die Einordnung eines Objektes in einen übergeordneten Kontext durch die Bildung von Gruppen bzw. Klassen gleicher oder ähnlicher Objekte. Beispielsweise kann aus einer Zeichnungsnummer entnommen werden, zu welchem Betriebsmitteltyp oder Baugruppentyp ein abgebildetes Einzelteil gehört. Dies wiederum erlaubt Rückschlüsse auf die Funktion des Bauteils.

Anwendungen der Nummernsystematik

Der Aufbau eines Nummernsystems wird von dem jeweiligen Anwendungsfall und den darin handzuhabenden Objekten geprägt. In Abb. 3.10 sind einige Anwendungsbereiche sowie die dabei verfolgten Ziele aufgeführt.

Beim Konstruieren dienen Nummernsysteme beispielsweise dazu, schnell auf bereits abgelegte Konstruktionsunterlagen wie Zusammenstellungs-, Baugruppen- und Einzelteilzeichnungen zugreifen zu können. Darüber hinaus sollen sie helfen, Einzelteile anhand ihrer Funktion, beispielsweise Halter, Winkel und Gestell zu klassifizieren und zu identifizieren. In der Arbeitsvorbereitung liegt ein Schwerpunkt darin, Arbeitspläne bzw. NC-Programme bestimmten Werkzeugen, Teilen oder Teilefamilien zuzuordnen.

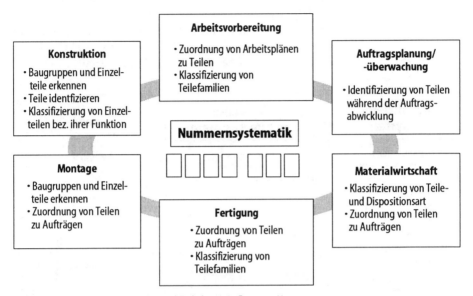

Arbeitsvorbereitung
- Zuordnung von Arbeitsplänen zu Teilen
- Klassifizierung von Teilefamilien

Konstruktion
- Baugruppen und Einzelteile erkennen
- Teile identfizieren
- Klassifizierung von Einzelteilen bez. ihrer Funktion

Auftragsplanung/ -überwachung
- Identifizierung von Teilen während der Auftragsabwicklung

Nummernsystematik

Montage
- Baugruppen und Einzelteile erkennen
- Zuordnung von Teilen zu Aufträgen

Fertigung
- Zuordnung von Teilen zu Aufträgen
- Klassifizierung von Teilefamilien

Materialwirtschaft
- Klassifizierung von Teile- und Dispositionsart
- Zuordnung von Teilen zu Aufträgen

Bild 3.10   Anwendungsbereiche und Ziele beim Aufbau von Nummernsystemen

3.2.2
Vergleich verschiedener Nummernsysteme

Für den Aufbau von Sachnummern sind verschiedene Nummernsysteme anwendbar. Im wesentlichen lassen sich folgende drei Nummernsysteme unterscheiden:

- Klassifizierungs- oder vollsprechendes Nummernsystem,
- Verbundnummernsystem und
- Parallelnummernsystem (Abb. 3.11).

Vollsprechendes Nummernsystem

Bei einem vollsprechenden Nummernsystem können Nummerungsobjekte anhand einer einzigen Klassifizierungsnummer vollständig beschrieben und eindeutig zugeordnet werden. Eine nachträgliche Erweiterung eines solchen Nummernsystems um zusätzliche Stellen ist nicht möglich. Deshalb muß bei dieser Art Nummernsystem gleich die maximale Stellenanzahl vorgesehen werden. Dies führt zu langen und unübersichtlichen Sachnummern. Gerade im Werkzeugbau ist dies

Identifikation durch vollständige Beschreibung eines Bauteils

von Nachteil, da es sich bei Betriebsmitteln um komplexe und damit aufwendig zu verschlüsselnde Objekte handelt. Zudem ist es wiederholt vorgekommen, daß solche Systeme durch die unerwartet schnelle Zunahme neuer Sachnummern schon nach wenigen Jahren „gesprengt" wurden. In Abb. 3.12 ist die Speicherfähigkeit einer Nummer über der Zeit dargestellt.

Klassifizierungs-system	Verbund-nummernsystem	Parallel-nummern-system
(vollsprechendes Nummernsystem)	(teilsprechendes Nummernsystem)	
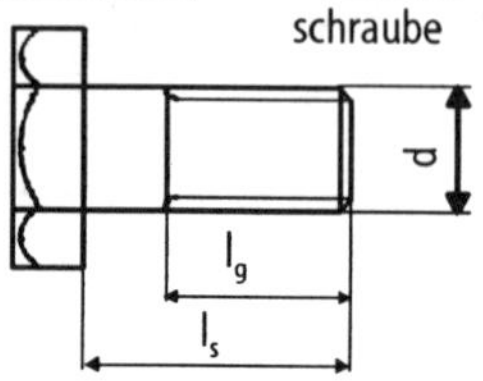 Beispielteil: Sechskant-schraube	Beispielteil: Welle	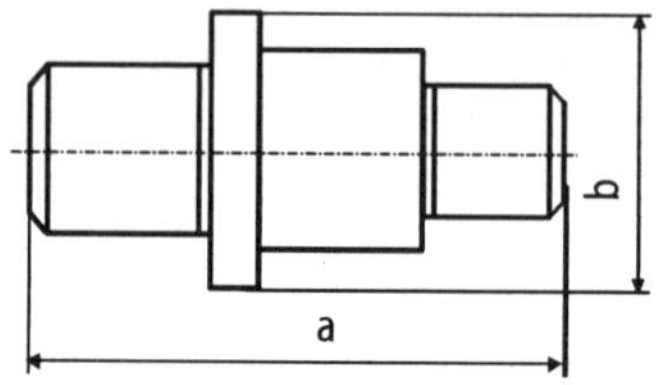
Nr. 10 30 40	Nr. 100 50 07	Nr. 4711 - 100 50
Gewinde: Durchmesser d = M 10 Länge l_g = 30 mm Schaftlänge l_s = 40 mm	a ≤ 100 mm Ident-b ≤ 50 mm nummer	Ident- a ≤ 100 mm nummer b ≤ 50 mm
Identifizierung gleich Klassifizierung	Identifizierung immer abhängig von der Klassifizierung	Identifizierung unabhängig von Klassifizierung

Bild 3.11   Nummernsysteme nach REFA, DIN

Historisch bedingte Anwendung vollsprechender Nummernsysteme

Die Verwendung vollsprechender Nummernsysteme ist oftmals historisch bedingt. Die ersten Nummernsysteme wurden auf Basis von Lochkartenmaschinen eingeführt. Diese Lochkartenmaschinen konnten allerdings nur bis zu 80 Stellen verarbeiten. Um Platz zu sparen, wurden die Artikelnummern mit den Klassifizierungsnummern zu einer Sachnummer zusammengefaßt. Ein typisches Beispiel für ein vollsprechendes Nummernsystem sind viele der heute auch im Werkzeugbau verwendeten Zeichnungsnummern.

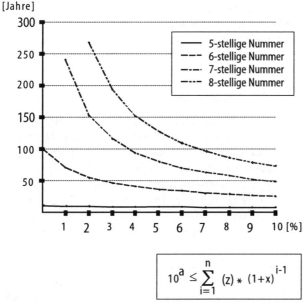

$$10^a \leq \sum_{i=1}^{n} (z) * (1+x)^{i-1}$$

Bild 3.12   Speicherfähigkeit einer Nummer

In Abb. 3.13 ist der Aufbau einer typischen Zeichnungsnummer dargestellt.

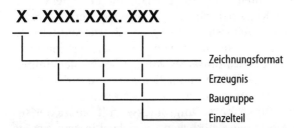

Bild 3.13   Aufbau einer typischen Zeichnungsnummer

Hier tritt das Problem auf, daß die Zeichnungsnummer nur auf die erstmalige Verwendung eines Einzelteils hinweist. Wird das gleiche Teil in einem anderen Betriebsmittel nochmals verwendet, verweist die Zeichnungsnummer auf das falsche Betriebsmittel. Damit wird deutlich, daß vollsprechende Nummernsysteme keine flexible Zuordnung von Objekten ermöglichen. Weiterhin enthält die Zeichnungsnummer keine klassifizierenden Angaben über Einzelteile und Baugruppen. Somit fehlen zielgerichtete Suchkriterien für eine effi-

Mangelnde Flexibilität bei vollsprechenden Nummernsystemen

ziente Wiederverwendung. Damit eignen sich vollsprechende Nummernsysteme nur für eine kleine über-
schaubare Anzahl festumrissener Nummerungsobjekte,
wie z.B. Normteile. Ihr Einsatz im Werkzeugbau ist
wenig sinnvoll.

Verbundnummernsystem

**Verbundnummern-
systeme identifizieren in
Verbindung mit
Klassifizierung**

In einem Verbundnummernsystem, auch teilsprechen-
des Nummernsystem genannt, wird das Nummer-
ungsobjekt durch die Klassifizierungsnummer einer
Klasse zugeordnet und bezogen auf diese Klasse anhand einer fortlaufenden Nummer identifiziert
(Abb. 3.13). Die Vorteile dieses Systems liegen in der
systematischen Gliederung und der guten Aussagekraft
aufgrund der Klassifizierung. Ein solches System benötigt zudem erheblich weniger Stellen als ein ver-
gleichbares vollsprechendes Nummernsystem. Allerdings besteht bei diesem Nummernsystem ebenfalls die
Gefahr, daß es schnell „gesprengt" werden kann. Deshalb sind auch hier genügend Reservestellen vorzusehen, was jedoch zu langen Sachnummern führt. Durch
die Trennung in einen klassifizierenden und einen
identifizierenden Nummernteil bleibt eine solche
Nummer trotz ihrer Länge übersichtlich. Ein gravie-
render Nachteil ist darin zusehen, daß bei einer Änderung der Klassifizierung, beispielsweise hervorgerufen
durch eine Weiterentwicklung des Betriebsmittelspektrums, auch die Identifizierung geändert werden muß.
Dies ist, trotz des Einsatzes von EDV-Systemen, immer
noch mit erheblichen manuellen Aufwand verbunden.

Verbundnummernsysteme eignen sich demnach besonders für Nummerungsobjekte mit charakteristischen Merkmalen und wenn gleichzeitig nur wenige
Teile pro Merkmalsgruppe vorhanden sind. Damit sind
sie prinzipiell für den Werkzeugbau geeignet.

Parallelnummernsystem

**Trennung von
Identifizierung und
Klassifizierung**

Das Parallelnummernsystem ist eine Weiterentwicklung des Verbundnummernsystems. Hierbei wird einer
Identifizierungsnummer (Identnummer) eine eigenständige Klassifizierungsnummer zugeordnet
(Abb. 3.13). Die Identifizierung des Nummerungsob-
jekts erfolgt allein über die Identnummer. Dies gewährleistet den direkten Zugriff auf Unterlagen. Über
die Klassifizierung sind weitere Aussagen (z.B. über die

Ähnlichkeit mit anderen Betriebsmitteln) möglich. Dies erlaubt das schnelle Eingrenzen des Suchraums bei der Wiederholteilsuche. Die Identnummer kann beliebig groß werden, d.h. bei Bedarf ist eine Erweiterung möglich. Die Klassifizierung bleibt hiervon unberührt. Damit reagiert das System flexibel, auch wenn sich das Betriebsmittelspektrum im Laufe der Zeit ändert. Beim Einsatz von EDV-Systemen ist allerdings zu beachten, daß die nachträgliche Veränderung einer Feldlänge zu Problemen führt, insbesondere in Verbindung mit Schnittstellen zu anderen EDV-Programmen.

Aufgrund der Erfahrungen im Umgang mit vollsprechenden und Verbundnummernsystemen und der Kenntnis ihrer Vor- und Nachteile wird heute die Verschlüsselung mit Parallelnummernsystemen bevorzugt. Diese vereinen die Vorteile des vollsprechenden und des Verbundnummernsystems, jedoch weisen sie nicht deren Nachteile auf.

3.2.3
Grundlagen der Klassifizierung

Wegen der hohen Bedeutung der Klassifizierung für die Erstellung von prozeßunterstützenden Hilfsmitteln werden im folgenden Aufbau und Nutzung von Klassifizierungssystemen erläutert. Für die Vorgehensweise bei dem Aufbau solcher Systeme gelten folgende Grundsätze:

- geeignetes Sachspektrum festlegen,
- zweckmäßige Gliederungsstruktur anstreben und
- wirtschaftliche Stellenzahl festlegen

Die Festlegung eines geeigneten Sachspektrums richtet sich nach wirtschaftlichen und organisatorischen Aspekten. Aus wirtschaftlichen Gründen sollte Aufwand und Nutzen für jeden einzelnen Nummernkreis getrennt untersucht werden. Unter organisatorischen Gesichtspunkten sind, innerhalb abgrenzbarer Einheiten einheitliche Nummernkreise vorzusehen, die alle dort verwendeten Sachnummern einschließen, beispielsweise für Maschinen und Werkzeuge. Bezüglich der Systemstruktur lassen sich Klassifizierungssysteme auf zwei Grundstrukturen zurückführen (Abb. 3.14).

Festlegung eines geeigneten Sachspektrums

Bei dem vollverzweigten System wird jede Stelle, sofern das System aus numerischen Ziffern aufgebaut ist, in der nachfolgenden Stelle wiederum in weitere 10

Vollverzweigtes Klassifizierungssystem

Stellen aufgegliedert. Die Verschlüsselung hängt also jeweils von der Position der vorhergehenden Stellen ab. Beispielsweise kann in dem dargestellten Beispiel die Position „0" in der dritten Stelle verschiedene Bedeutungen haben, wie z.B. „Nut" oder „Quader". Dies bedingt eine hohe Unübersichtlichkeit. Diesem Nachteil steht jedoch der Vorteil einer hohen Speicherfähigkeit entgegen. Bei einem numerisch aufgebauten System wächst der Speicherumfang mit jeder hinzukommenden Stelle um eine Zehnerpotenz. Damit lassen sich bei nur drei Stellen bereits $10^3 = 1000$ Klassifizierungsmerkmale verschlüsseln.

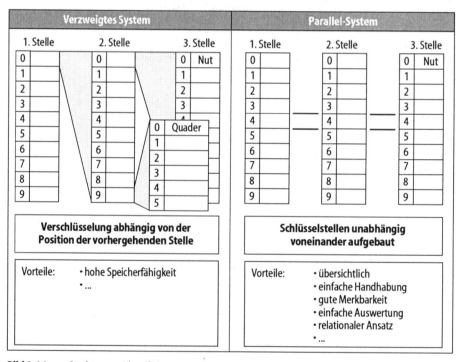

Bild 3.14   Struktur von Klassifizierungssystemen

Paralleles Klassifizierungssystem

Das rein parallele System zeichnet sich dadurch aus, daß alle Schlüssel unabhängig von den vor- oder nachfolgenden Stellen aufgebaut bzw. gegliedert sind. Damit besitzt eine Ziffer, die an der gleichen Stelle der Klassifizierungsnummer steht, immer die gleiche Bedeutung. In dem dargestellten Beispiel besitzt jede Sachnummer mit einer „0" an der dritten Stelle das

Merkmal „Nut". Den Vorteilen der besseren Übersichtlichkeit, einfacheren Handhabung und Auswertbarkeit
steht allerdings der Nachteil der beschränkten Speicherfähigkeit entgegen. So können in einem dreistelli-
gen rein parallelen Zahlensystem nur 30 Merkmale
verschlüsselt werden.

Aufgrund der geschilderten Vor- und Nachteile der
beiden Grundstrukturen werden im Werkzeugbau
häufig Mischformen eingesetzt. In der Regel erfolgt
dabei zunächst eine Grobklassifizierung des Sachspektrums anhand einer vollverzweigten Verschlüsselung.
Hierbei werden häufig folgende Sachgebiete unterschieden:

Mischformen der
Klassifizierungssysteme

- technische, wirtschaftliche und organisatorische
  Unterlagen,
- Rohmaterialien, Halbzeuge usw.,
- Zukaufteile,
- Einzelteile eigener Konstruktion,
- Baugruppen eigener Konstruktion,
- Betriebsmittel,
- Hilfs- und Betriebsstoffe,
- Vorrichtungen, Lehren usw. und
- Fertigungsmaterial.

Anschließend erfolgt eine Feinklassifizierung mit Hilfe
der parallelen Verschlüsselung, wobei die Vorteile der
einfachen Auswertbarkeit und Anwendbarkeit zum
tragen kommen.

Zum Aufbau des Nummernsystem gehört schließlich noch die Festlegung der maximalen Stellenzahl.
Aus Gründen der Übersicht, Handhabung und Feh-
leranfälligkeit sollte eine möglichst geringe Stellenanzahl angestrebt werden. Allerdings muß eine ausreichende Differenzierung des Sachspektrums gewährleistet sein. Die Festlegung der Stellenzahl hängt wegen
der unterschiedlichen Erweiterungsmöglichkeiten
(s. Kap. 3.2.2) nicht zuletzt von dem gewählten Nummernsystem ab.

Festlegung der
Stellenzahl

3.2.4
Vorgehensweise zur Festlegung neuer Nummernsysteme

Die in Abb.3.15 dargestellte Vorgehensweise spiegelt die
Erfahrung aus mehreren erfolgreichen Projekten im
Werkzeugbau zur Einführung neuer Nummernsysteme
wieder.

Schritte zum Aufbau
eines Nummernsystems

Zunächst sind in einem ersten Schritt die im Unternehmen existierenden Nummernsysteme zu erfassen und hinsichtlich ihres Aufbaus, der Praxis der Nummernvergabe und -verwaltung sowie ihrer aktuellen und zukünftigen Nutzung zu untersuchen. Dabei kommt es darauf an, die Anforderungen der verschiedenen Unternehmensbereiche an ein Nummernsystem aufzunehmen. In einem weiteren Schritt sollte versucht werden, die Vielfalt der erfaßten Nummernsysteme durch Zusammenfassung, Modifikation und Verzicht auf Nummernkreise so weit wie möglich zu beschränken.

1. Erfassen der Nummernkreise
- Informationsgehalt, Aufbau
- Vergabe, Verwaltung
- Nutzung

2. Grobaufbau der neuen Nummer
- Bündeln der Nummernkreise
- Informationsgehalt festlegen

3. Detaillieren der Nummer
- Stellenzahl bestimmen
- Reihenfolge der Nummern-
  teile festlegen
- Klassifizierung

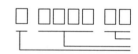

**4. Einführung und Vergabe
/Verwaltung**
- Übergangskonzept erstellen
- Vergabe und Verwaltung

Bild 3.15   Vorgehensweise zur Festlegung von Nummernsystemen

Anschließend sind die verbleibenden Nummernkreise systematisch aufzubauen und zu detaillieren, so daß die zuvor ermittelten Anforderungen erfüllt werden. Im letzten Schritt ist ein Umsetzungskonzept auszuarbeiten. Hierbei kommt es insbesondere darauf an, Beschränkungen aufgrund der existierenden Nummern- oder EDV-Systeme zu berücksichtigen.

Erfassen der Nummernkreise

Ziel dieses Arbeitsschrittes ist es, zunächst den meist sehr komplexen Ausgangszustand bezüglich der vor-

handenen Nummernkreise zu erfassen und zu dokumentieren. Die wesentlichen Aussagen dabei sind:

- von welcher Abteilung die Nummern vergeben werden,
- in welchen Abteilungen diese Nummern verwendet
  werden und
- welche Nummern bereits EDV-technisch verarbeitet
  werden.

Die Erfahrung mit Unternehmen aus dem Werkzeugbau zeigt, daß dieser Arbeitsschritt mitunter sehr aufwendig werden kann. Beispielsweise sind in einzelnen
Unternehmen schon bis zu 34 verschiedene lebende
Nummernkreise identifiziert worden. Die Ergebnisse
lassen sich gut in Form einer Matrix dokumentieren
(Abb. 3.16). Dabei werden häufig die Vergaberechte für
Nummernkreise von mehreren Abteilungen wahrgenommen. Hierdurch kann es zu Inkonsistenzen bei der
Nummernvergabe kommen. Weiterhin wird deutlich,
daß einige Nummern zwar vergeben, jedoch nicht
wirklich genutzt werden.

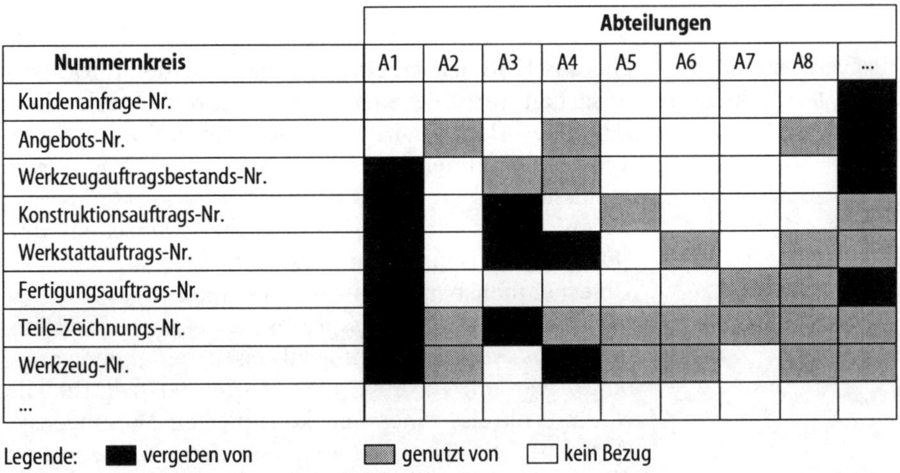

Nummernkreis	Abteilungen								
	A1	A2	A3	A4	A5	A6	A7	A8	...
Kundenanfrage-Nr.									■
Angebots-Nr.		▨						▨	
Werkzeugauftragsbestands-Nr.	■		▨						▨
Konstruktionsauftrags-Nr.			■	▨					▨
Werkstattauftrags-Nr.	■		■			▨		▨	▨
Fertigungsauftrags-Nr.						▨			▨
Teile-Zeichnungs-Nr.	■	▨	■	▨					▨
Werkzeug-Nr.	■	▨		■		▨		▨	▨
...									

Legende: ■ vergeben von   ▨ genutzt von   □ kein Bezug

Bild 3.16   Zuordnung von Nummernkreisen zu Bereichen

Grobaufbau der neuen Nummer

Ausgehend von der Erfassung des Istzustands wird in
diesem Arbeitsschritt eine Übersicht erstellt, in der die
Zusammenhänge zwischen den einzelnen Nummern-

kreisen und den verschlüsselten (klassifizierten) Informationen zusammengefaßt werden (Abb. 3.17).

Nummernkreis	Information								
	Variante	Auftragstyp	Baugruppe	Geometrie	Werkstoff	Werkzeugtyp	Dokumentenart	Änderungs-Index	...
Kundenanfrage-Nr.									
Angebots-Nr.	kann		kann						
Werkzeugauftragsbestands-Nr.		muß							
Konstruktionsauftrags-Nr.		muß							
Werkstattauftrags-Nr.		muß							
Fertigungsauftrags-Nr.									
Teile-Zeichnungs-Nr.			muß	kann		muß	muß	muß	
Werkzeug-Nr.									
...					muß	kann			

Legende: ■ muß ▒ kann

Bild 3.17 Zordnung der Information zu den Nummernkreisen

Informationsgehalt von Nummernkreisen

Hieraus läßt sich erkennen, wenn sich der Informationsgehalt verschiedener Nummernkreise stark überschneidet. Häufig wird dieselbe Information in einem anderen Nummernkreis auf eine andere Weise verschlüsselt.

Auf Basis der Zusammenhänge zwischen den Nummernkreisen, deren Informationsgehalt und den Unternehmensbereichen kann ein zukünftiges Konzept für das unternehmensspezifische Nummernsystem, meist aus weniger Nummernkreisen bestehend, erarbeitet werden. In Abb. 3.18 ist ein Beispiel für die Nummernkreise eines neu konzipierten Nummernsystems für ein Unternehmen aus dem Werkzeugbau dargestellt.

Detaillieren der Nummer

Nach der Festlegung der neuen Nummernkreise, sind diese im nächsten Schritt hinsichtlich ihres Aufbaus und der verschlüsselten Informationen zu detaillieren. Dabei sollte das neue Nummernsystem folgende Anforderungen erfüllen:

- einheitliche Verwendung im gesamten Einsatzbereich,
- neutrale Nummernvergabe, z.B. bei Auftragsplanung,
- Wiederverwendung möglichst über Merkmalsysteme, z.B. in EDM- oder Planungs- und Steuerungssystemen,
- Klassifizierung nur zur Orientierung und zur groben Einordnung,
- einfache EDV-technische Verarbeitung und Erweiterbarkeit.

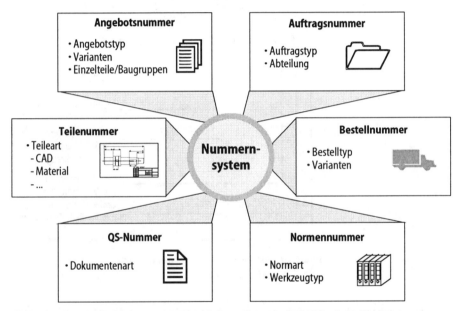

Bild 3.18   Beispiel für Festlegung von verschiedenen Nummernkreisen in einem Nummernsystem

Die einheitliche Verwendung der Nummern im gesamten Unternehmen und die neutrale Nummernvergabe, beispielsweise in einem vorhandenen Planungs- und Steuerungssystem, ermöglichen den prozeßübergreifenden Einsatz des Nummernsystems. Hierdurch läßt sich der Aufwand für die Nummernvergabe reduzieren. Weiterhin wird die Redundanzfreiheit und Konsistenz der verschlüsselten Informationen erleichtert.

Einheitliche Verwendung des Nummernsystems

Grundsätzlich sollten möglichst wenige Informationen in einer Nummer klassifiziert werden, da die Klassifizierung gepflegt werden muß und im Laufe der Zeit

Identifikation steht vor Klassifikation

leicht "gesprengt" oder inkonsistent wird (s. Kap. 3.2.2). Heute werden Nummern überwiegend zur Identifizierung verwendet, da leistungsfähige Suchsysteme auf Basis von Sachmerkmal-Leisten (s. Kap. 3.3) verfügbar sind. In jedem Fall sollte ein Nummernsystem auf Wachstum ausgelegt, d.h. erweiterbar sein.

In Abb. 3.19 ist ein unter diesen Prämissen konzeptioniertes Nummernsystem für ein Unternehmen aus dem Werkzeugbau dargestellt. Hierbei handelt es sich um ein Parallelnummernsystem.

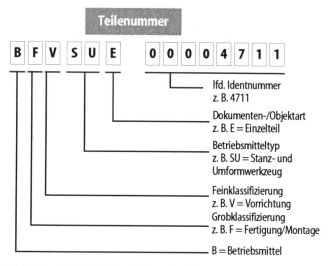

Bild 3.19   Beispiel für den Aufbau eines Nummernsystem im Werkzeugbau

Beispiel für ein Nummernsystem im Werkzeugbau

In der ersten Stelle erfolgt zunächst die Abgrenzung des Bereichs Betriebsmittelbau zu anderen Unternehmenseinheiten. Demzufolge steht der Buchstabe „B" hier ganz allgemein für Betriebsmittel. Die zweite Stelle dient einer Grobgliederung und die dritte Stelle der Feingliederung. Die Stellen vier und fünf sind für die Codierung des Betriebsmitteltyps vorgesehen. Anhand der 6. Stelle sollen schließlich Dokumenten- und Objektarten differenziert werden können. Durch die Verwendung von Buchstaben bei der Klassifizierung wird die Interpretation der Nummer durch selbstsprechende Bezeichnungen erleichtert.

Für die Identifizierung ist eine eigene achtstellige Identnummer vorgesehen, deren Kapazität auch bei jährlich 10.000 vergebenen Nummern und einer jährlichen Steigerungsrate von 5% etwa 130 Jahre ausreicht. Selbst bei 25.000 jährlich vergebenen Nummern und 10% jährliche Steigerung hält das System noch über 60 Jahre. Ein weiterer Aspekt ist, daß die Wiederverwendungsrate durch die Einführung des neuen Nummernsystems zunehmen soll und sich somit die jährliche Vergabe von neuen Nummern verringert.

Einführung und Vergabe/Verwaltung

Bei der Einführung eines neuen Nummernsystems sind eine Reihe von Randbedingungen zu beachten. Beispielsweise besteht die eingesetzte Software in vielen Unternehmen nicht aus einem zusammenhängenden EDV-System, sondern aus mehr oder weniger gut aufeinander abgestimmten und unabhängig voneinander lauffähigen Anwendungsmodulen. Diese im Laufe der Zeit an die jeweiligen Anforderungen angepaßten Software-Bausteine liegen heute oft in einem größtenteils undokumentierten Zustand vor, so daß Änderungen zu nicht vorhersehbaren Fehlern führen. Zu einigen Programmen liegt noch nicht einmal der Quellcode vor, so daß Änderungen sogar unmöglich sind. Bei der Verwendung von kommerziellen Standard-CAD/PPS-Produkten muß ggf. eine teure Anpassung durch die jeweiligen Anbieter in Kauf genommen werden, wenn sich das entsprechende System nicht für das Nummernsystem konfigurieren läßt. Aus diesem Grund kann es vorkommen, daß bei der Umsetzung des neuen Nummernsystems ein Kompromiß zwischen dem Ideal-Zustand und den Veränderungsmöglichkeiten hinsichtlich der vorhandenen EDV-Landschaft eingegangen werden muß.

Randbedingungen bei der Einführung neuer Nummernsysteme

3.3 Sachmerkmal-Leisten

Die in den vorherigen Abschnitten dieses Kapitels erläuterten Nummern- und Klassifizierungssysteme ermöglichen vor allem das schnelle Wiederauffinden bereits archivierter Unterlagen zu einem bestimmten Auftrag bzw. Betriebsmittel. Dagegen unterstützen sie nur eingeschränkt die effiziente Wiederverwendung von bestehenden Lösungen bei der Konstruktion neuer Werkzeuge. Hierzu fehlen zusätzliche Informationen,

Sachmerkmale ermöglichen problemorientiertes Suchen

wie Funktion, Abmaße, Leistungsprarameter oder zugehörige CAD-Dateien bzw. NC-Programme, die beispielsweise der Konstrukteur oder Arbeitsplaner zur Auswahl einer solchen Lösung benötigt.

Demnach müssen den Einzelteilen, Baugruppen und den kompletten Betriebsmitteln weitere Informationen zugeordnet werden, die entweder für eine Wiederverwendung in der gleichen Abteilung oder für die Fortsetzung der Arbeit in nachfolgenden Abteilungen benötigt werden. Hierfür eigenen sich insbesondere Sachmerkmale, deren Aufbau, Funktionsweise und Einführung im folgenden näher erläutert werden.

3.3.1
Bedeutung von Sachmerkmalen

Sachmerkmale
beschreiben
Eigenschaften

Unter Sachmerkmalen werden ganz allgemein Merkmale verstanden, die einen Gegenstand unabhängig von seinem Umfeld, wie z.B. Herkunft oder Verwendung, beschreiben (DIN 1992). Die Änderung der Ausprägung eines Sachmerkmals ergibt jeweils einen anderen Gegenstand. Beispielsweise kann eine Schraube durch das Sachmerkmal Schlüsselweite beschrieben werden. Eine Änderung der Schlüsselweite von 22 mm auf 27 mm ergibt eine andere Schraube. Im konstruktiven Umfeld werden Sachmerkmale auch als geometrische bzw. physikalische Eigenschaften eines Teils, einer Baugruppe oder eines Materials definiert (GUPP 1989).

Charakteristisch für Sachmerkmale ist, daß sie Eigenschaften von Objekten in unverschlüsselter Form beschreiben. Ein Informationsverlust, wie er sich bei der Klassifizierung durch die Zuordnung zu Objektgruppen bzw. -klassen ergibt, tritt dabei nicht mehr auf. Damit bereitet die Ähnlichkeitsbeurteilung zwischen Suchbegriff und gefundenem Teil keine Schwierigkeiten mehr.

Sachmerkmale werden häufig anhand folgender Eigenschaften gebildet:

- Dimensionen,
- Leistungsangabe,
- Verwendungsangaben,
- Ausgangsmaterialien,
- Oberflächenvergütung,
- Gewicht und
- elektrische Kennwerte (GUPP 1989).

Für die praktische Anwendung zur Wiederholteilsuche werden Sachmerkmale zu sogenannten Sachmerkmal-Leisten zusammengefaßt (Abb. 3.20).

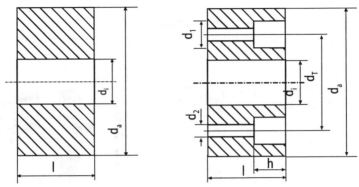

Sachmerkmalleiste DIN 4000-....								
Kenn-buchstabe	A	B	C	D	E	F	G	H
Sach-merkmal-benen-nung	Innen-durch-messer d_i	Außen-durch-messer d_a	Länge l	Kopf-höhe h	Teil-kreis-durchm d_T	Kopf-durchmesser d_1	Loch-durchmesser d_2	Werk-stoff
Einheit	mm	mm	mm	mm	mm	mm	mm	

Bild 3.20   Sachmerkmal-Leisten nach DIN 4000

Nach DIN können mit einer Sachmerkmal-Leiste genormte, materielle und immaterielle Gegenstände, die sich ähnlich sind, zusammengefaßt, abgegrenzt und ausgewählt werden.

In Abb. 3.21 wird deutlich, wie mit Hilfe von Sachmerkmal-Leisten, aufbauend auf der Produktstruktur, gezielt nach vorhandenen Lösungen gesucht werden kann.

Der erste Schritt ist die Konfiguration des auftragsspezifischen Betriebsmittels auf Basis der typspezifischen Produktstruktur. Anschließend wird auf allen Hierarchieebenen nach vorhandenen Lösungen gesucht. Die Suche erfolgt dabei, ausgehend vom Gesamtbetriebsmittel, entlang der Produktstruktur, notfalls bis auf die Einzelteilebene. Wird beispielsweise nach existierenden Lösungen zu einer Locheinheit gesucht, gibt der Konstrukteur die Bezeichnung oder

Konfiguration von
Sachmerkmal-Leisten

die Klassifizierungsnummer ein und definiert durch die Eingabe von Ausprägungen für die Sachmerkmale eine Suchvorgabe. Ergebnis der Suche sind alle existierenden Konstruktionen, die die Suchbedingungen erfüllen. Unter Umständen wird von dem System zusätzlich ein Distanzmaß angegeben, daß besagt, wie weit die Lösung von der ursprünglichen Suchvorgabe entfernt ist.

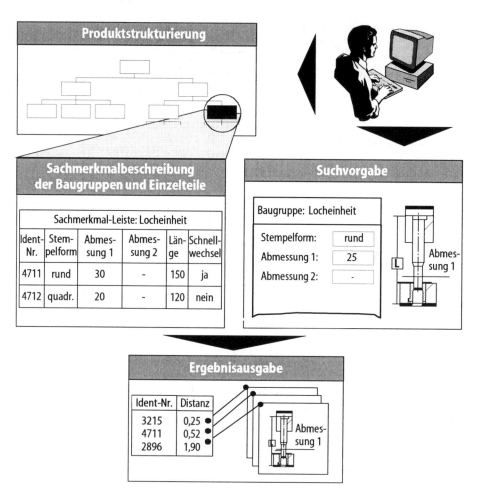

Bild 3.21   Prinzip der Ähnlichteilsuche

3.3.2
Vorgehensweise zur Erstellung von Sachmerkmal-Leisten

Wegen der hohen volkswirtschaftlichen Bedeutung sind Sachmerkmal-Leisten in Deutschland genormt worden. Grundlage zur Erstellung von Sachmerkmal-Leisten ist die Norm DIN 4000, in welcher der Aufbau von Sachmerkmal-Leisten beschrieben ist. Der Aufwand für die Erstellung von Sachmerkmal-Leisten, die in der Regel von erfahrenen Konstrukteuren und Arbeitsvorbereitern je nach Einsatzzweck festgelegt werden, darf nicht unterschätzt werden. Deshalb sollten Sachmerkmal-Leisten prinzipiell nur für solche Teile erstellt werden, die eine hohe Wiederverwendung erwarten lassen. Bevor mit dem Aufbau unternehmensspezifischer Sachmerkmal-Leisten begonnen wird, sollte zunächst geprüft werden, ob nicht vorhandene Sachmerkmal-Leisten genutzt werden können. In den Folgeblättern Teil 2-84 zu der DIN 4000 sind bereits für zahlreiche Bauteile, insbesondere Normteile, vollständige Sachmerkmal-Leisten spezifiziert worden. Beispiele sind Sachmerkmal-Leisten für Werkzeuge zum Spanen mit geometrisch be- und unbestimmter Schneide, Werkstoffe und Prüfmittel.

Kann nicht auf bestehende Sachmerkmal-Leisten zurückgegriffen werden, ist der Ablauf, wie in Abb. 3.22 dargestellt, sinnvoll.

Dieser Ablauf besteht im wesentlichen aus den beiden Arbeitspaketen Gruppenbildung und Merkmalermittlung. Ziel der Gruppenbildung ist, mögliche wiederverwendbare Lösungen zu identifizieren. Hierzu werden zunächst potentielle Wiederholbaugruppen in der Produktstruktur identifiziert. Dabei handelt es sich vor allem um Muß-Baugruppen, aber auch um häufig gewählte Varianten- bzw. Kann-Baugruppen. Für diese Baugruppen werden danach alle vorhandenen konstruktiven Varianten gesucht. Als Informationsquellen können Zeichnungen, Stücklisten und Konstruktionsrichtlinien genutzt werden. Je nach Art und Menge der gefundenen Lösungen ist es sinnvoll, eine Einteilung in Gruppen ähnlicher konstruktiver Lösungen vorzunehmen. Schließlich sind die vorliegenden Lösungen hinsichtlich ihrer Wiederverwertbarkeit zu beurteilen.

Vorgehensweise zur Erstellung von Sachmerkmal-Leisten

Identifikation durch Gruppenbildung

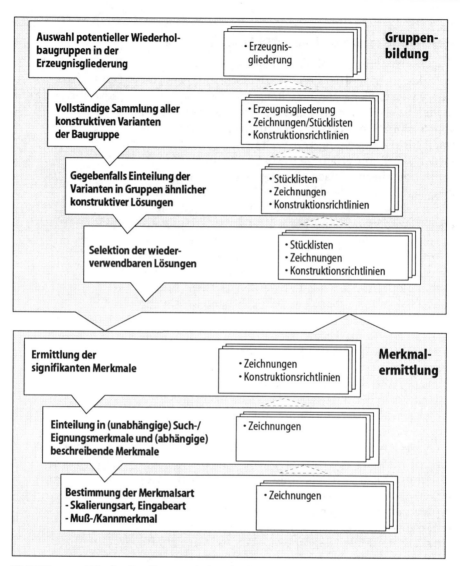

Bild 3.22   Ablauf zur Erstellung von Sachmerkmal-Leisten

Erarbeitung von
Suchmerkmalen

Der Gruppenbildung schließt sich die Merkmalermittlung an. Hierbei geht es darum, möglichst zweckmäßige Suchmerkmale zu bestimmen. In einem ersten Schritt werden zunächst signifikante Merkmale bestimmt. Grundlage hierfür sind im wesentlichen Zeichnungen und ggf. Konstruktionsrichtlinien. Die gefundenen Merkmale werden unterschieden in unabhängige Such- bzw. Eignungskriterien und abhängige be-

schreibende Merkmale. Ein Beispiel für die Festlegung
von Sachmerkmalen zeigt Abb. 3.23.

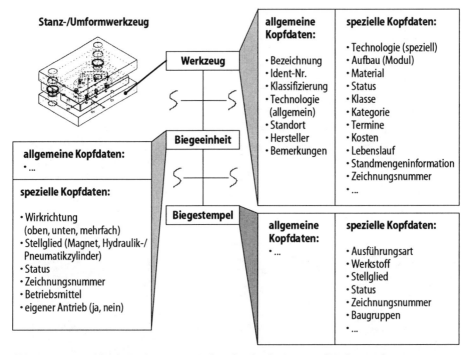

Bild 3.23   Beispiel für die Festlegung von Sachmerkmalen für Stanz- und Umformwerkzeuge

4 Leistungsfähige Fertigungstechnologien

4.1
Produktspektrum im Werkzeug- und Formenbau

Das Produktspektrum deutscher Werkzeug- und Formenbaubetriebe umfaßt im wesentlichen Schmiede-, Spritz- und Druckguß-, Tiefzieh- sowie Schneidwerkzeuge.

Der gesamte Prozeß der Produktentwicklung durchläuft mehrere Phasen, die sich durch einen fortschreitenden Grad der Detaillierung und Festschreibung auszeichnen (Abb. 4.1). Parallel hierzu findet der Werkzeugentwicklungsprozeß statt, der die Herstellung des Serienwerkzeugs vorbereitet, aber auch die Produktentwicklung durch verschiedene Konzeptmodelle und Prototypen unterstützt. Diese eignen sich, abhängig von der zunehmenden Seriennähe des eingesetzten Bauteilwerkstoffs, als Designstudien, Handhabungsmodelle, für Einbautests oder erste Funktionsüberprüfungen.

Entsprechend dem aktuellen Stand der Produktentwicklung werden daher Werkzeuge und Formen benötigt, die dem Produkt in Qualität und Seriennähe gerecht werden. Die Ansprüche an die Genauigkeit und Stückzahlen bzw. Standmengen der Werkzeuge und Formen bestimmen dabei im wesentlichen die verwendbaren Materialien und damit auch das erzeugende Fertigungsverfahren. Anforderungen an Werkzeuge und Formen bestimmen das verwendete Material

Der Bereich der Rapid Prototyping- und Rapid Tooling-Verfahren ist aufgrund der wenig beständigen Materialien vor allem auf geringe Standmengen und geringe Qualitätsansprüche fokussiert. Entwicklungen der letzten Jahre haben diese Beschränkung jedoch immer mehr überwunden, wie Abb. 4.2 eindrucksvoll Einfluß der Standmenge demonstriert. Für Standmengen oberhalb von 1 Million Stück sind jedoch immer noch Stahl- oder Gußwerkzeuge erforderlich, deren Herstellung die klassischen spanenden (Drehen, Fräsen, Schleifen) oder abtragenden Verfahren (funkenerosives Abtragen, elektrochemisches Abtragen) erfordert.

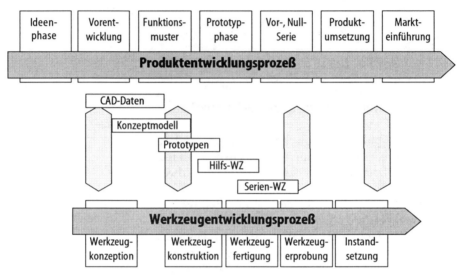

Bild 4.1   Prozeßkette im Werkzeug- und Formenbau

Die organisatorisch und technologisch anspruchsvolle Herstellung der Werkzeuge und Formen wird von einer begrenzten Anzahl von Fertigungsverfahren beherrscht. Die Auswahl des geeigneten Fertigungsverfahrens wird unter technologischen, geometrischen und wirtschaftlichen Gesichtspunkten getroffen.

Für die Herstellung der Hohlformen haben sich das Senkerodieren und das NC-Fräsen als maßgebliche Verfahren etablieren können. Aufgrund der großen Geometrievielfalt und der unterschiedlichen Materialien ist eine allgemeingültige Aussage über das günstigste Fertigungsverfahren nicht möglich. Die Einteilung der Werkzeuge in die Hauptgruppen Schmiedegesenke, Spritz- und Druckgießformen, Tiefziehwerkzeuge und Schneidwerkzeuge mit ihren bearbeitungsrelevanten Merkmalen erlaubt jedoch eine Zuordnung charakteristischer Anforderungen an das Fertigungsverfahren.

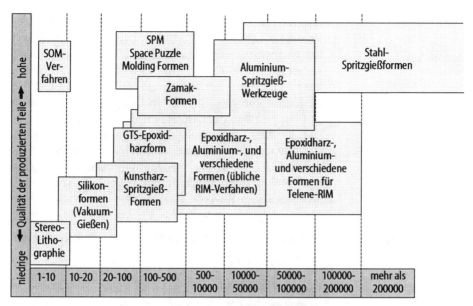

Bild 4.2   Formmaterialien in Abhängigkeit der Stückzahl und den Qualitätsansprüchen

Gemäß der mechanischen und thermischen Beanspruchung während ihres Einsatzes besitzen die Schmiedegesenke Festigkeiten, die deutlich über denen der Spritz- und Druckgießformen liegen. Nicht selten werden Zugfestigkeiten von 2 000 N/mm² erreicht. Bei den Tiefziehwerkzeugen verursachen inbesondere hohe Legierungsanteile in den Stahl- bzw. Graugußwerkstoffen erschwerte Zerspanbedingungen (Abb.4.3).

Ein weiteres Merkmal der jeweiligen Werkzeuggruppen bildet die Komplexität der einzubringenden Kontur. Während Schmiedegesenke und Tiefziehwerkzeuge eine Vielzahl leicht gekrümmter Flächenbereiche mit relativ großen Verrundungen besitzen, weisen Spritz- und Druckgießwerkzeuge eine hohe Filigranität bei zum Teil großer Gravurtiefe auf. Ferner muß berücksichtigt werden, daß Schmiedegesenke sowie Spritz- und Druckgießformen aus einem Rohblock gefertigt werden, was mit entsprechend großen abzutragenden Volumina verbunden ist.

Die wirtschaftliche Bearbeitung der hochvergüteten, gehärteten Werkstoffe im Bereich der Schmiedegesenk- und der Spritz- und Druckgießformherstellung stellt heute noch eine große Herausforderung dar. Hier hat die Funkenerosion eine wesentliche Bedeutung

Einfluß der mechanischen und thermischen Beanspruchung

Einfluß der Konturkomplexität

Verfahrensüberblick

erlangt, was auf die weitgehende Unabhängigkeit des Prozesses von der Werkstoffhärte und die Möglichkeit, bei vertretbaren Oberflächengüten und Formgenauigkeiten hochfiligrane Konturen im Material abzubilden, zurückzuführen ist. Verfahrensbedingter Nebeneffekt ist jedoch die Ausbildung einer sogenannten „weißen Schicht" im Randzonenbereich der Werkstückoberfläche. Sie kann sich aufgrund von ungünstigen Eigenspannungszuständen und Mikrorissen negativ auf die dynamische Belastbarkeit des Werkzeugs auswirken und muß deshalb durch manuelle Schleif- bzw. Polierarbeiten entfernt werden.

Gesenkform	Werkstück	Werkstoffe	Rohmaterial
Spritz- und Druckgießformen		40 CrMnMo 7 X 38 CrMoV 5 1 R_m = 1 000 - 1 500 N/mm²	Rohblock
Schmiedegesenke	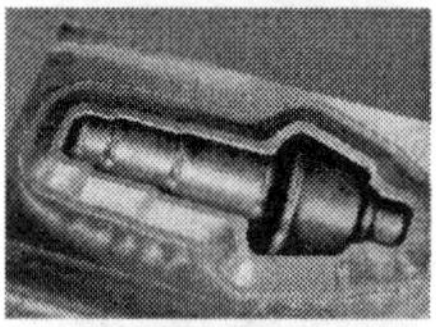	56 NiCrMoV 7 v X 38 CrMoV 5 3 R_m = 1 300 - 2 000 N/mm²	Rohblock
Tiefziehwerkzeuge		GG 25 CrMo GGG 70 Zamak 220 - 270 HB 30 (Grauguß)	Gußrohling (konstantes Aufmaß)

Bildnachweis : IPT/ Hella KG/Nothelfer GmbH

Bild 4.3   Typische Serienwerkzeuge im Werkzeug- und Formenbau

Hinsichtlich der Kupfer- bzw. Graphitelektrodenherstellung wird derzeit schon im wesentlichen auf das Hochgeschwindigkeits-NC-Fräsen zurückgegriffen.

Mit der Einführung funktioneller CAD/CAM-Systeme und der Bereitstellung leistungsfähiger Schneidstoffe und Werkzeugmaschinen bietet sich als alternatives Fertigungsverfahren vor allem für die Gruppen der Schmiedegesenke und Tiefziehwerkzeuge die NC-Fräsbearbeitung an. Sie ist durch eine schlanke Arbeitsfolge vom CAD-Modell über die NC-Programmierung bis hin zur Komplettfräsbearbeitung der Hohlform gekennzeichnet. Auf manuelle Nacharbeiten kann häufig verzichtet werden (Abb.4.4).

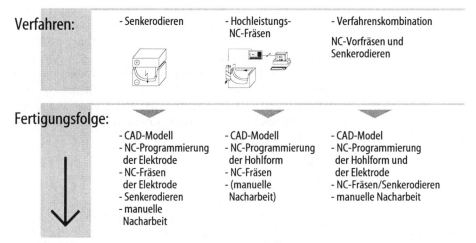

Bild 4.4   Fertigungsalternativen zur Herstellung von Stahlhohlformen

Für die Erzeugung filigraner Konturen bietet sich eine Verfahrenskombination aus NC-Vorfräsen und einer anschließenden Fertigbearbeitung durch das funkenerosive Senken an. Ein solches Bearbeitungskonzept findet vor allem bei der Herstellung von Druckgieß- und Spritzgießformen Anwendung, da hier neben der Zerspanung großer Volumina zum Teil sehr feingliedrige Konturen, wie Nuten und Stege, in das Werkstück eingebracht werden müssen.

Die Herstellung großflächiger Tiefziehwerkzeuge wird durch die NC-Fräsbearbeitung dominiert, da sich funkenerosive Verfahren aufgrund der Elektrodengröße nicht wirtschaftlich einsetzen lassen. Jedoch sind deutliche Tendenzen von der konventionellen NC-Fräsbearbeitung hin zur Hochgeschwindigkeitsbearbeitung mit Kugelkopfwerkzeugen oder auch zur simultanen Fünfachsbearbeitung mit Toruswerkzeugen zu erkennen. Möglich wird dies aufgrund der nahezu konstanten Aufmaßsituation der vorgegossenen Tiefziehform-Rohteile.

Im Gegensatz zu den Hohlformen sind bei Schneidwerkzeugen die Mantelflächen von Stempel und Matrize zumeist als Regelflächen ausgeprägt. Ferner handelt es sich bei den Matrizen um Durchbrüche. Die Querschnittsgeometrie der Aktivelemente richtet sich nach dem zu schneidenden Bauteil, wobei die Bandbreite von einfachen bis hin zu sehr komplizierten und filigranen Schnittliniengeometrien reicht. Aufgrund der mechanischen Beanspruchungen der Aktivelemente finden sowohl Kalt- und Schnellarbeitsstähle als auch Hartmetalle im Schneidwerkzeugbau Anwendung. Für die Stähle werden stets Zugfestigkeiten über 2000 N/mm² gefordert. Diesen Bearbeitungsrandbedingungen werden heute vor allem die Verfahren Drahterosion, Profil- und Koordinatenschleifen gerecht.

4.2
Muster und Prototypen

Muster und Prototypen in der Produktentwicklung

Muster und Prototypen, die ersten materiellen Visualisierungen eines in der Entwicklung befindlichen Produkts, sind für die weitere Entwurfsausarbeitung unerläßlich, denn sie lassen schon frühzeitig Aussagen über Funktionalität, Qualität und Kosten zu.

4.2.1
Prototypenbedarf in der Produktentwicklung

Analysen der Produktentwicklungsabläufe verschiedener Unternehmen der produzierenden Industrie verdeutlichen, daß in sämtlichen Entwicklungsphasen, von der Produktidee bis zur Markteinführung, Prototypen benötigt werden. Die in den einzelnen Entwicklungsphasen eingesetzten Prototypen besitzen unterschiedliche Merkmale hinsichtlich der Stückzahl, der Werkstoffeigenschaften sowie der geometrischen, optischen, haptischen und funktionalen Anforderungen (Abb. 4.5).

Einsatzfelder von Muster und Prototypen

Entsprechend vielfältig sind die Einsatzfelder der Prototypen im Bereich der Produkt- und Prozeßplanung: Verifikation der Konstruktion, Design- und Ergonomiestudien, Kommunikations- und Informationsmittel, Überprüfung der Herstellbarkeit und Montierbarkeit, Marktanalyse, Überprüfung des Arbeitsprinzips und der Funktion, Dauerbelastbarkeitstests, Planung von Fertigung und Montage etc. Mit Bezug auf die Merkmale, Anforderungen und Einsatzfelder lassen sich die Prototyparten wie folgt klassifizieren: Designmodelle, Funktionsprototypen, technische Prototypen sowie Vorserienbauteile.

Bild 4.5   Prototypenbedarf und -arten in der Produktentwicklung

Die Fertigung der im Rahmen der Produktentwicklung benötigten Muster und Prototypen erfolgt derzeit i.d.R. mittels konventioneller Fertigungsverfahren, gegebenenfalls in Kombination mit gießtechnischen Folgeverfahren. Insbesondere finden hier das NC-Fräsen, das Kopierfräsen, das Drehen und Schleifen sowie manuelle Füge- und Laminiertechniken Anwendung. Der herkömmliche Prototypen- und Modellbau ist daher durch einen hohen Fertigungsaufwand gekennzeichnet und aufgrund der geringen Losgröße und der häufigen Änderungen des Produktmusters eine maßgebliche Ursache für den hohen Kosten- und Zeitanteil der Prototypenfertigung an der Produktentwicklung.

Traditionelle Muster- und Prototypenfertigung

4.2.2
Rapid Prototyping-Verfahren zur Modell- und Musterteilherstellung

Mit Einführung der CAD/CAM-Technologie bietet sich prinzipiell die Möglichkeit, Muster und Prototypen direkt auf der Basis der Konstruktionsdaten zu fertigen. Neue, unter den Bezeichnungen 'Rapid Prototyping' bekannte Fertigungsverfahren nutzen diesen Weg konsequent.

4.2.2.1
Charakteristika und Potentiale des Rapid Prototyping

Bauteile werden schichtweise auf Basis von CAD-Daten aufgebaut

Charakteristisch für sämtliche Verfahren des Rapid Prototyping ist die schnelle und kostengünstige Herstellung von Modellen, Musterteilen und Prototypen direkt auf der Basis der CAD-Daten ohne Einsatz von Formen und Werkzeugen. Gemeinsames Kennzeichen ist, daß die Werkstückformgebung nicht durch Abtrag von Material, wie bei den spanenden Fertigungsverfahren der Fall, sondern durch Hinzufügen von Material bzw. durch Phasenübergang eines Materials vom flüssigen oder pulverförmigen in den festen Zustand erfolgt. Ein weiteres gemeinsames Merkmal besteht darin, daß das Werkstück im eigentlichen Fertigungsprozeß schichtweise aufgebaut wird. Kompliziert geformte Bauteile, auch mit Hinterschneidungen und Hohlräumen, können auf diese Weise innerhalb kürzester Zeit, d.h. weniger Stunden, aufgebaut werden (Abb. 4.6).

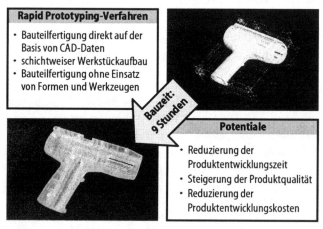

Bild 4.6   Charakteristika und Potentiale von Rapid Prototyping

Vollständige 3D-Geometriebeschreibung erforderlich

Notwendige Voraussetzung und gleichermaßen Ausgangspunkt für die Anwendung aller Rapid Prototyping-Verfahren bildet die vollständige dreidimensionale Geometriebeschreibung des zu fertigenden Bauteils (Abb. 4.6, rechts oben). Im Idealfall liegt diese als

Volumenmodell vor; es ist jedoch auch die Verarbeitung von Flächendaten möglich. Die im CAD-System beschriebene 3D-Geometrie wird zunächst zum Zwecke der vereinfachten mathematischen Weiterverarbeitung durch Dreiecke approximiert (Triangulation) und in ein für Rapid Prototyping-Verfahren standardisiertes Format (STL-Format) umgewandelt. Die STL-Daten des Bauteils werden anschließend in einem gesonderten Rechenvorgang weiterverarbeitet, der die 3D-Geometrie in einzelne Querschnitte definierter Höhe zerlegt (Slicen, SLI-Format). Übliche Schichtdicken betragen 0,1 bis 0,2 mm.

4.2.2.2
Industriell eingesetzte Verfahren

Seit Einführung der Stereolithographie, der ersten im Jahre 1987 kommerzialisierten Rapid Prototyping-Technologie, sind zwischenzeitlich zahlreiche weitere Verfahren entwickelt worden, die gleichermaßen das Prinzip des schichtweisen Werkstückaufbaus verwenden. Industriell einsetzbar sind die nachfolgend genannten Verfahren, welche sich hinsichtlich des jeweiligen Wirkprinzips und damit auch des Verfahrensablaufs sowie des verarbeitbaren Werkstoffspektrums unterscheiden.

> 1500 Systeme weltweit im Einsatz

Bei der Stereolithographie erfolgt die Bauteilerzeugung durch schichtweises Aushärten eines flüssigen Photopolymers mit Hilfe eines UV-Lasers. Auf Basis der zuvor generierten Querschnittsinformationen der einzelnen Schnittebenen werden die Steuerdaten erzeugt, die den Laserstrahl mittels einer XY-Scannereinheit entsprechend der berechneten Schnittflächen über die Oberfläche des flüssigen Kunststoffbads führen. Das Bauteil wird sukzessive auf einer Trägerplattform aufgebaut, die sich zu Beginn der Bearbeitung direkt unter der Badoberfläche befindet. Durch schichtweises Aushärten des flüssigen Photopolymers und anschließendes Absenken der Trägerplattform entsteht die dreidimensionale Bauteilgeometrie.

> Laseraushärten eines flüssigen Photopolymers

Das in Abb. 4.7 dargestellte Gehäuse (Abmessungen: 190 x 170 x 30 mm³) ist ein typisches Beispiel für die Anwendung des Stereolithographie-Verfahrens. Ein solches Gehäuse steht stellvertretend für viele technische Produkte, die aufgrund der Bauteilkomplexität im Rahmen der Produktentwicklung die Herstellung von

> Lasersintern bzw. -verschmelzen eines Pulverwerkstoffs

Modellen und Musterteilen erfordern. Diese dienten im vorliegenden Fall sowohl zur Verifikation der Konstruktion, der Überprüfung der Ergonomie, des Designs sowie der Herstell- und Montierbarkeit wie auch als Kommunikations- und Argumentationshilfe bei Gesprächen mit Zulieferunternehmen. Während die Fertigung des Musterteils mit den konventionellen Methoden des Modellbaus mehrere Wochen in Anspruch genommen hätte, konnte durch Anwendung der Stereolithographie die Modellbauzeit auf 9 h reduziert werden. Eine derartig drastische Reduzierung der Fertigungszeit kann direkt in entsprechende Kosten- und Marktvorteile umgesetzt werden.

Verfahrensprinzip

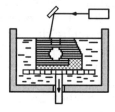 

Charakteristika

• Bauteile hoher Komplexität herstellbar
• ausschließlich Photopolymere verarbeitbar (Acryl-, Epoxy- und Venylether-Harze)
• Stützkonstruktion erforderlich
• max. Bauteilabm.: 600 x 600 x 400 mm³
• erreichbare Maß- und Formgenauigkeit: ca. +/- 0,1 mm
• Anlagenkosten: 300 bis 1.125 TDM

Bild 4.7   Verfahrensprinzip und -merkmale der Stereolithographie

Maskenaushärten eines flüssigen Photopolymers

Das Solid Ground Curing-Verfahren beruht ebenfalls auf dem Prinzip der Photopolymerisation. Im Gegensatz zur Stereolithographie, bei der die Oberfläche eines Layers 'point-by-point' mit Hilfe eines Lasers belichtet wird, erfolgt die Belichtung beim Solid Ground Curing über eine Maske mit einer UV-Lampe.

Das Prinzip des Selektiven Lasersinterns basiert auf dem lokalen Sintern bzw. Verschmelzen von Pulverwerkstoffen infolge laserinduzierter Wärmeeinwirkung. Das Ausgangsmaterial wird schichtweise unter inerter Atmosphäre auf eine Trägerplattform aufge-

bracht. Mit Hilfe der Daten für die einzelnen Schnittebenen wird eine XY-Scannereinheit gesteuert, die den
Laserstrahl entsprechend der berechneten Schnittflächen über die Oberfläche des Pulvers führt. Der Laserstrahl sintert (lokales Schmelzen) das Pulver in den zur
Bauteilstruktur gehörenden Bereichen. Das umliegende
Pulver übernimmt dabei die Aufgabe der Bauteilabstüt-
zung. Die Bauteilgeometrieerzeugung erfolgt schichtweise, indem die Trägerplattform zyklisch abwärts
bewegt wird (Abb. 4.8).

Verfahrensprinzip

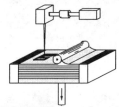

Charakteristika

- Bauteile hoher Komplexität
  herstellbar
- Thermoplaste (Polyamid, Polystyrol,
  Polycarbonat), Metall (Bronze-Nickel)
  und Sand verarbeitbar; Keramik in
  Entwicklung
- max. Bauteilgröße: 350 x 350 x 400 mm³
- erreichbare Maß- und
  Formgenauigkeit: ca. +/- 0,15 mm
- Anlagenkosten: 600 bis 900 TDM

Bild 4.8   Verfahrensprinzip und -merkmale des Selektiven
Lasersinterns

Ein wesentlicher Vorteil dieses Verfahrens gegenüber
anderen Rapid Prototyping-Verfahren ist das größere
verarbeitbare Werstoffspektrum; prinzipiell können
sämtliche thermisch schmelz- bzw. erweichbaren pulverförmigen Werkstoffe verarbeitet werden. Derzeit ist
die Herstellung von Werkstücken aus Thermoplastma-
terialien (Polyamid, glasverstärktem Polyamid, Polycarbonat, Polystyrol), Croning-Sand, einer niedrigschmelzenden metallischen Speziallegierung aus Bronze-Nickel sowie einem polymerummantelten Stahlpulver kommerzialisiert. Der in Abb. 4.8 abgebildete Pro-
totyp eines Gehäuses (Abmessungen: 100 x 80 x 50
mm³) aus Polyamid wurde nach diesem Verfahren in 5

Stunden hergestellt; er diente der Montierbarkeits- und Funktionsüberprüfung.

Aufschmelzen eines drahtförmigen Ausgangswerkstoffs

Beim Verfahren des Fused Deposition Modeling erfolgt die Bauteilgeometrieerzeugung durch das Extrudieren eines mit Hilfe einer verfahrbaren Heizdüse geschmolzenen drahtförmigen Ausgangswerkstoffs (Abb. 4.9).

Verfahrensprinzip

Charakteristika

- eingeschränkte Bauteilkomplexität
- Thermoplaste (Polyolefin, Polyamid, ABS) und Formwachse verarbeitbar
- einfache, kompakte Anlage (Desktop)
- Stützkonstruktion erforderlich
- max. Bauteilabm.: 250 x 330 x 300 mm³
- erreichbare Maß- und Formgenauigkeit: ca. +/- 0,2 mm
- Anlagenkosten: 120 bis 300 TDM

Bild 4.9   Verfahrensprinzip und -merkmale des Fused Deposition Modeling

Das auf einer Spule aufgewickelte Material wird der von einem Plottermechanismus geführten Heizdüse zugeführt und auf eine knapp über dem Schmelzpunkt liegende Temperatur aufgeheizt. Das geschmolzene Material wird dann auf die Trägerplattform bzw. die zuvor erzeugte Schicht extrudiert, wobei der Spalt zwischen Düsenspitze und Untergrund eine Abflachung des runden Materialquerschnitts bewirkt. Nach Fertigstellung einer Schicht wird die Trägerplattform abgesenkt und die folgende Schicht aufgetragen. Zur Abstützung auskragender Bauteilpartien sind gegebenenfalls Stützkonstruktionen aus Pappe, Polystyrol o.ä. erforderlich. Die verarbeitbaren Werkstoffe sind Thermoplaste (u.a. ABS) sowie Formwachse zur Herstellung von Bauteilen für das Modellausschmelzverfahren. In Abb. 4.9. sind verschiedene Anwendungsbeispiele dieser Technologie aus dem Bereich der Automobil-, Elektro- und Konsumgüterindustrie dargestellt.

Beim Laminated Object Manufacturing werden die Bauteile durch das Aufeinanderkleben einzelner Papierfolien und das anschließende Ausschneiden entlang der Konturzüge mit Hilfe eines Lasers erzeugt, (Abb. 4 10). — Laserschneiden eines selbstklebenden Folienwerkstoffs

Verfahrensprinzip

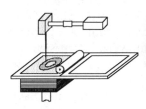 

Charakteristika
- eingeschränkte Bauteilkomplexität
- ausschließlich Papierwerkstoff verarbeitbar, Kunstoff und Metall in Entwicklung
- keine Stützkonstruktion erforderlich
- max. Bauteilgröße: 550 x 800 x 500 mm³
- erreichbare Maß- und Formgenauigkeit: ca. +/- 0,2 mm
- Anlagenkosten: 200 bis 350 TDM

Bild 4.10   Verfahrensprinzip und -merkmale des Laminated Object Manufacturing

Auf einer in vertikaler Richtung verfahrbaren Trägerplattform werden die einzelnen Folien abgelegt und durch eine Walze angedrückt. Der Laser verfährt entsprechend der zuvor erzeugten Steuerdaten entlang des Bauteilkonturzugs und schneidet somit die Bauteilgeometrie aus. Eine exakte Fokussierung des Laserstrahls und die Steuerung der Laserleistung gewährleisten, daß jeweils nur die letzte Schicht ausgeschnitten wird. Die nicht zum Werkstück gehörenden Bereiche werden in Rechtecke zerteilt, damit sie später leichter zu entfernen sind. Durch das Übereinanderkleben der einzelnen Papierschnitte entsteht ein holzähnliches, dreidimensionales Modell. Nach Fertigstellung der Bauteilgeometrie sind die nicht zum Werkstück gehörenden Bereiche zu entfernen, und die Oberfläche ist entsprechend den Anforderungen manuell nachzuarbeiten. Das in Abb. 4.10 dargestellte Anwendungsbeispiel des Verfahrens zeigt den Prototypen eines Gehäuses (Abmessungen: 150 x 120 x 40 mm³) für ein Elektrogerät; die Bauzeit betrug 10 Stunden.

Verkleben eines
Pulverwerkstoffs

Das Verfahrensprinzip des Direct Shell Production Casting ist dem des Selektiven Lasersinterns ähnlich; die Körner eines pulverförmigen Ausgangsmaterials werden hier jedoch mit Hilfe eines flüssigen Binders verklebt. Das Auftragen des Binders geschieht dabei über einen Ink-Jet-Düsenkopf, der von einer XY-Verfahreinheit entsprechend der zuvor vom Slice-Rechner berechneten Steuerdaten geführt wird. Durch die Verarbeitung von Keramikpulvern lassen sich mit diesem Verfahren verlorene Formen und Kerne für das Feingießverfahren herstellen.

Printtechnologie

Die Verfahren Model Maker 3D Plotting und Ballistic Particle Manufacturing basieren gleichermaßen auf dem Prinzip des Tintenstrahldruckers. Ein Materialauftrag wird dadurch erzielt, daß einzelne kleine Thermoplast-Materialtropfen aus einem Druckkopf auf eine Arbeitsfläche geschossen werden und dort unmittelbar nach dem Auftreffen aushärten. Durch gezieltes Aufbringen weiterer Tropfen auf die vorhergehenden läßt sich ein dreidimensionales Bauteil erstellen. Derzeit sind zwei unterschiedliche Anlagenkonzepte realisiert. Das Model Maker 3D Plotting-System arbeitet mit zwei Düsenköpfen, wobei der erste den Bauteilwerkstoff aufträgt während zeitgleich mit Hilfe des zweiten Kopfes ein Support aufgebaut wird. Das Ballistic Particle Manufacturing-System arbeitet hingegen mit einem Fünf-Achs-Kopf, so daß auf den Aufbau einer Stützkonstruktion in vielen Fällen verzichtet werden kann. Vergleichbar ist ebenfalls das Multi Jet Modeling-Verfahren, bei dem ein schnell aushärtender Thermopolymer-Werkstoff mit Hilfe eines Tintenstrahlkopfes, bestehend aus 96 linear angeordneten Einzeldüsen, aufgetragen wird.

4.2.2.3
Entwicklungstendenzen

Neben den genannten, bereits heute kommerziell verfügbaren Rapid Prototyping-Verfahren befinden sich derzeit zahlreiche weitere Verfahren in der Entwicklung, die nach verschiedenen Wirkprinzipien arbeiten. Darüber hinaus werden von den Systemanbietern wie auch diversen Forschungseinrichtungen massive Anstrengungen unternommen, um die bereits eingeführten Prozesse und Systeme weiterzuentwickeln.

Vorrangige Zielsetzung der Entwicklungsaktivitäten ist die Verarbeitung von Werkstoffen mit verbesserten mechanischen Eigenschaften. Im Fokus der Arbeiten steht die Verarbeitung von seriennahen Kunststoffmaterialien, wie ABS oder glasgefülltes Polyamid, sowie die Verarbeitung von Metall und Keramik.

Verarbeitung seriennaher Werkstoffe

Weitere Entwicklungstrends sind bezüglich der einfacheren Gestaltung des Anlagenaufbaus zu registrieren. Zielsetzung ist hier die Entwicklung von Desktop-Systemen bzw. Concept Modelern, die speziell die rasche Konzeptmodellerstellung in der Büroumgebung im Sinne eines 3D-Druckens ermöglichen sollen. Neben geringen Anlagen- respektive Herstellkosten wird eine hohe Baugeschwindigkeit bei einer für Anschauungsmodelle ausreichenden Bauteilfestigkeit und -maßhaltigkeit angestrebt. Die o.g. Systeme zum Ballistic Particle Manufacturing zielen bereits in diese Richtung.

Desktop-Systeme für die Büroumgebung

Darüber hinaus wird kontinuierlich, durch werkstoff-, anlagen- und prozeßseitige Entwicklungen die Steigerung der Bauteilgenauigkeit, die derzeit mit bestenfalls +/- 0,1 % der Bauteilabmessungen angegeben wird, sowohl der kommerzialisierten wie auch der derzeit in Entwicklung befindlichen Prozesse forciert.

Genauigkeitssteigerung

Ausgehend von den dargestellten Trends ist für die Zukunft des Rapid Prototyping zu erwarten, daß die Möglichkeiten der Verfahren durch aktuelle Werkstoff-, Anlagen- und Prozeßentwicklungen erheblich erweitert werden. Rapid Prototyping-Verfahren werden zukünftig neben der Prototypenfertigung auch zur schnellen und preisgünstigen Herstellung von Prototyp- und Hilfswerkzeugen (Rapid Tooling) sowie von Einzel-, Kleinserien- und Ersatzteilen (Rapid Manufacturing) eingesetzt werden können.

Rapid Tooling und Rapid Manufacturing

4.2.3
Rapid Prototyping-Prozeßketten zur Prototyp- und Kleinserienfertigung

In Kombination mit Rapid Prototyping-Verfahren bieten Folgetechniken, insbesondere Kunststoff- und Metall-Gießverfahren, interessante Potentiale zur schnellen Herstellung seriennaher Kunststoff-Bauteile in größerer Stückzahl oder metallischer Prototypen und Einzelteile.

4.2.3.1
Herstellung von Kunststoff-Prototypen und -Kleinserien

Zur Herstellung von technischen Kunststoff-Prototypen oder -Kleinserien in Stückzahlen von 20 bis 50 werden in der industriellen Praxis derzeit Stahlhohlformen gefertigt, deren Herstellungszeit mit 4 bis 8 Wochen anzusetzen ist. Der Einsatz von Rapid Prototyping-Verfahren in Kombination mit gießtechnischen Folgeverfahren bietet auch hier ein großes Potential zur Verkürzung der Produktentwicklungszeit. Das zunächst mit einem Rapid Prototyping-Verfahren oder auch konventionellem Fertigungsverfahren gefertigte Bauteil dient nachfolgend als Urmodell für das Kunststoff-Vakuumgießverfahren, mit dem das Original entsprechend der geforderten Stückzahl mehrfach dupliziert wird (Abb. 4.11).

Verfahrensprinzip/ -ablauf

①   Urmodell

②   Abguß des Urmodells mit Silikon unter Vakuum

③   Aufschneiden der Form entlang der Trennebene

④   Vakuumgießen

⑤   Aushärtung in der Wärmekammer

⑥   Entnahme des Modells

Charakteristika

- hohe Abbildungstreue
- filigrane Strukturen mit Hinterschneidungen herstellbar (elastische Form)
- großes Werkstoffspektrum; 2- Komponentengießharze, verschiedene Farben
- Abgüsse in weniger als 3 Stunden
- Stückzahlen: bis zu 50
- Anlagenkosten: 50 bis 500 TDM

Bild 4.11   Verfahrensprinzip und -merkmale des Kunststoff-Vakuumgießens

Abgießen über eine Silikonform

Für das Kunststoff-Vakuumgießverfahren sind zunächst Angüsse und Steiger am Urmodell anzubringen.

Danach wird es in einem rechteckigen Formkasten fixiert und in einer Vakuumkammer mit Silikonkautschuk umgossen. Nach dem Aushärten in einer Wärmekammer wird die Silikonform entlang der Trennebene aufgeschnitten und das Urmodell entnommen. Für die sich anschließende Bauteilerstellung wird die Form zusammengefügt und unter Vakuum ausgegossen. Die Palette der hierzu verwendbaren 2-Komponentenharze ist hinsichtlich der mechanischen Werkstoffeigenschaften und der Farbe sehr vielfältig. Das Verfahren zeichnet sich insbesondere durch seine hohe Abbildungstreue aus. Filigrane, Hinterschneidungen aufweisende Bauteilpartien sind aufgrund der leichten Entformbarkeit (elastische Formen) problemlos herstellbar.

Sind technische Prototypen, Vor-Serien oder auch Kleinserien aus Kunststoff in größeren Stückzahlen (50 bis 1000) erforderlich, kann das Metallspritzverfahren für die Herstellung von Versuchs- oder Produktionswerkzeugen angewendet werden (Abb. 4.12).

Verfahrensprinzip/ -ablauf

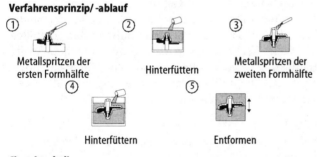

① Metallspritzen der ersten Formhälfte

② Hinterfüttern

③ Metallspritzen der zweiten Formhälfte

④ Hinterfüttern

⑤ Entformen

Charakteristika

- eingeschränkte Bauteilkomplexität
- verarbeitbare Werkstoffe: Legierungen aus Wismut, Zinn und Zink
- Herstellung von Spritzgießwerkzeugen in kürzester Zeit
- konstengünstige Werkzeugherstellung
- einfache Bedienung
- Stückzahl: bis zu 1.000
- Anlagenkosten: ca. 80 TDM

Bild 4.12   Verfahrensprinzip und -merkmale des Metallspritzens

Für die Anwendungen des Metallspritzverfahrens ist, wie beim Kunststoff-Vakuumgießverfahren, ein Urmo-

Metallspritzen von Werkzeugformhälften

dell erforderlich, auf dem mit Hilfe einer Metallspritzpistole, ähnlich wie beim Farbspritzen, eine Schicht aus einer niedrigschmelzenden Metallegierung aufgetragen wird. Durch Anlegen einer elektrischen Spannung an zwei Metalldrähte entsteht ein Lichtbogen, der das in Drahtform vorliegende Material zum Aufschmelzen bringt. Der verflüssigte Werkstoff wird mittels Druckluft in feine Partikel zerstäubt und auf das Urmodell geblasen. Nach der Erstarrung bildet sich eine Metallschicht auf dem Modell, welche für die Herstellung einer Formhälfte verwendet werden kann. Beim Metallspritzverfahren finden in erster Linie Legierungen aus Wismut, Zinn und Zink Anwendung. Andere Materialien wie Stahl, Aluminium, Bronze und Kupfer können ebenfalls verarbeitet werden, werden aber aufgrund der höheren Schmelztemperaturen und des daraus resultierenden Verzugs bei der Herstellung von Werkzeugen selten eingesetzt. Die erreichbaren Maß- und Formgenauigkeiten entsprechen denen des Urmodells. Nuten mit einem Breiten- zu Tiefenverhältnis von weniger als 1 zu 5 sind aufgrund der eingeschränkten Zugänglichkeit und der Gefahr von Tropfenbildung mit dieser Technik nicht herstellbar. Ferner unterscheiden sich die thermischen Eigenschaften der metallgespritzten Werkzeuge von den konventionellen Spritzgießwerkzeugwerkstoffen, wodurch unterschiedliche geometrische und mechanische Eigenschaften am Spritzgießbauteil auftreten.

4.2.3.2
Gieß- und Abformprozesse zur Herstellung metallischer Bauteile

In Kombination mit Metallgießverfahren bieten die Rapid Prototyping-Verfahren die Möglichkeit zur schnellen und kostengünstigen Herstellung von metallischen Funktionsprototypen sowie technischen Prototypen.

Gießen mit verlorenen Rapid Prototyping-Modellen

Ausgehend von Rapid Prototyping-Modellen lassen sich über das Feingießen (Modellausschmelzverfahren) metallische Bauteile herstellen (Abb. 4.13). Hier besitzen insbesondere die mit dem Selektivem Lasersintern verarbeitbaren Wachs-, Polycarbonat- und Polystyrolmaterialien eine gute Eignung zum Feingußprozeß.

Das Modell wird zunächst durch mehrmaliges Tauchen in eine feinkeramische Masse und jeweils an-

schließendes Besanden und Trocknen mit einem kera-
mischen Überzug versehen, der nach dem Ausschmelzen des Urmodells gebrannt wird. Die so entstandene,
einteilige Schale dient als Form für den Gießvorgang.
Für eine derartige Verfahrenskombination sind nahezu
uneingeschränkt alle oben genannten Rapid Prototyping-Verfahren geeignet; im Einzelfall ist jedoch eine
spezifische Prozeßanpassung des Modellaufbaus,
Formschalenaufbaus und des Ausschmelz- bzw. Aus-
brennvorgangs erforderlich.

Ebenso lassen sich mit Hilfe des Sandgießens Bauteile aus verschiedenen metallischen Legierungen fertigen, wobei Rapid Prototyping-Bauteile als dauerhafte
Urmodelle dienen. Durch die Vermeidung des Aufbaus
von Urmodellen mit Hilfe der konventionellen Methoden des Modellbaus kann die Durchlaufzeit für einen
Gießauftrag stark reduziert werden, da die aufwendige
Erstellung von Schnitten aus der Gesamtzeichnung und
die manuelle Fertigung der Modelle aus Einzelteilen
oder Schichten entfällt.

Sandguß mit Rapid Prototyping-Modellen

Verfahrensprinzip/ -ablauf

① Modellerstellung und -montage

② Schalenaufbau

③ Hinterfüllung

④ Ausschmelzen bzw. Ausbrennen

⑤ Gießen

⑥ Nachbearbeitung

Charakteristika

- nahezu keine Einschränkungen bezüglich Bauteilkomplexität
- keine Spritzgießwerkzeuge zur Herstellung der Urmodelle erforderlich
- fast alle metallischen Werkstoffe verarbeitbar
- hohe Werkstückgenauigkeit
- gute Oberflächenqualität
- bis ca. 15 Stück wirtschaftlich

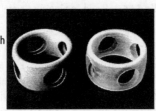

Bild 4.13 Verfahrensprinzip und -merkmale des Feingießens

4.2.4
Rapid Tooling-Verfahren zur Werkzeug- und Formenherstellung

Direktherstellung
von Formeinsätzen

Weitere Perspektiven zur Herstellung von Funktions-prototypen, technischen Prototypen oder Vorserien-bauteilen ergeben sich im Bereich der Werkzeug- und Formenherstellung (Rapid Tooling) durch Anwendung der Stereolithographie, des Selektiven Lasersinterns oder des Lasergenerierens. Wege zur schnelleren und kostengünstigeren Werkzeug- und Formenherstellung aus Kunststoff und Metall, direkt mittels Rapid Proto-typing-Verfahren, wie in Abb. 4.14 illustriert, sowie indirekt mittels Rapid Prototyping-Modellen und nachgeschalteten Beschichtungs- oder Abformprozes-sen, sind gegenwärtig in Ansätzen bereits realisiert.

Verfahrensprinzip/ -ablauf

①   ②   ③

Selektives Lasersintern
einer Bronze-Nickel-
Legierung

Infiltration mit Epoxy-Harz

Polieren und in
Formrahmen einsetzen

Charakteristika
- Herstellung von Formeinsätzen für Spritzgußwerkzeuge
- Spritzguß mit Serienparametern bis 1400 bar, 290 °C
- Standzeit bis zu 10.000 Schuß
- 100 %-tige Dichte bei 60 % Bronze-Nickel-Legierung und 40 % Epoxy-Harz
- Genauigkeit 0,1 bis 0,15 mm

Bild 4.14   Rapid Tooling zur Herstellung von Werkzeugeinsätzen

Zum Teil bereits erfolgreich umgesetzte Anwendungen sind beispielsweise die Herstellung von Metallformen für den Kunststoffspritzgieß durch das Lasersintern von   Bronze-Nickel- sowie polymerummanteltem Stahlpulver, die stereolithographische Fertigung von Spritzgießformeinsätzen zur Herstellung von Feinguß-Urmodellen und Spritzgießbauteilen, die Herstellung von Handformen für den Sandguß über das Abformen von Rapid Prototyping-Modellen in Epoxidharz sowie das Lasersintern von Croning-Sand zur Herstellung von komplexen Sandgußformen.

Zu den vielversprechendsten Ansätzen des Rapid Tooling zählen zweifellos die lasergestützten Verfahren zur Verarbeitung metallischer Pulverwerkstoffe. Hierbei wird zwischen den Verfahrensvarianten Lasergenerieren und Lasersintern unterschieden.

Das Lasergenerieren entspricht vom Verfahrensprinzip her einem Beschichtungsprozeß, bei dem primär pulverförmige Werkstoffe mit Hilfe des Laserstrahls aufgeschmolzen und mit dem Substrat verbunden werden. Der Aufbau dreidimensionaler Strukturen erfolgt durch schichtweises Neben- und Aufeinanderlegen einzelner Lagen. Der Einsatz des Laserstrahls bietet aufgrund seiner exakt einstellbaren Brennfleckabmessungen und seiner gut dosierbaren Intensität auch bei dünnwandigen Strukturen gute Voraussetzungen für die reproduzierbare Erzeugung definierter Lagengeometrien. Durch die Kombination mit einer Fräsoperation, die unmittelbar im Anschluß an das Auftragen einer Schicht auf der gleichen Anlage durchgeführt wird, sind die für eine NC-Fräsbearbeitung typischen Maß- und Formgenauigkeiten darstellbar.

Laserauftragsschweißen von Metallen

Das Lasersintern basiert auf einer Kombination aus laserunterstütztem Sintern und Einschmelzen von Pulverwerkstoffen und dem schichtweisen Aufbau von Bauteilen. Das Arbeitsprinzip und der Verfahrensablauf entsprechen im wesentlichen dem zu Beginn der neunziger Jahre kommerzialiserten Selektiven Lasersinter-Prozeß zur Verarbeitung von Kunststoffmaterialien (s.o.). Zur Verarbeitung metallischer Werkstoffe werden gegenwärtig zwei Verfahrensvarianten entwickelt. Bei der indirekten Herstellungsmethode werden Metallpulver mit Polymer umhüllt, welches unter der Wärmeeinwirkung des Laserstrahls aufgeschmolzen wird. Das Polymer fungiert als Binder für den nachfolgenden Sinterprozeß. Während des anschließenden Aushärtens im Sinterofen erhält das Bauteil seine endgültige Festigkeit. Bei der zweiten Verfahrensvariante wird die direkte Bauteilherstellung aus hochschmelzenden Metallen ohne Zusatz von Bindemittel angestrebt.

Lasersintern von Metallen

4.2.5
Verfahrensauswahl

Zeit- und Kosteneinspa-
rungen von bis zu 70 %

Insbesondere die Unternehmen der Automobil-, Elek-
tro-, Konsumgüter- und Luftfahrtindustrie haben die
Potentiale des Rapid Prototyping erkannt und setzen
die noch jungen Verfahren bereits heute zur schnellen
Herstellung von Modellen, Musterbauteilen und Prototypen im Rahmen der Produktentwicklung erfolgreich ein, um Zeit-, Kosten- und Qualitätsvorteile zu
erzielen. Die dabei gewonnen Erfahrungen belegen,
daß je nach Branche, Unternehmen und Bauteilspektrum bei der Teilefertigung Zeiteinsparungen bis um
das 20-fache möglich sind. Bezogen auf die gesamte
Entwicklungsdauer respektive die Entwicklungskosten
sind Einsparungen in der Größenordnung von 30 bis
70 % realisierbar. Wirkungsvoll im Sinne einer Zeitre-
duzierung ist der Einsatz der Rapid Prototyping-
Verfahren insbesondere dann, wenn er sich nicht nur
auf die Fertigung einzelner Modelle oder Prototypen
erstreckt, sondern wenn er auf ganze Baugruppen oder
Aggregate sowie auf die verschiedenen Phasen der
Produktentwicklung ausgedehnt wird.

Die vielfältigen Einsatzmöglichkeiten von Rapid
Prototyping-Verfahren sind mit Bezug auf die verschiedenen, im Rahmen der Produktentwicklung benötigten Prototypen sowie der charakteristischen
Merkmale und Anforderungen in Abb. 4.15 zusammenfassend dargestellt und bewertet.

Unternehmensspezifische
Auswahl und Planung
der optimalen Technik

Aus der Vielzahl der dargestellten Rapid Prototyping-Verfahren und -Prozeßketten zur schnellen Herstellung von Modellen, Prototypen und Prototypwerk-
zeugen hat mit Bezug auf die unternehmensspezifische
Situation die Auswahl und Planung der für den jeweiligen Anwendungsfall optimalen Technik zu erfolgen.
Hierzu sind, ausgehend von einer Analyse des jeweiligen Produktspektrums sowie der Entwicklungsabläufe
des Unternehmens, unter Berücksichtigung der spezifischen Anforderungen technisch mögliche und wirtschaftlich sinnvolle Technologie zu identifizieren.

▪ direkte Bauteilherstellung ▪ indirekte Bauteilherstellung ▪ direkte Werkzeugherstellung	Design- modell	Funktions- prototyp	technischer Prototyp	Vorserien- bauteil
Stereolithographie, Laminated Object Manufacturing	●	◑	○	○
Fused Deposition Modeling, Selektives Lasersintern, Kunststoffe	●	●	○	○
RP-Urmodell + Kunststoffvakuumguß	○	●	●	○
RP-Urmodell + Metallspritzen	○	○	●	●
RP-Urmodell + Feinguß	○	●	◑	○
Stereolithographie	○	●	●	○
Lasergenerieren, Selektives Lasersintern, Metall	○	○	●	●

● geeignet   ◑ bedingt geeignet   ○ nicht geeignet

Bild 4.15   Einsatzmöglichkeiten von Rapid Prototyping-Verfahren und -Prozeßketten

4.3
Spritz- und Druckgießformen

Für die Herstellung von Spritz- und Druckgießformen sollte eine Kombination der beiden Verfahren Fräsen und Erodieren angestrebt werden. Dabei ist unter Berücksichtigung der technologischen Umsetzbarkeit der Anteil der Fräsbearbeitung zu maximieren. Bereiche, die sich aufgrund der Filigranität der Kontur frästechnisch nicht bearbeiten lassen, können durch die Senkerosion erzeugt werden. Dabei wird zur Elektrodenherstellung die Hochgeschwindigkeitsfräsbearbeitung eingesetzt.

Verfahrenskombination zur Formherstellung

4.3.1
Schruppfräsen

Grundsätzlich wird in die Operationen Schruppen und Schlichten unterteilt, wobei je nach Größe und Gestalt der Kontur zusätzliche Vorschlichtoperationen zwischengeschaltet werden.

Ziel der Schruppbearbeitung ist es, ein gleichmäßiges Restaufmaß auf der Formkontur unter Verwendung maximaler Zeitspanvolumina zu realisieren. Dies bedingt den Einsatz großer Werkzeuge und eine Prozeßauslegung, bei der das Werkzeug und die Fräsmaschine an die maximal zulässige Belastungsgrenze geführt werden.

4.3.1.1
Werkzeuge und Schneidstoffe

Hohe Zeitspanvolumina
beim Schruppen

Die Werkzeuggestalt übt einen entscheidenden Einfluß auf das Zeitspanvolumen und somit die Leistungsfähigkeit eines Schruppprozesses aus. Mit Torusfräsern lassen sich hierbei die besten Ergebnisse erzielen, da die Prozeßparameter Schnittiefe a_p, Eingriffsbreite a_e und Zahnvorschub f_z im Vergleich zu Zylinderstirn- und Kugelkopffräsern höher gewählt werden können. Dies verdeutlicht auch die Tab. 4.1, in der die erreichbaren Zeitspanvolumina der drei Werkzeugtypen bei identischen Prozeßrandbedingungen gegenübergestellt sind.

Tabelle 4.1 Erreichbare Zeitspanvolumina verschiedener Werkzeugtypen

Werkzeugtyp	erreichbares Zeitspanvolumen
Torusfräser	138, 75 cm_3/min
Kugelkopffräser	31,5 cm^3/min
Zylinderstirnfräser	108 cm^3/min
Prozeßrandbedingungen	
Werkstoff	1.2311 ($R_m = 1200$ N/mm^2)
Schneidstoff	Hartmetall P25
Fräserdurchmesser	$D = 32$ mm
Zähnezahl	$z = 2$
Schnittgeschwindigkeit	$v_c = 300$ m/min

Verbesserte
Konturanpassung
durch Torusfräser

Neben diesem Vorteil erweist sich der Torusfräser auch hinsichtlich der erzeugten Aufmaßsituation auf der Formkontur als günstig. Die runde Gestalt der Wendeschneidplatten erlaubt eine bessere Anpassung an die Endkontur der Form. Somit werden die positiven Eigenschaften eines Kugelkopffräsers hinsichtlich der hohen erzielbaren Konturtreue auch für den leistungsfähigeren Torusfräser genutzt.

Lassen sich aufgrund der Filigranität einzelner Konturbereiche Torusfräser nur in eingeschränktem

Umfang einsetzen, so ist die Vorbearbeitung mit Torusfräsern und eine nachträgliche Vorschlichtbearbeitung
mit Kugelkopffräsern aus wirtschaftlichen Gesichtspunkten sinnvoll. Eine solche Aufteilung der Schruppbearbeitung ist jedoch immer an die jeweilige kontur-
spezifische Bearbeitungsaufgabe anzupassen.

Der Zylinderstirnfräser stellt sich vor allem bei der
Bearbeitung geneigter Oberflächen extrem ungünstig
dar. Neben des vielfach höheren maximalen Aufmaßes
bildet sich zudem eine treppenförmige Oberflächentopographie aus, die sich negativ auf die nachfolgenden
Schlichtoperationen auswirken kann (Abb. 4.15).

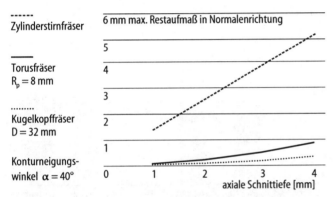

Bild 4.15   Maximales Restaufmaß in Abhängigkeit der Fräsergeometrie

Darüber hinaus bietet der Torusfräser auch bezüglich
der Prozeßsicherheit deutliche Vorteile gegenüber den
Kugelkopf- und Zylinderstirnfräsern. Zum einen wird
aufgrund der Plattenanordnung der für Kugelkopfwerkzeuge kritische Stirnschnitt mit Schnittgeschwindigkeit gleich Null vermieden. Zum anderen
zeichnen sich die großen Plattenradien vorteilhaft gegenüber den zu Eckenausbrüchen neigenden Schneiden des Zylinderstirnfräsers aus.

Für die Umsetzung eines leistungsintensiven Prozesses bedarf es neben einer günstigen Werkzeuggestaltung einer geeigneten Schneidstoffauswahl. Die
Forderung nach hoher Zähigkeit und Warmver-
schleißfestigkeit des Schneidstoffes resultiert im wesentlichen aus der für den Schruppprozeß typischen,
dynamischen Schneidenbelastung sowie den hohen
Prozeßtemperaturen.

Höhere Prozeßsicherheit
durch Torusfräser

Beschichtete Hartmetalle für maximale Standwege

Nach umfangreichen Standweguntersuchungen mit einem Toruswerkzeug haben sich hierbei Hartmetalle der Qualität P25 als verschleißoptimal erwiesen. Eine zusätzliche TiC-Beschichtung bewirkt vor allem bei der Bearbeitung des Warmarbeitsstahls 1.2311 eine weitere Verschleißminderung. Der Einsatz von Cermet stellte sich aufgrund der hohen Bruchempfindlichkeit des Schneidstoffs bei wechselnder Belastung als ungünstig heraus (Abb.4.16).

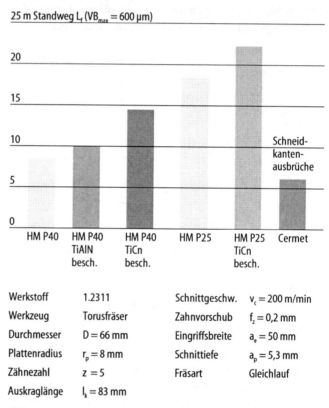

Werkstoff	1.2311		Schnittgeschw.	$v_c = 200\,\text{m/min}$
Werkzeug	Torusfräser		Zahnvorschub	$f_z = 0{,}2\,\text{mm}$
Durchmesser	$D = 66\,\text{mm}$		Eingriffsbreite	$a_e = 50\,\text{mm}$
Plattenradius	$r_p = 8\,\text{mm}$		Schnitttiefe	$a_p = 5{,}3\,\text{mm}$
Zähnezahl	$z = 5$		Fräsart	Gleichlauf
Auskraglänge	$l_k = 83\,\text{mm}$			

Bild 4.16   Schneidstoffe für die Schruppbearbeitung

4.3.1.2
Prozeßauslegung und Bearbeitungsstrategien

Die Umsetzung der zuvor aufgezeigten Potentiale, die sich aus einer optimalen Werkzeuggestaltung und Schneidstoffauswahl ergeben, ist streng an eine angepaßte Schnittaufteilung bzw. Bearbeitungsstrategie gebunden.

Das konventionelle Kopierfräsen, d.h. eine flächengeführte Schnittaufteilung, setzt die Bohrfähigkeit des verwendeten Werkzeugs voraus (Abb. 4.17). Somit ist der Einsatz eines Torusfräsers nicht möglich. Darüber hinaus bewirken die mit dieser Strategie einhergehenden wechselnden Eingriffsbedingungen zusätzlich eine erhöhte Schneidenbelastung. Ein ebenenweises Abtragen des Materials im Umfangsschnitt durch die flächenbegrenzte Bearbeitung erzeugt hingegen gleichförmigere Eingriffsbedingungen, wodurch eine höhere Zerspanleistung und Prozeßsicherheit erzielt werden. Zusätzlich entfällt die Einschränkung auf bohrfähige Werkzeuge, da die axiale Zustellung auf die nächstfolgende Schnittebene durch eine leicht geneigte, gerade oder spiralförmige Zustellstrategie realisiert werden kann.

Schruppen in Ebenen statt Kopierfräsen

Flächenbegrenzt Flächengeführt

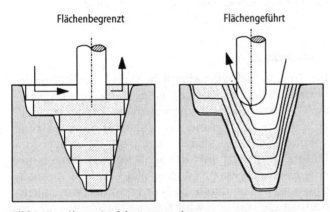

Bild 4.17 Alternative Schruppstrategien

Die Zustelltiefe, d.h. der Abstand der aufeinander folgenden Schnittebenen bei der flächenbegrenzten Schruppstrategie, beeinflußt entscheidend die auftretende Belastung an der Werkzeugschneide. Zu große Schnittiefen können ein frühzeitiges Erliegen des Werkzeugs bewirken. Um jedoch der Forderung nach hohen Zeitspanvolumina unter Gewährleistung der Prozeßsicherheit und der Erzielung hoher Werkzeugstandwege nachzukommen, empfiehlt sich die Verwendung geringer Schnittiefen bei hohen Zahnvorschüben. Am Beispiel der Schruppbearbeitung des

Hoher Zahnvorschub und geringe Schnittiefen beim Schruppen

Warmarbeitsstahls 1.2311 mit einem Torusfräser werden diese Zusammenhänge deutlich (Abb. 4.18). Eine solche Prozeßauslegung bewirkt bei gleichen Zeitspanvolumina einen deutlich höheren Standweg des Werkzeugs.

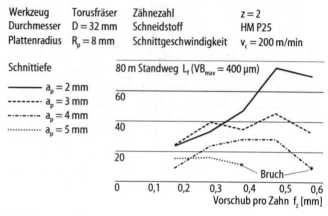

Bild 4.18   Auslegung einer standwegoptimalen Schruppbearbeitung

4.3.2
Schlichtfräsen

Im Sinne einer wirtschaftlichen und qualitätsorientierten Schlichtbearbeitung ist es das Ziel, eine maximale Zeitspanfläche bei geringem Werkzeugverschleiß zu erreichen. Aufgrund der guten Konturanpassung kommen im wesentlichen Kugelkopfwerkzeuge zum Einsatz. Ausgangspunkt der Schlichtbearbeitung bildet eine über die gesamte Kontur gleichmäßige Aufmaßsituation, welche durch die Schrupp- oder Vorschlichtbearbeitung realisiert wird

4.3.2.1
Fräsbearbeitung filigraner Geometrien mit schlanken Schaftfräsern

Schlanke Fräser aus Feinstkornhartmetall K10

Eine besondere Herausforderung an den Fräsprozeß stellen die tiefen, filigranen Geometrien, z.B. Nuten als Negativ von Verstärkungsrippen, dar. Diese erfordern im Gegensatz zu Schmiedegesenken zusätzlich den Einsatz schlanker Schaftfräser, wobei hauptsächlich Kugelkopffräser aus Feinstkornhartmetall der Qualität K10 zum Einsatz kommen(Abb.4.19).

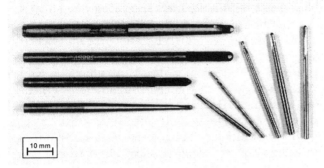

Bild 4.19 Typische Schaftfräser aus Vollhartmetall

Die lang auskragenden Werkzeuge mit kleinen Durchmessern neigen während ihres Einsatzes im Fräsprozeß aufgrund ihrer geringen Steifigkeit zum Rattern und weisen dementsprechend nur schmale nutzbare Schnittwertbereiche auf. Primäres Ziel bei der Wahl der Schnittgeschwindigkeit ist daher die Vermeidung einer Anregung im Bereich der Fräsereigenfrequenz durch den Zahneingriff, die im Extremfall zum Werkzeugbruch führen kann (Abb. 4.20).

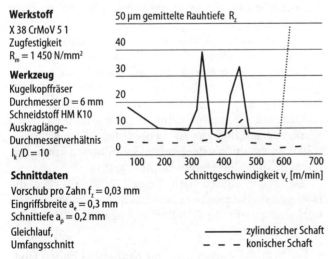

Werkstoff
X 38 CrMoV 5 1
Zugfestigkeit
$R_m = 1\,450\ N/mm^2$

Werkzeug
Kugelkopffräser
Durchmesser D = 6 mm
Schneidstoff HM K10
Auskraglänge-
Durchmesserverhältnis
$l_k /D = 10$

Schnittdaten
Vorschub pro Zahn $f_z = 0,03$ mm
Eingriffsbreite $a_e = 0,3$ mm
Schnittiefe $a_p = 0,2$ mm
Gleichlauf,
Umfangsschnitt

——— zylindrischer Schaft
– – – konischer Schaft

Bild 4.20 Schwingungsneigung

Darüber hinaus sollte das Werkzeug mit einem konischen Schaft ausgeführt werden. Hierdurch werden die

Konische Schaftfräser verringern Rattern

kritischen Schnittgeschwindigkeiten aufgrund der höheren Steifigkeit des Werkzeugs zu größeren Werten hin verschoben und haben somit für den hier betrachteten Schnittgeschwindigkeitsbereich kaum noch Einfluß auf die Oberflächengüte. Es ist jedoch zu berücksichtigen, daß auch bei der Verwendung konischer Werkzeuge, je nach Längen-Durchmesser-Verhältnis, die kritischen Drehzahlen bzw. Schnittgeschwindigkeiten im Einzelfall zu überprüfen sind.

Unter Berücksichtigung spezieller Prozeßführungsstrategien läßt sich jedoch selbst für ein ungünstiges Verhältnis der Werkzeugauskraglänge zum Werkzeugdurchmesser von $l_K/D = 10\text{-}20$ die Fräsbearbeitung von vergütetem Warmarbeitsstahl mit stabilen Prozeßbedingungen sicherstellen (KÖNIG 1992, WERNER U. LÖFFLER 1992).

4.3.2.2
Hochgeschwindigkeitsfräsen von Graphit- und Kupferelektroden

Wie bereits dargestellt, ist der Einsatz der NC-Frästechnologie zur Komplettbearbeitung von Stahlhohlformen auf ein bestimmtes Bauteilspektrum begrenzt. Demnach kann derzeit auf die funkenerosive Senkbearbeitung im Werkzeug- und Formenbau nicht verzichtet werden.

Fräsen mit extrem hohen Schnittgeschwindigkeiten

Optimierungsansätze für die funkenerosive Bearbeitung sind hierbei in der Elektrodenfertigung zu suchen. Die besonderen technologischen Randbedingungen bei der Bearbeitung sowohl von Graphit als auch von Kupfer erlauben die Verwendung hoher Schnittparameter, ohne nennenswerte Einbußen in den Werkzeugstandwegen zu beobachten. Graphit zeigt sogar einen mit ansteigenden Schnittgeschwindigkeiten zunehmenden Standweg (Abb. 4.21).

Diamant-Beschichtung erhöht Standweg

Demnach eignen sich beide Werkstoffe für die Hochgeschwindigkeits-Fräsbearbeitung, wobei zwei werkstoffspezifische Randbedingungen berücksichtigt werden müssen:

- Die Schlichtbearbeitung von Kupfer bei hohen Qualitätsanforderungen an die Oberfläche der Elektrode erfordert, aufgrund der ungünstigen Zerspanbarkeit, eine zusätzliche Kühlschmierung, u.U. ist auch der Einsatz einer Mindermengenschmierung ausreichend.

- Aufgrund der starken Staubentwicklung bei der Bearbeitung von Graphitelektroden ist im Maschinenkonzept eine Absauganlage vorzusehen, die zum einen den Maschinenbediener, zum anderen die empfindlichen Führungen der bewegten Komponenten vor Verschmutzung schützt.

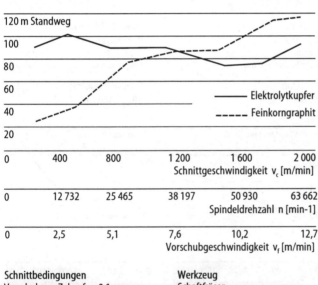

Bild 4.21   Hochgeschwindigkeitsfräsen von Kupfer und Graphit

Die Herstellung schmaler, labiler Elektrodengeometrien stellt hohe Anforderungen an den verwendeten Werkstoff und die Prozeßtechnologie. Hier erweist sich der Einsatz von Graphit aufgrund seiner hohen Steifigkeit und der geringen, auftretenden Zerspankräfte im Verhältnis zum Kupfer als vorteilhaft. Das Werkstoffspektrum reicht von grobkörnigen Graphiten

(Schrupperodieren) bis hin zu Feinstkorngraphiten mit Korngrößen von ca. 1 μm (Schlichterodieren).

Durch das abrasive Verschleißverhalten von Graphit werden bei der Elektrodenfertigung hohe Anforderungen an die mechanische Abriebfestigkeit der eingesetzten Schneidstoffe gestellt. Der Einsatz von diamantbeschichtetem Hartmetall bei hohen Vorschub- und Schnittgeschwindigkeiten führt im Vergleich zu konventionellen Hartmetallsorten zu deutlichen Standweggewinnen. Darüber hinaus erlaubt eine Diamant-Beschichtung im Vergleich zu Polykristallinem Diamant (PKD) eine uneingeschränkte Gestaltung des Werkzeugs hinsichtlich des Durchmessers und der Schneidengeometrie (Abb. 4.22) (KLOCKE U. KÖNIG 1995).

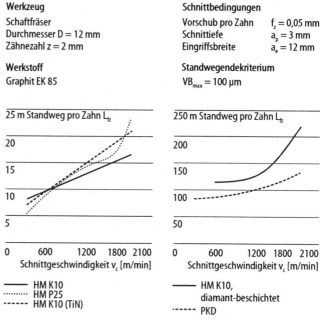

Bild 4.22   Einfluß unterschiedlicher Schneidstoffe auf den Standweg

4.3.3
Funkenerosive Senkbearbeitung

Komplexe Geometrie   Die funkenerosive Senkbearbeitung ist ein abbildendes Formgebungsverfahren, bei dem sich die Gestalt einer Werkzeugelektrode in der zu bearbeitenden Werk-

stückelektrode abbildet. Es sind elektrisch leitfähige
Werkstoffe beliebiger Härte bearbeitbar, wobei auch
komplexe 3D-Geometrien mit z.B. kleinsten Innenradien oder schmalen Stegen, Nuten mit kleinsten Ver-
hältnissen von Breite zu Tiefe oder Bohrungen mit
großen Aspektverhältnissen von Tiefe zu Durchmesser
hergestellt werden können. Damit eignet sich das Verfahren gerade für die Erzeugung filigraner Geometrien,
wie sie bei Spritz- und Druckgießformen häufig auftreten

Das Fertigungsverfahren arbeitet berührungslos
und beruht auf einem thermischen Abtragvorgang. Die
notwendige Wärme wird durch elektrische Entladevor-
gänge zwischen zwei Elektroden (Werkstück- und
Werkzeugelektrode) bereitgestellt. Die Senkerosion ist
dadurch gekennzeichnet, daß räumlich und zeitlich
voneinander getrennte, nicht stationäre Entladungen
(Funken) den Abtrag verursachen, so daß die Überlagerung der entstehenden Entladekrater zu der resultierenden Werkstückoberfläche führt.

> Berührungsloser
> Materialabtrag

Der Abtragprozeß findet im allgemeinen in einer
elektrisch nichtleitenden (dielektrischen) Flüssigkeit
statt. Als Dielektrikum werden meist Kohlenwasser-
stoffverbindungen in Form von Mineralöl- oder Syn-
theseprodukten eingesetzt. Es können auch Medien auf
Wasserbasis eingesetzt werden, die aus Wasser und
unterschiedlichen organischen, wasserlöslichen Sub-
stanzen bestehen. Diese Medien sind nicht entflamm-
bar und weisen ein geringeres Gefährdungspotential
für Mensch und Umwelt auf. Das Dielektrikum hat die
Hauptaufgaben,

* die Werkzeug- und Werkstückelektroden elektrisch
  gegeneinander zu isolieren,
* den Entladekanal zur Erhöhung der Energiedichte
  einzuschnüren,
* die Abtragpartikel aus dem Spalt zu entfernen und
* die Bearbeitungsstelle zu kühlen.

Werkzeug- und Werkstückelektrode werden zum
Zweck der Bearbeitung so in Arbeitsposition gebracht,
daß zwischen beiden ein Arbeitsspalt verbleibt. An die
Elektroden wird eine getaktete Gleichspannung angelegt, so daß es nach Überschreiten der Durchschlagfe-
stigkeit des Arbeitsmediums zur Bildung eines energie-
reichen Plasmakanals kommt (Abb. 4.23). Die Durch-

schlagfestigkeit wird durch den Elektrodenabstand und die Leitfähigkeit des Dielektrikums beeinflußt (KÖNIG 1990).

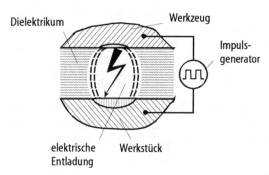

Bild 4.23   Abtragprinzip beim funkenerosiven Senken

Zur Erklärung der Abtragmechanismen hat sich die „elektrothermische" Theorie durchgesetzt, die von Lazarenko und Zolotych entwickelt wurde (LAZARENKO 1944, LAZARENKO 1974, ZOLOTYCH 1955, ZOLOTYCH 1957). Danach wird durch die elektrische Entladung Wärme erzeugt, wodurch begrenzte Werkstoffvolumina an Werkstück- und Werkzeugelektrode aufgeschmolzen bzw. verdampft werden. Durch das Ausschleudern des schmelzflüssigen Materials und das Verdampfen von stark erhitztem Material wird der Werkstoffabtrag erreicht. Das aufgeschmolzene Volumen bzw. die Größe des entstehenden Kraters hängt von dem Energiegehalt des Funkens ab.

Schruppen und Schlichten   Dementsprechend wird bei der funkenerosiven Senkbearbeitung zwischen Schrupp- und Schlichtbearbeitung unterschieden. Höhere Entladeenergien führen zu größeren Schmelzbädern und damit zu höheren Abtragraten, d.h. größeren abgetragenen Werkstückvolumina pro Zeiteinheit. Bei der funkenerosiven Senkbearbeitung wird zunächst bei der Schruppbearbeitung mit hohen Energien pro Funken abgetragen, in den anschließenden Vorschlicht- und Feinschlichtstufen wird die Entladeenergie jedoch immer weiter reduziert, so daß die Oberflächenrauheit abnimmt. Die Entladeenergie läßt sich durch die Reduzierung des mittleren Entladestromes oder die Reduzierung der Entladedauer verringern. Die Vielzahl der Entladekra-

ter führt dabei zu einer muldenförmigen Oberflächenstruktur mit einer bestimmten Rauheit.

Moderne Standardsenkerodiermaschinen erreichen   Rauheit
dabei minimale Mittenrauhwerte von 0,2 µm, durch das
funkenerosive Polieren mit sehr geringen Entladeenergien sind Mittenrauhwerte von 0,1 µm möglich. Die
erreichbaren Abtragraten liegen bei Standardmaschinen pro Kanal bei etwa 1000 mm³/min für die Stahlbearbeitung, jedoch sind bei geeigneter Maschinenaus-
wahl auch Abtragraten von über 2000 mm³/min realisierbar. Wird die Abtragrate auf den während der Entladung fließenden Strom bezogen, so sind spezifische
Abtragraten von ca. 8 mm³/min*A erreichbar.

Erst der ungleiche Werkstoffabtrag an Anode und   Ungleicher Materialabtrag
Kathode ermöglicht die wirtschaftliche Nutzung der   an Anode
funkenerosiven Senkbearbeitung. Der gewünschte Ab-   und Kathode
trag am Werkstück ist bei geeigneter Einstellung der
Generatorparameter deutlich größer als der Verschleiß
am Werkzeug. So ist bei der Schruppbearbeitung ein
relativer Verschleiß von kleiner 1 Prozent bis unter 0,1
Prozent erreichbar, bei der Schlichtbearbeitung liegen
übliche Werte bei kleiner 5 Prozent bis unter 2 Prozent.
Dabei werden die Abtrag- und Verschleißraten neben
der Entladeenergie auch durch die Polung und die
Elektrodenwerkstoffe beeinflußt.

Eine Funkenerosionssenkanlage besteht aus mehreren Bauelementen, wobei zwischen

- dem Generator,
- der Steuerung,
- der Maschine und
- dem Aggregat für das Arbeitsmedium

unterschieden wird. Der Generator ist meist ein stati-
scher Impulsgenerator. Moderne Erodiermaschinen
sind mit einer numerischen 4-Achsen-Steuerung ausgestattet und weisen einen Dialog-Bildschirm auf.
Häufig können über DNC-Schnittstellen (Distributed
Numerical Control) auch Programme von einem Leit-
rechner abgerufen werden.

Um den Fertigungsprozeß besser automatisieren zu   Automatisierung
können, werden die Anlagen teilweise mit automati-
schen Werkzeug- und/oder Werkstückwechseleinrich-
tungen ausgestattet. Ein Vorteil der funkenerosiven
Bearbeitung liegt darin, daß der Prozeß unbeaufsich-
tigt ablaufen kann. So können auch in unbemannten

Schichten Werkstücke bearbeitet werden. Das Maschinenschema zeigt Abb. 4.24.

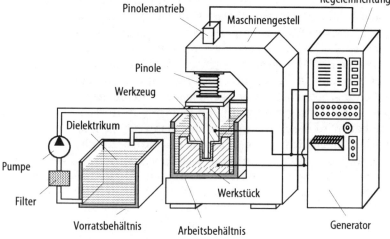

Bild 4.24   Maschinenschema bei der funkenerosiven Senkbearbeitung

Prozeßregelungen

In moderne Senkerosionsmaschinen integrierte, adaptive Prozeßoptimierungen auf Basis traditioneller Regelungstechniken verbessern das Arbeitsergebnis im Hinblick auf die technologischen Ergebnisse wie Oberflächengüte und Abtragrate. Sie nutzen jedoch u.U. nicht die vollen Leistungspotentiale der Senkmaschine (BOCCADORO 1994).

Die Prozeßparameter werden durch Prozeßregelungen auf einen sicheren, aber nicht immer abtragoptimalen Prozeßverlauf eingestellt. Die daraus resultierenden längeren Bearbeitungszeiten führen zu erhöhten Fertigungskosten gegenüber abtragoptimalen Prozeßverläufen. Probleme bereiten außerdem die während des Prozeßverlaufs ständig variierenden Bearbeitungsbedingungen oder unerwartet auftretende Prozeßstörungen, die besonders dann auftreten, wenn komplexe oder sehr tiefe Elektrodengeometrien mit steilen Konturen in das Werkstück einzubringen sind.

Die herkömmlichen Regler für die Spaltweite und für die adaptive Anpassung der Generatorparameter arbeiten meist unabhängig voneinander, so daß sie sich oft gegenseitig negativ beeinflussen. Eine optimierte Prozeßführung gerade bei extremen Bearbeitungssituationen ist dann nur mit Hilfe eines erfahrenen Bedieners möglich.

Um den Maschinenbediener bei der Lösung seiner Bearbeitungsaufgabe zu unterstützen, wurden wissensbasierte Regelungssysteme entwickelt. Die Entwicklung von Optimiersystemen für die funkenerosiven Senkanlagen auf Basis der Fuzzy-Logik ermöglicht die Integration der Bedienererfahrung sowie die Kombination verschiedener Einzelregler zu einem Mehrgrößenregelsystem (Abb. 4.25).

Fuzzy-Logik

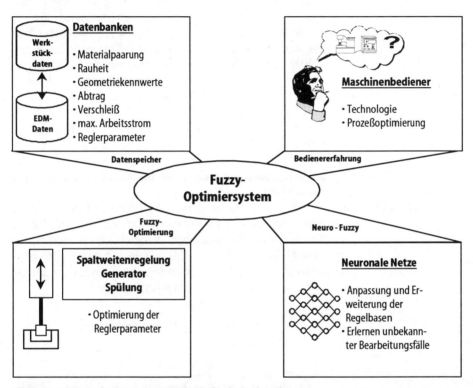

Bild 4.25   Wissensbasiertes Optimiersystem für die Senkerosion

Dies geschieht durch das Formulieren von Regelwerken. Kernstück der Optimierung bildet ein Fuzzy-Expertensystem, mit dem die Erfahrungen von Maschinenbedienern sowohl On-Line im laufenden Prozeß, als auch Off-Line akquiriert werden können. Optimiersysteme auf Basis der Fuzzy-Logik sind in der Lage, mit Hilfe von Regelbasen die Reglerparameter für z.B. die Spaltweitenregelung, den Generator oder die Bewegungsspülung im laufenden Prozeß zu optimieren.

Werkzeugwerkstoffe

Die funkenerosive Senkbearbeitung kann abbildend mit Formelektroden oder erzeugend z.B. mit Stiftelektroden durchgeführt werden. Darüber hinaus ist die Kombination dieser beiden Verfahrensvarianten möglich. Als Werkstoffe für die Elektroden sind alle elektrisch leitfähigen Materialien denkbar, außerdem sollten die Werkstoffe eine gute Wärmeleitfähigkeit und hohe Schmelz- bzw. Verdampfungstemperaturen sowie eine geringe thermische Ausdehnung aufweisen. Eine gute Bearbeitbarkeit reduziert den Aufwand für die Elektrodenfertigung. Übliche Fertigungsverfahren zur Werkzeugelektrodenfertigung sind Fräsen, Drehen und Schleifen. Als Werkzeugwerkstoffe werden üblicherweise Elektrolytkupfer und Graphite für die Stahlbearbeitung und Wolframkupfer für die Hartmetallbearbeitung verwendet. Die verfügbaren Graphitsorten unterscheiden sich vor allem in ihrer Korngröße. Grundsätzlich sind mit feinkörnigeren Graphiten bessere Oberflächengüten bei geringerem Verschleiß herstellbar, allerdings steigen die Kosten mit zunehmender Kornfeinheit.

Verfahrensvarianten

Bei der funkenerosiven Senkbearbeitung existiert eine Reihe von Verfahrensvarianten. Bei der simultanen Bearbeitung sind mehrere Werkzeugelektroden in einem Halter eingespannt (Abb. 4.26). In den Halter können Form- oder Stiftelektroden identischer oder unterschiedlicher Geometrie eingesetzt werden.

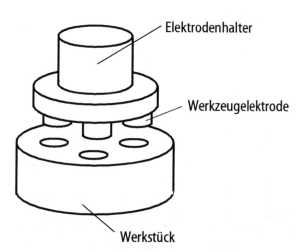

Bild 4.26   Simultane Bearbeitung mit mehreren Elektroden

Werden die segmentierten Elektroden elektrisch gegeneinander isoliert und mit entsprechenden Lei-
stungseinheiten des Generators verbunden, so kann auf
jedem Segment gleichzeitig eine Entladung zünden
(Abb. 4.27). Durch diese sog. Mehrkanaltechnik ist eine
Steigerung der Abtragrate, d.h. des Abtragvolumens am
Werkstück pro Zeiteinheit, bei gleichbleibender Oberflächengüte gewährleistet.

Segmentierte Elektroden

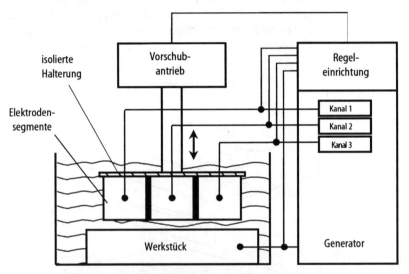

Bild 4.27 Mehrkanaltechnik bei der funkenerosiven Bearbeitung

Die Bearbeitung mit der Mehrkanaltechnik kann an
einem oder mehreren Werkstücken erfolgen. Nachteilig
ist bei dieser Verfahrensvariante jedoch, daß alle Werkzeugelektroden an einer Vorschubeinrichtung montiert
sind, so daß sich Prozeßstörungen an einem der Segmente immer auch auf die anderen Segmente auswirken (KÖNIG 1990, VDI 1994).
Bei der sequentiellen Bearbeitung sind verschiedene
Varianten einsetzbar (Abb. 4.28). Mehrfachgeometrien
in einem Werkstück können durch die wiederholte
Bearbeitung mit der gleichen Werkzeugelektrode an
unterschiedlichen Positionen erzeugt werden. Eine
bestimmte Geometrie kann durch den Einsatz einer
Elektrode oder mehrerer formgleicher Elektroden in
sequentiellen Positionen innerhalb der Gesamtgeometrie erzeugt werden. Andererseits kann die Gesamtgeometrie in Teilgeometrien aufgeteilt werden.

Mehrkanaltechnik

Diese Teilgeometrien werden durch den Einsatz verschiedener Teilelektroden in verschiedenen Positionen hergestellt. Damit wird die Bearbeitung erleichtert, da z.B. die Spülbedingungen verbessert werden. Außerdem wird die Herstellung einer einzigen, u.U. komplexen und daher sehr aufwendig zu fertigenden Formelektrode umgangen. Die komplexe Form wird in einfache Elementargeometrien aufgegliedert, die Teilelektroden können dann mit Hilfe eines automatischen Elektrodenwechslers eingesetzt werden, so daß die geforderte Form schrittweise erzeugt wird (KÖNIG 1990, VDI 1994).

Mehrfachgeometrie

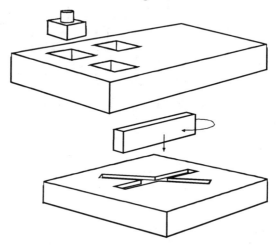

Gesamtgeometrie

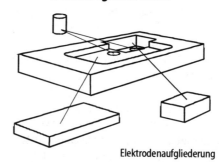

Elektrodenaufgliederung

Bild 4.28   Sequentielle Bearbeitung bei der funkenerosiven Senkbearbeitung

Als weitere Verfahrensvariante wird die kombinierte Bearbeitung eingesetzt, wobei der Einsenkbewegung in Richtung der Vorschubachse eine Zusatzbewegung um diese Achse, z.B. eine Rotation, überlagert wird. Die Zusatzbewegung kann stufenweise oder kontinuierlich vorgegeben werden, u.U. auch abhängig von der Einsenktiefe variieren (VDI 1994).

Kombinierte Bearbeitung

Durch die Planetärerosion kann das Anwendungsgebiet der Senkerosion deutlich erweitert werden und gegenüber den konventionellen Verfahrensvarianten zu Kosteneinsparungen führen. Der geradlinigen Vorschubbewegung wird dabei eine räumliche Translationsbewegung überlagert (Abb. 4.29). Mit Hilfe der Planetärerosion sind auch Geometrien ohne Umspannen des Werkzeugs oder Werkstücks herstellbar, die mit dem konventionellen Senken in eine Vorschubrichtung nur durch Umspannen realisierbar sind, z.B. Hinterschneidungen oder konische Durchbrüche. So können die Genauigkeitsverluste durch das Umspannen vermieden werden.

Planetärerosion erweitert Anwendungsgebiet

Außerdem wird durch die Planetärerosion die Anzahl der Werkzeuge, die für Schrupp-, Vorschlicht- und Schlichtbearbeitung notwendig sind, reduziert. Nach dem Schruppen mit hohen Entladeenergien ist es notwendig, das Elektrodenuntermaß zu vergrößern, da die Spaltweite bei der Schlichtbearbeitung mit geringeren Entladeenergien ebenfalls geringer ist. Durch die translatorische Auslenkbewegung wird das Elektrodenuntermaß der jeweils vorhergehenden Bearbeitungsstufe kompensiert und die Elektrode scheinbar vergrößert. So kann im günstigsten Fall mit nur einer Elektrode sowohl die Schrupp- als auch die Vorschlicht- und Schlichtbearbeitung durchgeführt werden (KÖNIG 1990, SCHUHMACHER 1980).

Auf die technologischen Ergebnisse der Senkbearbeitung hat die Spülung des Arbeitsspaltes mit dem Dielektrikum einen entscheidenden Einfluß. Mit Hilfe der Spülung durch den Arbeitsspalt werden die Abtragpartikel abgeführt, um durch das saubere Dielektrikum die isolierende Wirkung aufrecht zu erhalten. Außerdem werden Werkzeug und Werkstück gekühlt. Eine Restverschmutzung des Arbeitsspaltes mit Abtragprodukten wird toleriert, um den Bearbeitungsprozeß durch die erhöhte Leitfähigkeit zu verbessern.

Angepaßte Spülung ist entscheidend

Für die Spülung existieren verschiedene Varianten, wobei der Aufwand für die Elektrodenherstellung unterschiedlich ist.

Eine seitliche Spülung durch eine Spüldüse ist einfach zu realisieren, da in die Werkzeugelektrode keine Spülbohrung eingebracht werden muß. Andererseits ist die seitliche Spülung nur bei flachen Gesenken ausreichend wirkungsvoll einsetzbar.

Grundbewegung der Planetärerosion

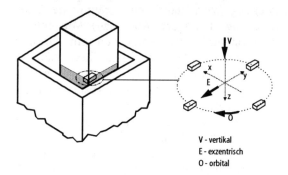

V - vertikal
E - exzentrisch
O - orbital

Anwendungsbeispiele

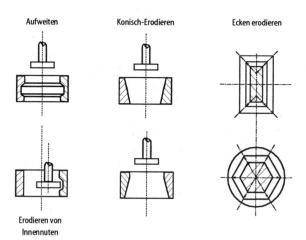

Bild 4.29 Grundbewegungen und Anwendungsbeispiele bei der Planetärerosion

Die meisten Bearbeitungsaufgaben erfordern eine Saug- oder Druckspülung. Bei Bearbeitungsaufgaben, bei denen die Spülung aufgrund der Geometrie der Werkstücke erschwert wird, kann die Spülung durch eine abhebende Bewegung der Elektrode unterstützt werden. Die Spülbedingungen beeinflussen maßgeblich die Abtrag- und Verschleißkennwerte sowie die Prozeßstabilität, so daß der Eintrittsdruck bzw. die Durchflußmenge des Arbeitsmediums den jeweiligen Bearbeitungsbedingungen angepaßt werden müssen. Eine Übersicht über die Spülungsvarianten bei der funkenerosiven Senkbearbeitung gibt Abb. 4.30 wieder (KÖNIG 1990, SCHUHMACHER 1988).

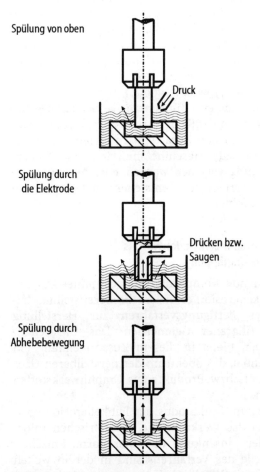

Spülung von oben

Druck

Spülung durch die Elektrode

Drücken bzw. Saugen

Spülung durch Abhebebewegung

Bild 4.30   Spülungsvarianten bei der Senkbearbeitung

Mikrobearbeitung
mit Funkenerosion

Einen weiten Einsatzbereich erschließt sich die funkenerosive Bearbeitung in der Mikrobearbeitung. Die Herstellung von Bauteilen mit geringen Abmessungen bzw. filigranen Strukturen und hoher Genauigkeit findet eine immer weitere Verbreitung in der industriellen Produktion. Mit Standardmaschinen für das funkenerosive Senken sind Kavitäten im Durchmesserbereich von 350 µm herstellbar, die erreichbare Oberflächengüte beträgt ca. R_a=0,2 bis 0,1 µm.

Aufgrund der zunehmenden Bedeutung der Funkenerosion in der Feinwerktechnik und Präzisionsbearbeitung sind spezielle Maschinen entwickelt worden, die auf die Bearbeitung im Mikrometerbereich abgestimmt sind. Derzeit sind mit diesen speziellen Senkmaschinen Kavitäten mit einem Durchmesser von 15 µm herstellbar. Je nach Elektrodendurchmesser sind Einsenkungen bis zu einigen hundert Mikrometer Tiefe realisierbar, wobei Aspektverhältnisse von Tiefe zu Durchmesser von über 100 erreicht werden (CHARMILLES 1995, JORGENSON 1994).

Anlagenkosten

Die Kosten für eine funkenerosive Senkanlage belaufen sich je nach Größe des Arbeitsraumes, der Generatorleistung und den Zusatzeinrichtungen auf 80 bis ca. 500 TDM. Jede Maschine muß mit einer Feuerlöscheinrichtung versehen werden, eine Absauganlage wird zur Entsorgung der entstehenden Dämpfe und Aerosole empfohlen.

4.3.4
Fertigung filigraner Elektroden mittels Ultraschallschwingläppen

Die zunehmende Komplexität von Graphitelektroden für die Funkenerosion erfordert die Bereitstellung leistungsfähiger Fertigungsverfahren zur Herstellung komplexer, filigraner Geometrien. Das Ultraschallschwingläppen bietet in diesem Zusammenhang ein großes Potential, das Spektrum der herstellbaren Geometrieelemente bzw. Produkte aus Graphitwerkstoffen zu erweitern.

Minimale
Bearbeitungskräfte

In Analogie zum Senkmodus der Funkenerosion speichert hierbei das Werkzeug die geometrischen Informationen der Einsenkung in seiner Form. Entscheidende Vorteile des Verfahrens sind in der in weiten Bereichen freien Wählbarkeit der geometrischen Gestaltung und in der Möglichkeit zu sehen, mit nur minimalen Kräften zu arbeiten. Speziell dieser Aspekt versetzt den Anwender in die Lage, Einsenkungen im Größenbereich unter ein Millimeter herzustellen bzw. feinste Strukturen zu fertigen. Des weiteren ermöglicht das Ultraschallschwingläppen durch den Einsatz von Mehrfachwerkzeugen die Herstellung mehrerer Einsenkungen in einem Arbeitsgang.

4.3.4.1
Technologische Grundlagen

Das Ultraschallschwingläppen ist nach DIN 8589 dem Spanen mit geometrischer unbestimmter Schneide, Teil 15, Läppen zugeordnet. Laut dieser Norm wird das Schwingläppen wie folgt definiert:

> Schwingläppen ist das Spanen mit losem, in einer Paste oder Flüssigkeit gleichmäßig verteiltem Korn (Läppmittelgemisch), das durch ein im Ultraschallbereich schwingendes, meist formübertragendes Gegenstück (Läppwerkzeug) Impulse erhält, die ihm ein Arbeitsvermögen geben.

Das an sich unerwünschte Verhalten spröder Werkstoffe, bei Belastung durch fortschreitende Rißbildung zu versagen, wird beim Ultraschallschwingläppen gezielt und kontrolliert ausgenutzt.

Bearbeitung sprödharter Werkstoffe

Dazu erzeugt ein Hochfrequenzgenerator eine elektrische Wechselspannung, die im piezokeramischen Schallwandler in mechanische Energie gleicher Frequenz umgewandelt wird. Je nach Werkzeugeinheit liegt die Resonanzfrequenz der Longitudinalschwingung im Bereich 19-23 kHz. Der prinzipielle Aufbau einer Ultraschallmaschine ist in Abb. 4.31 dargestellt.

Die am Ausgang des Schallwandlers befindliche Schwingungsamplitude (etwa 5 μm) wird durch mechanische Transformatoren auf einen Endwert zwischen 20-40 μm verstärkt. Die Sonotrode dient als Aufnahme für das Bearbeitungswerkzeug, als Amplitudenverstärker sowie zur resonanzmäßigen Anpassung an das gesamte Schwingungssystem. An der Stirnfläche der Sonotrode befindet sich das Formwerkzeug, das durch eine Lötverbindung, teilweise auch durch eine Kegelpreß- oder Klebverbindung, mit dieser verbunden wird.

Amplitude wird durch Transformatoren erhöht

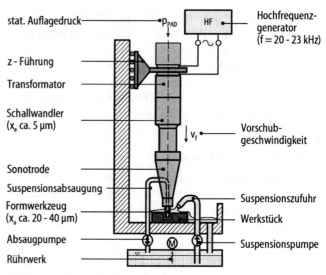

Bild 4.31 Prinzipieller Maschinenaufbau

Abtrag durch Induzierung von Mikrorissen

Das eigentliche Wirkmedium beim Ultraschallschwingläppen stellt ein aus Wasser und Hartstoffkörnern, in der Regel Borkarbid, bestehendes Läppmittelgemisch dar, wobei die Suspension über seitlich angeordnete Düsen dem Arbeitsspalt zugeführt wird. Die Läppmittelkörner werden durch das in longitudinaler Richtung schwingende Konturwerkzeug auf die Werkstückoberfläche beschleunigt und induzieren in mikroskopisch kleinsten Bereichen Risse, die aufsummiert zu einem Materialabtrag führen (BÖNSCH 1992).

Ideale Suspensionsbedingungen notwendig

Für eine effektive Zerspanung ist ein optimaler Suspensionsaustausch erforderlich. Dieser kann einerseits, wenn es die Geometrie der zu erzeugenden Einsenkung zuläßt, mit Hilfe einer Absaugung realisiert werden. Dabei wird das Läppmittelgemisch durch eine im Sonotroden-Formzeugsystem eingebrachte Zentralbohrung abgeführt. Erlaubt das Fertigungsproblem die Einbringung der Absaugbohrung nicht (z.B. Sacklochbohrung), so können gezielt gesteuerte Abhebezyklen den Suspensionsaustausch unterstützen.

Dominante Prozeßparameter

Unter den Prozeßparametern bzw. -stellgrößen nehmen der Läppdruck bzw. die statische Vorschubkraft, die Schwingungsamplitude und im Falle rotationssymmetrischer Werkzeuge die Formzeugdrehzahl einen dominanten Stellenwert ein. Daneben können weitere Parameter, wie der Suspensionsdruck, der Absaugdruck sowie die Zeit- und Wegbedingungen der Abhebezyklen an die jeweilige Bearbeitungsaufgabe gezielt angepaßt werden (KLOCKE 1996).

4.3.4.2
Anwendungsbeispiel

Im Bereich des Werkzeug- und Formenbaus können mit Hilfe des Ultraschallschwingläppens Spezialelektroden für die Funkenerosion hergestellt werden. Einen charakteristischen Anwendungsfall stellt die Erzeugung dünnwandiger, gitterförmiger Rippenstrukturen dar, welche durch das Ultraschallschwingläppen, im Gegensatz zu konventionellen Fertigungsverfahren, wesentlich wirtschaftlicher hergestellt werden können (Abb. 4.32) (GROß 1994).

Wirtschaftliche
Herstellung von
Spezialelektroden

Sonotrode   Elektrode

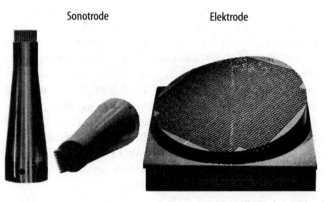

Quelle: Herbert Walter

Bild 4.32   EDM-Elektrode mit feinsten Strukturen

Anhand der Abb. 4.32 wird das außergewöhnliche Leistungspotential dieser Technologie deutlich. Unter Einsatz eines Vierkant-Mehrfachwerkzeugs sowie durch gezielte Positionierung desselben wurde eine EDM-Elektrode für die Fertigung eines Spritgußwerkzeugs hergestellt, das für die Produktion von Lautsprechergittern eingesetzt wird. Die einzelnen Kavitäten weisen eine Tiefe von ca. 3 mm auf, wobei die filigranen Stege durch eine ausgezeichnete Qualität gekennzeichnet sind.

Hohe
Bearbeitungsqualität

Neben der Fertigung von gitterförmigen Strukturen gestattet diese Technologie aufgrund ihres abbildenden

Verfahrenscharakters das Abformen nahezu beliebiger filigraner Konturen in Graphit.

4.4
Schmiedegesenke

Die hohen thermischen und mechanischen Belastungen im Schmiedeprozeß bedingen die Verwendung hochfester Werkzeugwerkstoffe für Schmiedegesenke. Die geometrischen und technologischen Randbedingungen für die Gesenkfertigung lassen nur wenige Fertigungsverfahren zur Herstellung der Hohlformen zu, wobei vor allem die Fräsbearbeitung und die funkenerosive Senkbearbeitung industriell Verbreitung gefunden haben.

Die Anforderungen an die Oberflächenrauheit der Gesenke sind i.A. nicht sehr hoch, da sich durch die nachfolgenden Schmiedevorgänge eine bestimmte Rauheit einstellt. Die Werkzeuggenauigkeit dagegen ist von entscheidender Bedeutung, da die Ungenauigkeiten des Werkzeugs in Bezug auf Maße, Form- und Lagetoleranzen als systematische Fehler bei jedem geschmiedeten Werkstück nachgeformt werden. Grundsätzlich sollten die Werkzeuggenauigkeiten bei der Schmiedegesenkherstellung 1 bis 3 ISO-Qualitäten besser sein als die geforderte Werkstückgenauigkeiten, wobei sich i.d.R. für diese Gesenke Genauigkeiten von IT 8/9 bis IT 13 ergeben (LANGE 1984).

4.4.1
Hartfräsen

Komplettbearbeitung durch Fräsen möglich

Schmiedegesenke bieten aufgrund ihrer größtenteils wenig komplexen Geometrien und der relativ geringen notwendigen Oberflächenqualitäten gute Voraussetzungen für Komplettbearbeitung durch Fräsen. Die thermischen und mechanischen Belastungen im Schmiedeprozeß bedingen jedoch die Verwendung hochfester Werkstoffe (R_m bis 2000 N/mm^2), was hohe Anforderungen an die Prozeßtechnologie und Werkzeugtechnik stellt.

Das Ziel einer Substitution des funkenerosiven Senkens im Schmiedegesenkbau hat zum Aufbau der Technologie des Hartfräsens geführt. Hiermit ist eine Fertigbearbeitung aus einem auf Endfestigkeit vergüteten Rohblock möglich. Neben der drastischen Verkürzung

der Prozeßkette werden verfahrensbedingte Oberflä-
chenschädigungen aus der Funkenerosion vermieden.
Dies kann deutliche Standzeitvorteile nach sich ziehen.

4.4.1.1
Werkzeuge und Schneidstoffe

Die genannten Vorteile können bereits durch eine optimale Nutzung „konventioneller" Schneidstoffe, wie
Hartmetall der Sorte P25, erreicht werden (Abb. 4.33).

Steigerung auch mit
„konventionellen"
Schneidstoffen

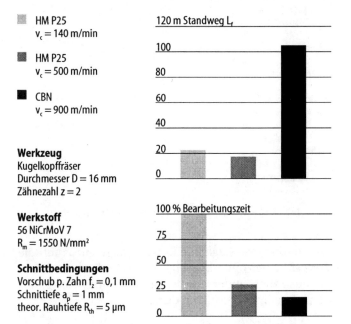

Bild 4.33   Standwegverhalten und relative Bearbeitungszeit
unterschiedlicher Schneidstoffe

Dabei führt eine Steigerung der Schnittgeschwindigkeit
bei nahezu gleichen Standwegen zu einer erheblichen
Reduzierung der Bearbeitungszeit und einer Verbesserung der Oberflächengüte. Mit dem Einsatz von kubisch kristallinem Bornitrid (CBN) ist jedoch noch
einmal eine deutliche Steigerung der technologischen
Parameter zu erzielen. Neben der technologischen
Überlegenheit von CBN ist auch die Wirtschaftlichkeit
dieses Schneidstoffs zu beachten (Abb. 4.34). Obwohl
der Kaufpreis CBN-bestückter Schneidplatten etwa
dem Neunfachen des Preises einer vergleichbaren
Hartmetallplatte entspricht, liegen die bezogenen

CBN überlegen

Werkzeugkosten deutlich günstiger. Dieses Ergebnis ist im wesentlichen auf die deutlichen Standwegvorteile, die auf hochvergüteten Werkstoffen eine entscheidende Rolle spielen, zurückzuführen (KÖNIG 1992).

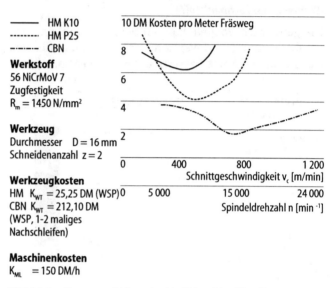

——— HM K10
---------- HM P25
–·–·–·– CBN

Werkstoff
56 NiCrMoV 7
Zugfestigkeit
$R_m = 1450$ N/mm²

Werkzeug
Durchmesser   D = 16 mm
Schneidenanzahl z = 2

Werkzeugkosten
HM $K_{WT} = 25{,}25$ DM (WSP)
CBN $K_{WT} = 212{,}10$ DM
(WSP, 1-2 maliges Nachschleifen)

Maschinenkosten
$K_{ML} = 150$ DM/h

Bild 4.34   Kostenvergleich unterschiedlicher Schneidstoffe

CBN-Zusammensetzung entscheidend

Ein besonderes Augenmerk ist jedoch auch auf die Auswahl einer optimal geeigneten CBN-Sorte zu legen. Grundsätzlich unterscheiden sich Schneidstoffe aus polykristallinem Bornitrid durch

• die Korngröße,
• den Anteil verschiedener Kristallstrukturen,
• die Zusammensetzung der Bindermatrix und
• den Gehalt von CBN-Körnern in der Matrix.

Metallische Matrix und niedriger CBN-Gehalt

Besonders die Art der Bindermatrix und der Anteil von CBN-Körnern haben entscheidenden Einfluß auf das Verschleißverhalten des Schneidstoffs (Abb.4.35). Schneidstoffe mit keramischer Bindermatrix sind aufgrund ihrer geringen Zähigkeit für die Fräsbearbeitung ungeeignet. Schon nach kurzem Fräsweg treten massive Schneidkantenausbrüche auf. Schneidstoffe mit metallischer Matrix und hohem CBN-Gehalt erreichen zwar die höchsten Standwege, sind jedoch nur in einem sehr beschränkten Schnittgeschwindigkeitsbereich ohne die Gefahr von Schneidkantenausbrüchen einsetzbar. Ein geringerer Anteil an CBN-Körnern setzt die Ausbruchneigung deutlich herab. Aufgrund ihrer höheren Prozeßsicherheit sollten demnach Schneidstoffe mit metallischer Bindematrix und niedrigem CBN-Gehalt eingesetzt werden.

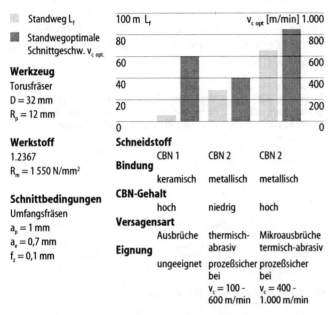

Bild 4.35   Standwegverhalten unterschiedlicher CBN-Sorten

Mit dem Hintergrund der Kostenvorteile und der höheren Bearbeitungsqualität erscheint CBN als idealer Schneidstoff zur Bearbeitung hochvergüteter Schmiedegesenke. Der Einsatz von Kugelkopffräsern unter beliebigen Eingriffsbedingungen bringt jedoch Probleme mit sich. Eine Eigenschaft dieser Werkzeuge ist die zur Fräserspitze hin auf Null sinkende Schnittgeschwindigkeit. Bei der Bearbeitung flacher Gravurbereiche kommt die Werkzeugstirn zwangsläufig in Eingriff. Ein Werkstoffabtrag erfolgt hier nur noch durch Quetschvorgänge. Wird CBN an der Fräserstirn eingesetzt, führt dieser Effekt zu Ausbrüchen oder zum Abplatzen der Schneide im Stirnbereich. Diese Problematik erfordert den Einsatz schneidstoffgerechter Werkzeugausführungen (Abb. 4.36).

Kugelkopffräser für CBN nur bedingt geeignet

Eine schneidstoffgerechte Werkzeugform ergibt sich zunächst durch Abflachen der Fräserstirn. Diese Werk-

CBN-gerechte Werkzeuggestaltung

zeuggestalt erlaubt die Bearbeitung schwach geneigter Flächen, jedoch keine konturgerechte Bearbeitung konkav gekrümmter Bodenflächen. Ein universell einsetzbares Werkzeug besitzt eine geteilte Schneide, stirnseitig aus Hartmetall, zum Umfang hin aus CBN. Hiermit kommt CBN nur im Bereich hoher Schnittgeschwindigkeiten in Eingriff. Eine weitere Alternative ergibt sich aus der Verwendung von Torusfräsern, auf die in Kapitel 4.5 weiter eingegangen wird (KÖNIG U. KÖNIG 1991).

Torusfräser mit geklemmten oder geschraubten CBN-Platten	Kugelbahnfräser mit aufgelöteter CBN- und HM-Platte	Kugelbahnfräser mit aufgelöteten CBN-Platten
Zähnezahl $z = 2$-3	Zähnezahl $z = 1$	Zähnezahl $z = 2$
Durchmesser $D > 8$ mm	Durchmesser $D < 20$ mm	Durchmesser $D < 20$ mm

CBN

CBN

HM P25

CBN

Bild 4.36   Gestaltung von CBN-Werkzeugen

4.4.1.2
Prozeßauslegung und Bearbeitungsstrategien

Werkzeugbelastung über Zustellungen und Strategie steuern

Neben der thermischen Belastung des Werkzeugs, die im wesentlichen über die Schnittgeschwindigkeit gesteuert werden kann, ist die mechanische Belastung von den Eingriffsbedingungen abhängig. Einflußgrößen hierfür sind

- die axiale und radiale Zustellung
- der Vorschub pro Zahn sowie
- die verwendete Bearbeitungsstrategie.

Ein Vergleich der bisher beschriebenen Schneidstoffe im Hinblick auf tolerable Zahnvorschübe zeigt Abb. 4.37 Hierbei zeichnet sich Hartmetall der Sorte K 10 sowie CBN durch ein relativ enges Feld zulässiger Zahnvorschubwerte aus. Hartmetall P 25 bietet, aufgrund seiner Unempfindlichkeit gegenüber wechselnden Schnittbedingungen, großes Potential zur Gestaltung eines robusten, d.h. sicheren Prozesses.

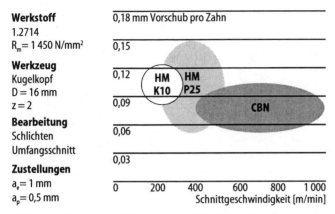

Werkstoff 1.2714 $R_m = 1\,450\,N/mm^2$	0,18 mm Vorschub pro Zahn
	0,15
Werkzeug Kugelkopf D = 16 mm z = 2	0,12
	0,09
Bearbeitung Schlichten Umfangsschnitt	0,06
	0,03
Zustellungen $a_e = 1$ mm $a_p = 0,5$ mm	0 200 400 600 800 1 000 Schnittgeschwindigkeit [m/min]

Bild 4.37   Parameterwahl für unterschiedliche Schneidstoffe

Schruppen

Für die Bearbeitung von Schmiedegesenken liegt das Hauptaugenmerk auf der Einstellung konstanter Zerspan- oder Eingriffsbedingungen, um die Werkzeugbelastung, aufgrund der hohen Werkstoffestigkeiten, niedrig zu halten bzw. zu kontrollieren. Besonders die Schruppbearbeitung der Hohlformen, mit dem Ziel einer maximalen Zerspanleistung bei vertretbarem Werkzeugverschleiß, ist an die Einhaltung optimierter Prozeßparameter und Strategien gebunden. Abb. 4.38 zeigt Schruppstrategien am Beispiel eines Turbinenschaufelschmiedegesenks. Besonders wichtig ist der „sanfte" Eintritt des Fräsers in das Material, um ungünstige Spitzenbelastungen zu vermeiden.

Schlichten

Für die Schlichtbearbeitung ist die Einhaltung konstanter Eingriffsbedingungen, soweit die Bauteilgeometrie dies zuläßt, von entscheidender Bedeutung für die resultierende Oberflächenqualität.

Vor allem in Bereichen großer Fräsereingriffs- oder Umschlingungswinkel, z.B. in stehenden oder liegenden Hohlkehlen, ist die Prozeßsicherheit und Bearbeitungsqualität von der Einhaltung spezifischer Frässtrategien (Schachteln) abhängig (Abb. 4.39).

Frässtrategie:	Bearbeitungsoperation

Frässtrategie:

- ebenenweise,
  konturbegrenzte
  Fräsbahnaufteilung
- Umrißfräsen im
  Gleichlauf v_f

- kleiner Eintauchwinkel a
  (evtl. spiralförmig eintauchen)

  v_f ↓α

bzw. Kreisbogen-
anschnitt
v_f : Vorschub

Bearbeitungsoperation

Beispiel:
Turbinenschaufel-
gesenk

Schruppen des äußeren
Gratbereichs

Restmaterial

Schruppen der Gravur

Restmaterial

Bild 4.38   Frässtrategie: Schruppen - Schmiedegesenke

4.4.1.3
Integration von Frässtrategien in CAM-Systeme

Eine wirtschaftliche Umsetzung anspruchsvoller Bearbeitungsstrategien in sichere und leistungsfähige NC-Programme ist vor allem von der Unterstützung durch das CAM-System abhängig (Abb. 4.40).

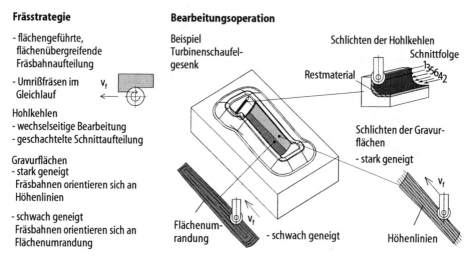

Frässtrategie

- flächengeführte,
  flächenübergreifende
  Fräsbahnaufteilung
- Umrißfräsen im v_f
  Gleichlauf

Hohlkehlen
- wechselseitige Bearbeitung
- geschachtelte Schnittaufteilung

Gravurflächen
- stark geneigt
  Fräsbahnen orientieren sich an
  Höhenlinien

- schwach geneigt
  Fräsbahnen orientieren sich an
  Flächenumrandung

Bearbeitungsoperation

Beispiel
Turbinenschaufel-
gesenk

Schlichten der Hohlkehlen
Schnittfolge
Restmaterial

Schlichten der Gravur-
flächen
- stark geneigt

v_f

Flächenum-
randung
- schwach geneigt

Höhenlinien

Bild 4.39   Frässtrategie: Schlichten - Schmiedegesenk

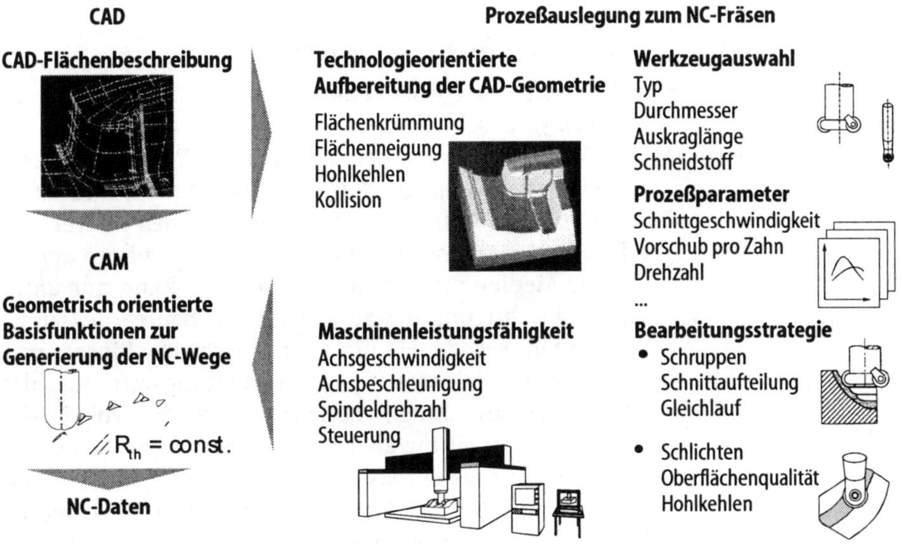

CAD

Prozeßauslegung zum NC-Fräsen

CAD-Flächenbeschreibung

Technologieorientierte Aufbereitung der CAD-Geometrie

Flächenkrümmung
Flächenneigung
Hohlkehlen
Kollision

Werkzeugauswahl
Typ
Durchmesser
Auskraglänge
Schneidstoff

Prozeßparameter
Schnittgeschwindigkeit
Vorschub pro Zahn
Drehzahl
...

CAM

Geometrisch orientierte Basisfunktionen zur Generierung der NC-Wege

$// R_{th} = \text{const.}$

NC-Daten

Maschinenleistungsfähigkeit
Achsgeschwindigkeit
Achsbeschleunigung
Spindeldrehzahl
Steuerung

Bearbeitungsstrategie
• Schruppen
  Schnittaufteilung
  Gleichlauf

• Schlichten
  Oberflächenqualität
  Hohlkehlen

Bild 4.40   Technologieorientiertes CAM-System

Ausgehend von der CAD-Geometrie muß das System eine automatische oder interaktive Flächenaufteilung entsprechend den beschriebenen, geometrieabhängigen Strategien erlauben. Diesen sind in einem zweiten Schritt geeignete Werkzeuge und Prozeßparameter zuzuordnen, die eine technologisch und wirtschaftliche sinnvolle Bearbeitung sicherstellen. Dieser Verknüpfung von Bauteilgeometrie, Bearbeitungszustand und Werkzeugen sind anschließend Bearbeitungsstrategien zuzuordnen. Im letzten Schritt, vor der Berechnung der NC-Fräswege, ist schließlich eine Umsetzbarkeit vor dem Hintergrund der Maschinenleistungsfähigkeit zu prüfen.

Anwenderunterstützung wichtig

Trotz deutlicher Fortschritte im Bereich der CAD/CAM-Systeme in den letzten Jahren bestehen bei nahezu allen Systemen Defizite in der Integration technologischer Aspekte. Somit ist die Umsetzung einer optimalen Prozeßtechnologie und damit auch die Verwendung leistungsfähiger Schneidstoffe im wesentlichen vom Kenntnisstand und der Geduld des Programmierers abhängig.

Verfügbare CAM-Systeme nicht ausreichend

4.4.2
Funkenerosive Senkbearbeitung

Die funkenerosive Senkbearbeitung ist bereits in Kap. 4.3.3 beschrieben worden.

Wasserdielektrika

Während sich in der industriellen Praxis ölbasierte Dielektrika weitgehend durchgesetzt haben, sind alternativ auch wasserbasierte Arbeitsmedien einsetzbar. Die Entscheidung, ob die Senkerosion auf wasserbasierte Medien umgestellt werden sollte, kann nur unter Berücksichtigung des zu fertigenden Bauteilspektrums getroffen werden. Häufig kann durch den Einsatz von wäßrigen Dielektrika die Bearbeitungszeit für die Schruppbearbeitung reduziert werden, wobei die Schlichtbearbeitung aber länger dauert. Sowohl mit öl- als auch mit wasserbasierten Medien werden dabei die gleichen Maß- und Formgenauigkeiten sowie Oberflächengüten erreicht. Auch die Standmengen bei der Abschmiedung unterscheiden sich nicht. Da die Einsparungspotentiale durch Wasserdielektrika in der Schruppbearbeitung liegen, lohnt sich deren Einsatz i.d.R. bei großen Abtragvolumina. Werden größtenteils Gesenke mit Abtragvolumina über 250 cm³ hergestellt, kann sich die Umrüstung auf wasserbasierte Medien lohnen.

Thermische Randzone

Durch die thermische Belastung des Werkstücks während der funkenerosiven Bearbeitung kommt es zur Bildung einer Randzone, die durch Zugeigenspannungen, Poren und Mikrorisse gekennzeichnet ist. Die Dicke der Randzone beträgt üblicherweise 1 bis 500 µm, abhängig von den eingesetzten Entladeenergien. Während für die Schruppbearbeitung hohe Entladeenergien eingesetzt werden, erfordert die Schlichtbearbeitung geringe Entladeenergien.

Die hohe Energiedichte in dem Plasmakanal führt zum Schmelzen und Verdampfen von Material an den Fußpunkten. Das geschmolzene Material wird jedoch nicht vollständig ausgeschleudert, wenn der Impuls abgeschaltet wird, sondern erstarrt teilweise wieder. An der Werkstückoberfläche bildet sich die „weiße Schicht" als Randzone (Abb. 4.41).

In der Randzone erstarrt das Material schlagartig, außerdem kann durch Materialübertragungsvorgänge Werkstoff von der gegenüberliegenden Elektrode in die Schmelze eindringen. Durch die Dynamik der Schmelzbäder ist die Dicke der Randzone unregelmäßig, sie steigt aber grundsätzlich mit zunehmender Entladeenergie.

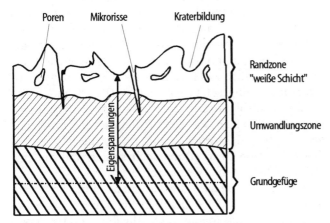

Poren   Mikrorisse   Kraterbildung

Randzone "weiße Schicht"

Umwandlungszone

Grundgefüge

Eigenspannungen

Bild 4.41   Schematischer Aufbau der funkenerosiv erzeugten Randzone

Dauerfestigkeit

Die thermisch geschädigte Randzone reduziert die dynamische Festigkeit, da die Poren und Mikrorisse als Kerben wirken. Unter der Randzone haben in der Umwandlungszone Phasenumwandlungen bei Temperaturen unterhalb des Schmelzpunktes des betreffenden Werkstoffs stattgefunden. Bis in das unbeeinflußte Grundgefüge hinein reicht die Eigenspannungszone (KÖNIG 1990).

Die Randzone, die bei der funkenerosiven Bearbeitung entsteht, muß je nach Anforderung an die Festigkeit durch entsprechende Endbearbeitungsverfahren abgetragen werden, um die Dauerfestigkeit bei dynamischer Belastung zu erhöhen. Darüber hinaus wird die Beschichtbarkeit mit Verschleißschutzschichten verbessert.

Die Randzone kann z.B. durch das funkenerosive Polieren mit sehr geringen Entladeenergien fast komplett abgetragen werden. Nachteilig ist hier die lange Bearbeitungsdauer. Auch durch manuelles Polieren, ein personal- und kostenintensives Endbearbeitungsverfahren, kann die Randzone abgetragen werden. Der Abtrag ist dabei jedoch nicht reproduzierbar, das Arbeitsergebnis also abhängig von dem Mitarbeiter. Ein alternatives Endbearbeitungsverfahren stellt das elektrochemische Abtragen dar.

Endbearbeitungs-
verfahren
Elektrochemisches
Abtragen

Das elektrochemische Abtragen beruht auf der Auflösung eines als Anode (positiv) polarisierten metallischen Werkstoffs in einem elektrisch leitenden Medium (Elektrolyt). Der erforderliche Stromfluß wird meist durch eine äußere Spannungsquelle realisiert. Dabei wird das metallische Werkstück anodisch gepolt, das Werkzeug kathodisch. Als Elektrolytlösungen werden meist wäßrige Natriumnitrat- oder Natriumchloridlösungen eingesetzt (BERGER 1977, DEGNER 1984).

Die Elektrolytlösung muß die benötigten Ladungsträger bereitstellen, die elektrochemischen Umsetzungen an den Elektroden hervorrufen, die Abtragprodukte aus dem Bearbeitungsspalt spülen und die entstehende Joule´sche Wärme abführen.

Durch das Anlegen der Gleichspannung laufen an den Elektroden elektrochemische Reaktionen ab, wobei an der Anode das Metall unter Abgabe von Elektronen als Metallionen in die Elektrolytlösung übergeht. An der kathodisch gepolten Werkzeugelektrode laufen elektrochemische Reaktionen ab, an denen die Bestandteile der Elektrolytlösung beteiligt sind. Es findet jedoch kein Abtrag an der Kathode statt, so daß das Verfahren verschleißfrei ist.

Den Aufbau einer elektrochemischen Senkanlage zeigt Abb. 4.42. Neben dem Generator und der Maschine wird ein Filteraggregat zur Aufbereitung des Elektrolyten benötigt.

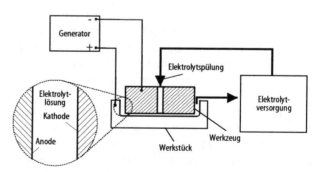

Bild 4.42　Maschinenanlage für die elektrochemische Senkbearbeitung

Elektrochemisches
Abtragen reduziert
Bearbeitungszeiten

Durch die elektrochemische Endbearbeitung kann die Oberflächengüte gegenüber den funkenerosiv bearbeiteten Werkstücken deutlich verbessert werden. Es werden dabei mit der elektrochemischen Endbearbeitung arithmetische Mittenrauhwerte von R_a=0,25 µm erreicht. Die thermisch geschädigte Randzone kann komplett abgetragen werden, so daß das unbeeinflußte Grundgefüge auf der Werkstückoberfläche vorliegt. Die Fertigungszeiten für die Finishbearbeitung lassen sich durch den Einsatz des elektrochemischen Senkens deutlich reduzieren (KÖNIG 1995).

Darüber hinaus ist die Beschichtbarkeit mit Hartstoffschichten ohne weitere Nachbearbeitungen möglich. Dies resultiert aus den geänderten Eigenspannungszuständen. Während nach der funkenerosiven Senkbearbeitung Zugeigenspannungen in der Randzone vorliegen, werden diese durch das elektrochemische Senken komplett abgebaut, da die entstehende Joule'sche Wärme keine Gefügebeeinflussung hervorruft. Da Hartstoffschichten mit Druckeigenspannungen behaftet sind, wird das Interface zwischen Substrat und Hartstoffschicht durch die elektrochemische Endbearbeitung entlastet (Abb. 4.43) (SPARRER 1996).

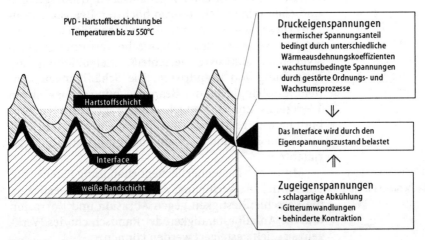

Bild 4.43   Beschichtbarkeit von funkenerosiv bearbeiteten Werkstücken

Idealerweise finden die funkenerosive Bearbeitung und die elektrochemische Endbearbeitung auf einer Maschine statt. Es entfällt das Umspannen, so daß hohe Maß-, Form- und Lagegenauigkeiten erreicht werden können. Um die beiden Verfahren auf einer Maschine einsetzen zu können, ist es jedoch notwendig, die funkenerosive Senkbearbeitung mit wasserbasierten Dielektrika durchzuführen, da nur dann die Folgen von

Funkenerosives und elektrochemisches Senken auf einer Maschine kleinen Verschleppungen beider Medien (Dielektrikum und Elektrolyt) ineinander unbedeutend sind.

Die Verfahrenskopplung von funkenerosiver und elektrochemischer Senkbearbeitung auf einer Maschine befindet sich noch in der Entwicklungsphase, jedoch erscheint es möglich, komplexe Raumformen reproduzierbar und komplett zu bearbeiten. Je nach Anforderung an Oberflächengüte und Formgenauigkeit kann das manuelle Polieren substituiert werden. Allerdings sind den Spülbedingungen und den eingesetzten Werkstoffen besondere Beachtung zu schenken.

4.4.3
Standzeiterhöhung durch Laseroberflächenbehandlung

4.4.3.1
Verfahrensgrundlagen und -varianten

Verschleiß durch komplexe Belastungen

Die Funktionsflächen von Warmarbeitswerkzeugen unterliegen aufgrund der im Betrieb auftretenden komplexen thermischen, mechanischen, tribologischen und chemischen Belastungen höchsten Beanspruchungen. Diese führen zu unterschiedlichen Schädigungen am Werkzeug wie Bruch, plastische Verformung, abrasiver oder adhäsiver Verschleiß, Riefenbildung und Entstehung von Brandrissen. Die Schädigungen können in Abhängigkeit der Beanspruchung des jeweiligen Werkzeugs unterschiedlich ausgeprägt auftreten. Abbildung 4.44 zeigt das Schadensbild eines Schmiedegesenks mit Riß- und Riefenbildung und starkem Materialabtrag.

Abhilfe durch Laseroberflächenbehandlung

Mit der Laseroberflächenbehandlung steht ein Hilfsmittel zur Verfügung, mit dem die Warmfestigkeit, die Verschleißfestigkeit gegen Abrasion und Korrosion und die Anlaßbeständigkeit der Randschicht des Werkzeugs gezielt gesteigert werden können.

Verfahrensvarianten

Es kann dabei prinzipiell zwischen den thermischen und thermochemischen Verfahrensvarianten unterschieden werden.

Die thermischen Verfahren, zu denen das martensitische Umwandlungshärten und das Umschmelzen gehören, sind hier nur am Rande erwähnt. Der Einsatzbereich der so erzeugten Randschicht ist durch die Anlaßbeständigkeit vorgegeben. Die Anlaßgrenze, die bei herkömmlichen Warmarbeitsstählen bei ca. 550°C liegt, wird durch diese beiden Verfahrensvarianten nur

geringfügig verbessert, weshalb sie bei Warmarbeitswerkzeugen kaum Verwendung finden.

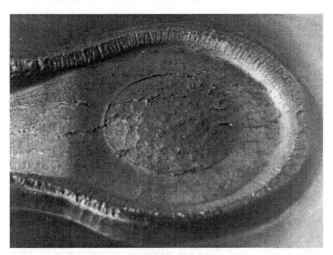

Bild 4.44   Schadensbild eines Schmiedegesenks

Zur gezielten Randschichtmodifikation von Werkzeugen aus Warmarbeitsstählen werden haupsächlich
thermochemische Verfahren angewendet. Als Verfahrensvarianten sind das Legieren, Dispergieren und
Beschichten zu nennen.

Beim Legieren und Dispergieren wird, wie der Begriff thermochemisch sagt, die Bauteilrandschicht
nicht nur thermisch behandelt, sondern auch in ihrer
chemischen Zusammensetzung verändert. Dieses geschieht durch den gezielten Einbau geeigneter Zusatzwerkstoffe wie Chrom, Wolfram, Molybdän, Titan und
Vanadium, die u.a. in Form von WC/Co, WC/Co/Cr,
Mo_2C, VC und TiC eingebracht werden. Die wolfram-
karbidhaltigen Zusatzwerkstoffe führen vor allem zu
einer Verbesserung der Warmfestigkeit und der Anlaßbeständigkeit, hohe Kobaltgehalte im Zusatzwerkstoff
zu einer gegenüber dem Grundwerkstoff verbesserten
Temperaturwechselbeständigkeit. Die Zugabe von
Chrom verbessert die Nitrierbarkeit der hochlegierten
Randschichten. Vanadium- und Titankarbid-legierte
Funktionszonen zeichnen sich durch einen erhöhten
Widerstand gegen abrasiven Verschleiß aus.

Beim Legieren gehen die Zusatzwerkstoffe vollständig in Lösung und werden durch die rasche Erstarrung

Legieren, Dispergieren
und Beschichten

Legieren

zum großen Teil auch nach der Abkühlung in Lösung gehalten. Durch einen nachträglichen Anlaßvorgang oder im Warmbetrieb treten weitere Gefügeveränderungen wie Restaustenitumwandlung und Ausscheidung von Sekundärkarbiden auf, die die Eigenschaften der Randschicht maßgeblich beeinflussen.

Dispergieren

Beim Dispergieren ist im Gegensatz zum Legieren nicht die vollständige Lösung, sondern eine feindisperse Verteilung der Zusatzwerkstoffe im Grundwerkstoff angestrebt. Der in die Schmelze eingebrachte Zusatzwerkstoff kann in seiner ursprünglichen Form erhalten bleiben oder nach der Auflösung während der Erstarrung als Primärkarbid ausscheiden.

Nachfolgendes Nitrieren

Je nach Anwendungsfall läßt sich durch ein der Laserbehandlung nachgeschaltetes Nitrieren die Verschleißfestigkeit weiter erhöhen. Laserlegierte und nitrierte Werkzeuge zeigen gegenüber nur nitrierten oder nur legierten Ausführungen deutlich niedrigere Verschleißwerte. Dies ist mit den günstigeren Festigkeitsgradienten der laserlegierten Randschichten zu erklären. Diese bieten der Nitrierschicht und hier vor allem der verschleißmindernden dünnen Verbindungsschicht eine bessere Stützwirkung als das Vergütungsgefüge. Somit wird ein Durchbrechen und vorzeitiges Abtragen der Verbindungsschicht verhindert.

Beschichten

Beim Beschichten, das ebenfalls zu den thermochemischen Verfahrensvarianten zählt, ist das Ziel, ähnlich dem Auftragsschweißen, eine möglichst reine, fest haftende Zusatzwerkstoffschicht aufzutragen. Dabei ist eine geringe Durchmischung zwischen Grund- und Zusatzwerkstoff angestrebt. Als Zusatzwerkstoffe werden meist niedrigschmelzende Ni- oder Co-Basislegierungen verwendet.

Ein- und zweistufige Prozesse

Abhängig von der Art der Werkstoffzufuhr lassen sich die thermochemischen Verfahren weiter in eine einstufige und eine zweistufige Prozeßführung unterteilen. Beim einstufigen Prozeß werden die gas-, pulver- oder pastenförmigen Zusatzwerkstoffe direkt in die vom Laserstrahl aufgeschmolzene Zone eingebracht. Im zweistufigen Prozeß dagegen wird in einem ersten Arbeitsschritt z.B. durch thermische Spritzverfahren der Zusatzwerkstoff aufgetragen, im zweiten Schritt erfolgt die Nachbehandlung dieser Deckschicht mit dem Laserstrahl.

4.4.3.2
Anlagen zur Oberflächenbehandlung

Für die Laseroberflächenbehandlung werden heutzutage CO_2-Laser und Nd:YAG-Laser eingesetzt. Die Vorteile des Nd:YAG-Lasers gegenüber dem CO_2-Laser liegen in der flexiblen Strahlführung über Lichtleiterkabel und in der aufgrund der geringeren Wellenlänge (1,06 μm) verbesserten Strahleinkopplung in die Materialoberfläche. Der CO_2-Laser hat den Vorteil, daß er mit bis zu 25 kW die höhere verfügbare Strahlleistung gegenüber dem Nd:YAG-Laser mit maximal 4 kW hat. In Zukunft wird für die Materialbearbeitung auch der Hochleistungsdiodenlaser (HDL) verstärkt eingesetzt. Der HDL zeichnet sich durch seine hohe volumenbezogene Leistung und einen hohen Wirkungsgrad von ca. 30% aus. Die Abb. 4.45 zeigt den Diodenstack eines HDL. Derzeit käufliche Diodenlaser haben eine Leistung bis zu 1,5 kW.

Laserstrahlquellen

Bild 4.45   Diodenstack eines Hochleistungsdiodenlasers (300W)

Die Laseranlage besteht prinzipiell aus Laserquelle, Strahlführungs- und -formungskomponenten, Handhabungssystem und der Steuerung. Speziell für die Laseroberflächenbehandlung wird zusätzlich noch ein Pulverfördergerät für die Bereitstellung des Zusatzmaterials benötigt.

Komponenten der Laseranlage

Durch das Strahlführungssystem wird der aus dem Laser ausgekoppelte Rohstrahl dem Handhabungssystem zugeführt. Mit Hilfe von Spiegelweichen kann der

Strahlführungssystem

Strahl auf verschiedene Bearbeitungsstationen gelenkt werden. Aus Sicherheitsgründen, zum Schutz der Optiken und zur Vermeidung von Streuung der Laserstrahlung durch Verunreinigungen in der Umgebungsluft ist der Strahlweg gekapselt und wird von einem Spülgas rein gehalten.

Strahlformungsoptik

Dem Strahlführungssystem schließt sich die Strahlformungsoptik an, in der der Rohstrahl der entsprechenden Bearbeitungsaufgabe angepaßt wird. Je nach Strahlleistung sind die Fokussieroptiken als transmissive Optiken oder als Spiegeloptiken ausgeführt. Zum Schutz der Optiken wird während der Materialbearbeitung ein Gasstrom an der Strahlformungseinheit vorbeigeführt, um so aufsteigende Dämpfe oder Metallspritzer seitlich abzulenken.

Handhabungssystem

Um die oft komplexen Geometrien der Bauteile laserbehandeln zu können, werden die Handhabungssysteme mit bis zu fünf meist NC-gesteuerten Achsen ausgestattet. Für die Relativbewegung zwischen Laserstrahl und Handhabungssystem kann dabei die Optik bzw. das Werkstück jeweils stationär oder bewegt ausgeführt sein, je nach Geometrie und Gewicht des Werkstücks. Schwere Werkstücke mit großen Abmessungen werden geeigneter Weise auf einer Portalanlage mit fliegender Optik stationär bearbeitet. Kleinere Werkstücke von geringem Gewicht werden meist auf Anlagen mit bewegtem Koordinatentisch und feststehendem Laserstrahl bzw. bei hybriden Anlagen mit bewegtem Koordinatentisch und bewegtem Laserstrahl bearbeitet.

Pulverversorgung

Die Dosierung des Zusatzwerkstoffes erfolgt mit Hilfe von Pulverfördergeräten, wie sie auch in der Plasmaspritztechnik eingesetzt werden. Von dort aus wird der Zusatzwerkstoff in einem Schutzgasstrom über eine Düse direkt in das Schmelzbad gefördert. Je nach zu bearbeitender Bauteilgeometrie finden dabei entweder zum Laserstrahl starr angeordnete oder NC-gesteuerte drehbare Düsen Verwendung.

4.4.3.3
Anwendungsbeispiele und Einsatzergebnisse

Kosten durch Werkzeugausfall

In der Fertigung bedeuten lange Stillstandzeiten einen erheblichen Kostenfaktor. Analysen der Belegungszeiten charakteristischer Maschinengruppen in der warmumformenden Industrie zeigen, daß z.B. abhängig vom

Automatisierungsgrad anteilige Stillstandszeiten zwischen 26 und 42% auftreten. Je nach Maschinentyp kann dabei die Stillstandzeit anteilig bis zu 45% auf Störungen am Werkzeug zurückzuführen sein. Es besteht also ein deutlicher Bedarf an standmengenerhöhenden Maßnahmen bei Produktionswerkzeugen.

Die Einsatzgebiete der thermochemischen Verfahrensvarianten Legieren, Dispergieren und Beschichten sind besonders dort zu suchen, wo abrasive Verschleißmechanismen vorliegen, gegebenenfalls überlagert durch hohe Temperatur- bzw. Temperaturwechselbeanspruchungen. Das Potential laserbehandelter Werkzeuge hinsichtlich der Standmenge soll im folgenden anhand von Schmiede- und Druckgießwerkzeugen aufgezeigt werden.

In Abb. 4.46 ist ein Stabilisatorkopfgesenk einer Waagerechtstauchmaschine dargestellt. Bei dem konventionell vergüteten und salzbadnitrierten Werkzeugen kommt es an der Oberfläche im Bereich von Dorn und Gratbahn bedingt durch thermische Wechselbelastung zu Brandrissen.

Einsatzgebiet Warmarbeitswerkzeuge

Schmiedewerkzeug

Schmiedegesenke

laserlegiert	vergütet und salzbadnitriert Standmenge: 1000

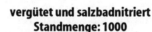

Bild 4.46   Schadensbild eines Stabilisatorkopfgesenks

Durch Laserlegieren des Fertiggesenks mit dem Zusatzwerkstoff WC/Co/Cr im Bereich der Gratbahn sowie im Dornbereich und nachfolgendes Salzbadnitrieren konnte die Normalstandmenge um 260% gesteigert werden. Des weiteren wies die auf diese Weise behandelte Oberfläche des Werkzeugs am Standzeitende deutlich schmalere Brandrisse auf.

Die zusammenfassende Darstellung (Abb. 4.47) vom Betriebsverhalten unterschiedlicher Werkzeuge zeigt, daß die Laseroberflächenbehandlung durchweg deutliche Standmengenvorteile bringt.

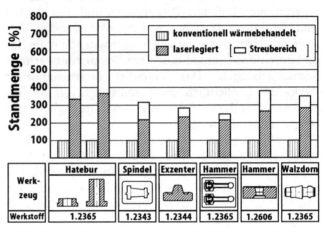

Bild 4.47   Standmengensteigerung von Schmiedegesenken durch Laseroberflächenbehandlung

Druckgießwerkzeug

Ein weiterer Einsatzbereich für die Laseroberflächenbehandlung sind die Werkzeuge der Druckgußindustrie. Formteile von Druckgießformen unterliegen im Einsatz einer komplexen Betriebsbeanspruchung, die sich aus einer Überlagerung von thermisch-mechanischen Wechselbelastungen sowie chemisch-physikalischen und mechanischen Einwirkungen des schmelzflüssigen Gießmetalls ergibt. Die aus diesen Beanspruchungen resultierenden charakteristischen Schadensformen sind Brandrißbildung, Anklebung und Erosion, die mit herkömmlichen Oberflächenbehandlungsverfahren (z.B. Nitrieren, Verchromen, CVD- und PVD-Verfahren) nicht nachhaltig vermindert werden können.

Der in Abb. 4.48 gezeigte Formeinsatz eines Druckgußwerkzeugs aus Warmarbeitsstahl X 38 CrMoV 51 wurde in einem einstufigen Prozeß mit WC als Zusatzwerkstoff laserlegiert.

Legiertes Werkzeug   **Schadensbilder**

legiert

vergütet

Bild 4.48   Verbesserter Erosionswiderstandes durch Laserstrahllegieren
von Druckgießwerkzeugen

Das Ziel der Laserbehandlung war es, die starke Erosion im Bereich der Anschnittstelle zu reduzieren. Die Bearbeitung erfolgte mit einem CO_2-Laser, wobei die Intensität und die Einwirkzeit so gewählt wurden, daß eine Schichttiefe von ca. 0,5 mm realisiert werden konnte. Bedingt durch den Einsatz von WC kommt es an den behandelten Bereichen zu Karbidausscheidungen, wodurch die Festigkeit gesteigert und der abrasive Verschleiß gemindert wird. Durch das Legieren kann hier in der Randschicht ein Wolframgehalt von ca. 14% und ein Kohlenstoffgehalt von ca. 1,1% erreicht werden. Der legierte Bereich weist eine Härte von 680 HV1 auf. Im Einsatz zeigte der laserstrahlbehandelte Formeinsatz im Vergleich zum konventionell behandelten Werkzeug eine deutliche Standmengenverbesserung von 45.000 auf 125.000 Stück. Profilmessungen im Angußbereich zeigen weiterhin, daß der Materialabtrag trotz fast dreifacher Standmenge nur ein Drittel des vergüteten Werkzeugs beträgt. Im laserbehandelten Bereich trat nach relativ kurzer Betriebsdauer eine größere Anzahl feiner Brandrisse auf. Die aufgrund der hohen Oberflächenhärte verzögerte Ausbreitung dieser Risse ist für das Erreichen der hohen Standmenge mitverantwortlich.

Neben der Behandlung von Neuwerkzeugen besteht ein weiteres großes Anwendungspotential für die Laseroberflächenbehandlung im Bereich der Reparatur verschlissener Werkzeuge. Da die Schäden am Werk-

Reparatur durch
Beschichten

zeug meist partiell auftreten, besteht hier vielfach die Möglichkeit, durch Beschichten nur diese Werkzeugbereiche zu reparieren. Voraussetzung hierfür ist, daß die zu behandelnden, thermisch vorgeschädigten Randbereiche durch eine vorhergehende mechanische Bearbeitung entfernt werden können. Durch Variation der Prozeßparameter oder durch mehrlagige Beschichtungen sind auch komplexe Konturen mit Schichtdicken zwischen 0,3 und 5 mm herstellbar.

Die hier kurz aufgezeigten Beispiele aus den Bereichen Schmieden und Druckgießen zeigen deutlich die Potentiale von laseroberflächenbehandelten, hochbeanspruchten Warmarbeitswerkzeugen. Es gilt hier, die verschiedenen Beanspruchungsformen unterschiedlicher Werkzeugbereiche zu definieren und für jede Beanspruchung die passende Behandlung aus der Vielzahl der möglichen Varianten der Laseroberflächenbehandlung auszuwählen.

4.4.3.4
Arbeitsschutzmaßnahmen

Gefahren bei
Lasermaterialbearbeitung

Hinsichtlich des Arbeitsschutzes ist bei der Materialbearbeitung mit Laserstrahlung besondere Sorgfalt geboten. Gefahren gehen bei der Bearbeitung nicht nur von der nicht sichtbaren, infraroten Laserstrahlung aus. Ebenso stellen die Sekundärstrahlung, elektrische Einrichtungen und bei der Bearbeitung entstehenden Gase, Dämpfe und Stäube ein Gefahrenpotential dar.

Laserstrahlung

Die intensive, infrarote Strahlung des CO_2-Lasers im Bereich von 10,6 µm Wellenlänge wird vom menschlichen Gewebe sehr stark absorbiert. Die schädigende Wirkung der Strahlung hängt dabei von ihrer Intensität und Einwirkzeit ab. Direkte Strahleinwirkung kann z.B. zu Verbrennungen der Haut und tieferliegender Gewebeschichten führen. Von wesentlich größerer Bedeutung ist jedoch der Schutz der Augen vor Laserstrahlung, da schon diffuse, reflektierte Strahlung irreparable Augenschäden verursacht. Das Gefährdungspotential eines Nd:YAG-Lasers mit einer Wellenlänge von 1,06 µm ist dabei wesentlich größer als das eines CO_2-Lasers.

Schutzbrille

Neben den gerätetechnischen und organisatorischen Schutzmaßnahmen ist eine auf die Wellenlänge der jeweiligen Strahlung abgestimmte Schutzbrille daher eine unverzichtbare persönliche Schutzausrüstung.

Besondere Beachtung muß auch den bei der Bearbeitung anfallenden Gasen, Dämpfen und Stäuben geschenkt werden. Zum einen können bei der Lasermaterialbearbeitung Metalldämpfe, organische Dämpfe, Stäube und Gase entstehen, zum anderen fallen gerade beim Legieren, Dispergieren und Beschichten durch die Verwendung von Pulvern Stäube an, die jeweils hinsichtlich der maximalen zulässigen Arbeitsplatzkonzentration (MAK-Wert) untersucht und gegebenenfalls abgesaugt und gefiltert werden müssen.

MAK-Werte

Bei der Aufstellung und dem Betrieb von Lasermaterialbearbeitungsanlagen sind neben den allgemeinen Unfallverhütungsvorschriften (UVV) zusätzliche Sicherheitsbestimmungen, z.B. das Gerätesicherheitsgesetz (GSG), zu berücksichtigen. Die Lasereinrichtungen müssen vom Hersteller in Abhängigkeit von der zugänglichen Laserstrahlung in bestimmte Gefahrenklassen (1, 2, 3, 3A und 3B oder 4) eingeteilt werden, denen gestimmte Schutzmaßnahmen zugeordnet sind.

Gefahrenklassen

4.5
Zieh- und Preßwerkzeuge

Aufgrund der begrenzten Umformbarkeit und der Dicke der zu verarbeitenden Blechwerkstoffe sind allen Zieh- und Preßwerkzeugen relativ große Innen- und Außenverrundungsradien gemein. Dieser Umstand ermöglicht in der Regel eine Komplettbearbeitung durch Fräsen, funkenerosive Verfahren werden lediglich in Ausnahmefällen eingesetzt. Minimale Fräserdurchmesser von $D \geq 6$ mm erlauben eine sichere Prozeßführung sowie den Einsatz extrem leistungsfähiger Schneidstoffe.

Komplettbearbeitung durch Fräsen ist Standard

Die Anforderungen an die Geometrie von Zieh- und Preßwerkzeugen leitet sich aus dem späteren Einsatz der Blechteile ab. Im Bereich der Außenhaut von Automobilen ergeben sich beispielsweise aus ästhetischen und aerodynamischen Gesichtspunkten schwach gekrümmte, flächige Konturen. Innenblechteile sind hingegen mehr auf den funktionalen Aspekt maximaler Steifigkeit ausgelegt und resultieren damit in komplexeren Formen. Diese Aspekte sind in der Auswahl des Fräsverfahrens und der Prozeßtechnologie zu berücksichtigen.

Schlichtprozeß besitzt hohen Anteil an der Gesamtbearbeitungszeit

Aufgrund des hohen Anteils an der Gesamtbearbeitungszeit bekommt der Schlichtprozeß eine besondere Bedeutung. Zusätzlich erreichbare höhere Genauigkeiten und verbesserte Oberflächenqualitäten reduzieren den Aufwand für die manuelle Nacharbeit und das Einfahren der Werkzeuge. Wird keine optische Qualität von den zu produzierenden Bauteilen erwartet, sind die Werkzeuge in der Regel direkt einsatzfähig.

Wegbereiter dieser Erfolge sind im wesentlichen Weiterentwicklungen im Bereich der Schneidstoffe und der Prozeßtechnologie. Dabei hat sich eine Konkurrenz zwischen den Schlichtverfahren High Speed Cutting (HSC) und simultanes Fünf-Achs-Fräsen entwickelt.

Reduzierung der Durchlaufzeiten durch bessere Oberflächenqualitäten

Abb. 4.49 zeigt beispielhafte Entwicklung im Preßwerkzeugbau eines Automobilherstellers zwischen den Jahren 1989 und 1995. Deutliche Einsparungen in der Gesamtbearbeitungszeit wurden vor allem durch eine Verkürzung der Prozeßkette (Wegfall der Funkenerosion) sowie der manuellen Nacharbeitszeiten durch bessere Oberflächenqualitäten erzielt (KLOCKE U.A. 1996).

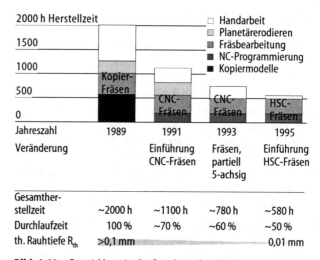

Bild. 4.49   Entwicklung im Preßwerkzeugbau (BMW)

4.5.1
Verfahrensalternativen Drei- und Fünf-Achs-Fräsen

Die Fräsverfahren im Werkzeug- und Formenbau lassen sich grundlegend in drei Gruppen unterteilen:

- Drei-Achs-Fräsen,
- Drei- plus Zwei-Achs-Fräsen (Anstellachsen) und
- Fünf-Achs-Fräsen (simultan)

Neben der Mehrseitenbearbeitung ohne Umspannen bietet die Verwendung zusätzlicher Schwenkachsen Möglichkeiten zur Verwendung kürzerer und damit steiferer Werkzeuge sowie zur gezielten Beeinflussung der Eingriffsverhältnisse und damit der Prozeßqualität.

Diesen Vorteilen steht ein deutlich höherer Programmieraufwand sowie eine zunehmende Komplexität mehrachsiger Werkzeugmaschinen gegenüber. Dies hat ebenfalls eine abnehmende Positionier- und Bahngenauigkeit zur Folge, die jedoch teilweise durch die Verwendung kürzerer und damit steiferer Werkzeuge kompensiert werden kann. Mit steigender Achsgeschwindigkeit und -anzahl ist eine Zunahme der Maschinenkosten und der Kollisionsgefahr zu verzeichnen (Abb. 4.50) (KLOCKE U. LÖFFLER 1996, HIRSCH U. SHENG 1995).

Maximale Flexibilität und Leistungsfähigkeit durch mehrachsige Bearbeitung

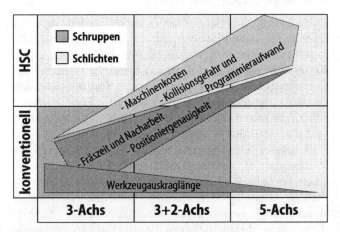

Bild 4.50 Verfahrensvergleich 3- und 5-Achs-Fräsen

Der Einsatz einer leistungsfähigen HSC-Technologie erfordert einen leichten, hochdynamischen Maschinenaufbau zur Erzielung der notwendigen Vorschubgeschwindigkeiten und Beschleunigungen. Damit sind diese Maschinen zur Schruppbearbeitung, die sich durch hohe Zerspankräfte auszeichnet und damit große Achskräfte und Spindeldrehmomente erfordert, ungeeignet. Auch die erweiterte Funktionalität der

HSC-Technologie

Zweite Maschine
notwendig

Fünf-Achs-Bearbeitung wird in der Regel im Werkzeug- und Formenbau zum Schruppen nicht benötigt. Die dargestellte Bearbeitungsaufteilung erfordert folgerichtig zwei unterschiedliche Maschinen zur wirtschaftlichen Fertigbearbeitung eines Ziehwerkzeugs. Die Leistungsfähigkeit vorhandener, konventioneller Werkzeugmaschinen prädestiniert diesen Typ für alle Aufgaben im Schruppbereich, während Fortschritte beim HSC- und Fünf-Achs-Schlichten nur über neue, angepaßte Maschinen zu erreichen sind. Hoffnungen auf einen Verzicht der Schruppbearbeitung durch endkonturnahes Gießen (Near-Net-Shape) haben sich im Bereich der Großwerkzeuge in den vergangenen Jahren nicht erfüllt, so daß dieser Bearbeitungsschritt unverzichtbar bleibt. Zudem erfordern leistungsfähige Schlichttechnologien ein geringes und konstantes Restaufmaß, das die Durchführung eines Vorschlichtprozesses auf steifen Maschinen erfordert.

4.5.2
Technologie des Fünf-Achs-Fräsens

Zeitspanfläche

Die Leistungsfähigkeit einer Schlichtbearbeitung wird über die Zeitspanfläche A_t, als Produkt aus Vorschubgeschwindigkeit v_f und Zeilenbreite a_e, beurteilt. Diese Kenngröße ist ein Maß für die je Zeiteinheit bearbeitete Formkonturfläche und steht somit indirekt für die Bearbeitungszeit. Dieses Ziel kann über hohe Bahngeschwindigkeiten (HSC) oder hohe Zeilenbreiten (5-Achs) realisiert werden.

Freie Werkzeugführung

Letzteres ermöglicht über die freie Führung des Werkzeugs auf der Werkstückoberfläche den technologisch vorteilhaften Einsatz von Zylinder- oder Torusfräsern anstelle der häufig bei der Drei-Achs-Bearbeitung verwendeten Kugelkopffräser. Abbbildung 4.51 verdeutlicht hierzu die spezifischen geometrischen Eigenschaften der drei wichtigsten im Werkzeug- und Formenbau eigesetzten Werkzeugtypen (KÖNIG U. ZANDER 1991).

Geringe Zeilenbreiten
beim Kugelkopffräser

Die unterschiedliche Form der Werkzeuge bestimmt dabei sowohl die Bearbeitungszeit über die radiale Eingriffsbreite als auch die Oberflächenqualität. Unter Zugrundelegung gleicher Werkzeugdurchmesser bei konstantem Voreilwinkel nimmt die radiale Eingriffsbreite vom Kugelkopf- über den Torusfräser hin zum Zylinderstirnwerkzeug zu. Wird eine feste theoretische

Rauhtiefe vorgegeben, ist das Arbeitsergebnis des Kugelkopffräsers durch eine starke Zeiligkeit und eine lange Fräszeit gekennzeichnet, da das Oberflächenprofil nur mit einem kleinen Wirkdurchmesser erzeugt wird (KLOCKE U. LÖFFLER 1996).

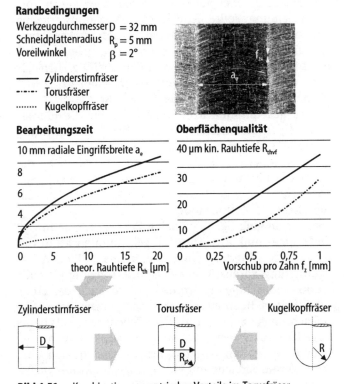

Randbedingungen

Werkzeugdurchmesser D = 32 mm
Schneidplattenradius R_p = 5 mm
Voreilwinkel β = 2°

——— Zylinderstirnfräser
–·–·· Torusfräser
········ Kugelkopffräser

Bearbeitungszeit

10 mm radiale Eingriffsbreite a_e

theor. Rauhtiefe R_{th} [µm]

Oberflächenqualität

40 µm kin. Rauhtiefe R_{thvf}

Vorschub pro Zahn f_z [mm]

Zylinderstirnfräser   Torusfräser   Kugelkopffräser

Bild 4.51 Kombination geometrischer Vorteile im Torusfräser

Der Einsatz des Zylinderstirnfräsers ermöglicht dagegen weitaus breitere Zeilenabstände, die zu einer drastischen Reduzierung der Bearbeitungszeit führen. Bei Betrachtung der erzielbaren Oberflächenqualität in Vorschubrichtung hat der Zylinderstirnfräser jedoch Nachteile gegenüber Kugelkopf- und Torusfräsern. Die kinematische Oberflächenrauheit wird hier vorwiegend durch die Geometrie des Werkzeugs an der Stirn und den Vorschub pro Zahn beeinflußt. Dementsprechend nimmt mit steigendem Vorschub pro Zahn die kinematische Rauhtiefe R_{thvf} insbesondere für Zylin-

Schlechte Oberflächenqualität beim Zylinderstirnfräser

derstirnfräser zu, so daß hier der Geometrie des Kugelkopffräsers der Vorzug zu geben ist.

Optimale Kombination im Torusfräser

Zusammenfassend leitet sich aus den theoretischen
Betrachtungen ab, daß zur Reduzierung der Bearbeitungszeit über eine große Zeilenbreite als Fräswerk-
zeug ein Zylinderstirnfräser eingesetzt werden sollte.
Zur Erzielung einer hohen Oberflächenqualität in Vorschubrichtung sollte jedoch ein Kugelkopfwerkzeug
gewählt werden. Die Kombination der werkzeugtyp-
spezifischen Vorteile ist im Torusfräser gegeben, so daß
diese Fräswerkzeugform sowohl dem Zylinderstirn- als
auch dem Kugelkopfwerkzeug vorzuziehen ist, soweit
die herzustellende Geometrie dies zuläßt.

Voreilwinkel notwendig

Auf gekrümmten Konturen ist hierfür die Einhaltung eines definierten Voreilwinkels (Sturzwinkel)
notwendig, der eine Erzeugung von Konturverletzun-
gen verhindern soll. Abbildung 4.52 verdeutlicht die
geometrischen und mathematischen Zusammenhänge
am Beispiel einer konkaven Kontur (KLOCKE U. LÖFFLER
1995, KÖNIG U. ZANDER 1991).

Vorteile bereits bei Bearbeitung mit Anstellachsen

Die Ausnutzung der maximalen Zeilenbreite beim Zy-
linderstirn- und Torusfräser in gekrümmten Konturen
setzt den Einsatz einer simultanen Fünf-Achs-
Bearbeitung voraus. Unter der Voraussetzung gleicher
Werkzeugdurchmesser werden jedoch auch bei einer
dreiachsigen Bearbeitung oder dem Einsatz von Anstellachsen (3+2) immer größere Zeilenbreiten als beim
Kugelkopffräser erreicht. In Abhängigkeit von der
Geometrie des eingesetzten Torusfräsers müssen einzelne Konturbereiche mit einem Kugelkopffräser nachgearbeitet werden. Für kleine Toruswerkzeuge (z.B.
D = 8 mm) und relativ flächige Konturen ist ein Bear-
beitungsanteil an der gesamten Schlichtfläche von 80 %
und mehr jedoch durchaus realistisch.

Geringer Schnitt-geschwindigkeitsgradient

Neben dem großen Wirkdurchmesser zeichnet sich
der Torusfräser auch durch eine geringe Spreizung der
effektiven Schnittgeschwindigkeit aus (KÖNIG U.
ZANDER 1991). In Abhängigkeit vom Verhältnis des
Schneidplattenradius zum Werkzeugdurchmesser beträgt der Unterschied von maximaler zu minimaler
Schnittgeschwindigkeit 0 % (Zylinderstirnfräser) bis
100 % (Kugelkopffräser). Dies verdeutlicht den entscheidenden Nachteil des Kugelkopffräsers, dessen
Schnittgeschwindigkeit an der Fräserspitze von
$v_c = 0$ m/min keine definierte Spanabnahme ermög-

licht und damit einen Einsatz empfindlicher Schneidstoffe verbietet (Abb. 4.53).

Geometrische
Randbedingungen

$$\beta_{min} = \arcsin\left(\frac{r - r_p}{\rho - r_p}\right)$$

Berechnung des minimalen
Voreilwinkels für die Bearbeitung
konkaver Flächen:

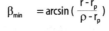

Arbeitsergebnis

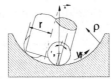

Berechnung der radialen Eingriffsgröße
beim Fräsen mit Voreilwinkel:
(Näherungsformel)

$$r_{eff} = r - r_p \cdot (1 - \sin\beta)$$

$$a_e = 2\,r_{eff} \cdot \sqrt{1 - \left(1 - \frac{R_{th}}{r_{eff} \cdot \sin\beta}\right)^2}$$

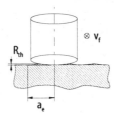

a_e radiale Eingriffsgröße
r_p Schneidplattenradius
r Werkzeugradius
r_{eff} effektiver Werkzeugradius
R_{eff} theoretische Rauhtiefe
b_{th} Voreilwinkel
b_{min} minimaler Voreilwinkel
ρ Konturkrümmungsradius

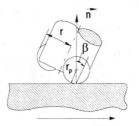

Vorschubrichtung

Bild 4.52   Berechnung von Voreilwinkel und Zeilenbreite

4.5.3
Einsatz optimierter Werkzeuge und Schneidstoffe

Torusfräser bieten über eine Variation von zwei Geo-
metrieparametern, Fräserdurchmesser und Schneidplattenradius, erweiterte Möglichkeiten zur Optimierung der Zeitspanfläche. Abbildung 4.54 zeigt hierzu ein Rechenbeispiel für eine Variation des
Schneidplattenradius.

Als besondere Randbedingungen wurden die Einhaltung eines max. Zahnvorschubs f_z, einer eff. Schnittgeschwindigkeit v_{ceff} am Berührpunkt zur Kontur sowie
eine max. Rauhtiefe in Vorschubrichtung R_{thvf} ange-

Schneidplattenradius und
Zähnezahl

nommen. Dabei zeigt sich ein steiler Anstieg der Zeitspanfläche für eine Steigerung des Plattenradius im
unteren Bereich, der auf die Einhaltung von R_{thvf} zurückzuführen ist (siehe vorangegangenes Kapitel, Zylinderstirnfräser). Die darauffolgenden Stufen sind von
der   abnehmende   Zähnezahl   mit   steigendem
Schneidplattenradius abhängig. Beim Übergang zum
Kugelfräser (Schneidplattenradius -> 16 mm für einen
Werkzeugdurchmesser D = 32 mm) wirkt sich schließlich die Begrenzung des Zahnvorschubs aus (ZANDER
1995).

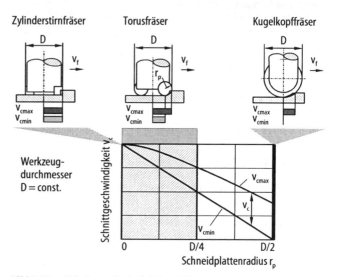

Bild 4.53   Schnittgeschwindigkeitsgradient

Die Auswahl eines wirtschaftlich optimalen Torusfräsers erfolgt daher in der Reihenfolge:

- maximale Zähnezahl
- maximaler Schneidplattenradius.

Die Wahl des maximalen Fräserdurchmessers orientiert sich dabei an der Geometrie des Bauteils.

Werkstoffe und   Die Anforderungen an Tiefziehwerkzeuge im Hin-
Schneidstoffe   blick auf Verschleiß- und Korrosionsbeständigkeit,
sowie Druckfestigkeit usw. spiegeln sich in den verwendeten Werkstoffen wider. Aufgrund der hohen
Verschleißbeständigkeit haben sich vor allem Legierungen mit CrMo, CrMoCu und CrMoV für Grauguß
mit Lamellengraphit GG 25 durchgesetzt.

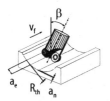

Konturkrümmungsradius	$\rho = 50\,mm$
Normalenaufmaß	$a_n = 0,5\,mm$
Werkzeugdurchmesser	$D = 32\,mm$
max. Vorschub pro Zahn	$f_z = 0,3\,mm$
th. Rauhtiefe in V.-richtung	$R_{thvf} = 4\,\mu m$
theoretische Rauhtiefe	$R_{th} = 10\,\mu m$
eff. Schnittgeschwindigkeit	$v_c = 300\,m/min$

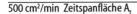

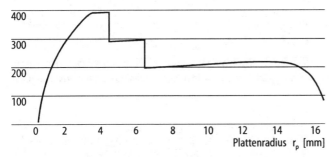

Bild 4.54   Optimierung der Zeitspanfläche

Ebenso werden GGG 60 und GGG 70 mit globularem Graphit und Stahlguß verwendet, die erhöhte Anforderungen an die Prozeßtechnologie stellen. Über die Werkstoffzusammensetzung wird das Verschleißverhalten der Fräswerkzeuge entscheidend beeinflußt, wobei sich insbesondere ein hoher Karbidanteil nachteilig auf die Zerspanbarkeit auswirkt. Die Anforderungen an den Schneidstoff zielen daher in erster Linie auf eine hohe mechanische Abriebfestigkeit ab, die von Hartmetall der K-Gruppe, Cermet und kubischem Bornitrid (CBN) unterschiedlich erfüllt wird.

Beim Einsatz von beschichtetem Hartmetall K15 konnte mit steigender Schnittgeschwindigkeit eine starke Abnahme des Standwegs beobachtet werden, der auf abrasiven Freiflächenverschleiß zurückzuführen ist. Demgegenüber lassen sich beim Einsatz von CBN sowohl hohe Schnittgeschwindigkeiten als auch kleine Oberflächenrauheiten wirtschaftlich erzielen (Abb. 4.55) (KÜMMEL 1990, KLOCKE U. LÖFFLER 1995).

Neben den guten Qualitäten zeigt sich eine silberglänzende Ausbildung der Oberfläche, ähnlich der Stahlbearbeitung, mit einer deutlichen Reduzierung der sogenannten Gußausbrüche. Diese geringere Porösität der Oberfläche zeichnet sich durch eine bessere

Abrasiver Verschleiß

Kubisch kristallines Bornitrid

Eignung zur Beschichtung aus, die je nach Anwendung notwendig sein kann.

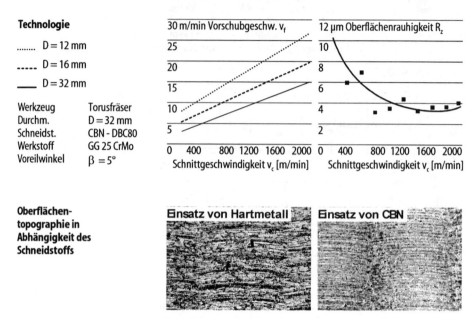

Technologie

.... D = 12 mm

‒ ‒ ‒ ‒ D = 16 mm

——— D = 32 mm

Werkzeug	Torusfräser
Durchm.	D = 32 mm
Schneidst.	CBN - DBC80
Werkstoff	GG 25 CrMo
Voreilwinkel	β = 5°

Oberflächentopographie in Abhängigkeit des Schneidstoffs

Bild. 4.55   Einsatz von CBN zur Bearbeitung von Grauguß

Zusammenfassung

Für die Bestimmung eines optimalen Werkzeugtyps für die Bearbeitung von Ziehwerkzeugen lassen sich folgende Eigenschaften des Torusfräsers zusammenfassen:

- Die Vereinigung von Zylinderstirn- und Kugelkopfgeometrie im Torusfräser ermöglicht eine Bearbeitung mit großen Zahnvorschüben und Zeilenbreiten. Die radialen Zustellungen liegen dabei immer über denen eines Kugelkopffräsers gleichen Durchmessers.

- Die Besonderheiten der Torusgeometrie schaffen die Voraussetzung zur Einhaltung technologisch optimaler Schnittparameter. Der geringe Schnittgeschwindigkeitsgradient ermöglicht hierbei den Einsatz hochharter Schneidstoffe (CBN).

- Die Verringerung der Bearbeitungszeit und Verbesserung der Oberflächenqualität ist abhängig von der Anzahl der simultan interpolierenden Achsen. Die größten Potentiale liegen bei einer Fünf-Achs-Bearbeitung vor (KLOCKE U. LÖFFLER 1995).

4.5.4
Abgeleitete Maschinenanforderungen

Die Realisierung hoher Schnittgeschwindigkeiten bei üblichen, kleinsten Werkzeugdurchmessern von D = 6-16 mm setzt hohe Spindeldrehzahlen voraus. Forderungen von n = 10.000-60.000 U/min sind dabei durchaus realistisch. Dieser Bereich wird durch die Verwendung von direktangetriebenen Motorspindeln (Hochfrequenzspindeln) erschlossen (N.N. 1995). Aufgrund der physikalischen Eigenschaften von Motorspindeln ist jedoch der Wunsch nach hohen Drehzahlen bei einem gleichzeitig hohen Drehmoment nicht zu erfüllen. Damit wird eine Abstimmung der Spindelcharakteristik auf die Anforderungen aus dem Prozeß (Schruppen, Vorschlichten oder Schlichten) notwendig (KLOCKE U.A. 1996).

Abstimmung von Spindelcharakteristik auf Prozeß notwendig

Die im rechten Bildteil von Abb. 4.56 dargestellten Vorschubgeschwindigkeiten verdeutlichen die hohen Anforderungen an die eingesetzten Maschinen bei einer optimalen Ausnutzung der Schneidstoffpotentiale. Für eine Steigerung der Zähnezahl gemäß Abb. 4.56 sind diese noch mit einem zusätzlichen Faktor von 1,5-2 zu multiplizieren. Eine weitere Vervielfachung ist für die Bearbeitung von engen Radien zu erwarten. In Abhängigkeit vom Fräsverfahren und dem Verhältnis zwischen Werkzeugradius und Konturradius kann hier ein zusätzlicher Faktor 10 erforderlich sein. Diese Geschwindigkeiten können von derzeit verfügbaren Werkzeugmaschinen der im Tiefziehwerkzeugbau erforderlichen Größe, auch im Eilgang *nicht* erreicht werden.

Hohe Vorschubgeschwindigkeit erforderlich

Die Entwicklung neuer Maschinen- und Antriebskonzepte (z.B. Hexapod-Bauweise, Einsatz von Linearantrieben) erweitert zunehmend das Leistungsniveau. Doch auch hier setzen physikalischen Gesetze, im wesentlichen der Zusammenhang zwischen Kraft, Masse und Beschleunigung, deutliche Grenzen. Somit stellt für eine Erschließung der prozeßtechnischen Potentiale die Werkzeugmaschine derzeit und wohl auch in Zukunft den limitierenden Faktor dar.

Werkzeugmaschine stellt den limitierenden Faktor

Ein weiterer Ansatz zur Erhöhung erreichbarer Bahngeschwindigkeiten bei gleichzeitig hohen Genauigkeiten liegt in neuen Steuerungskonzepten. Während moderne CAD-Systeme über eine hochwertige Mathematik zur Geometriebearbeitung und -darstellung

Neue Steuerungskonzepte

verfügen, behandeln NC-Programmiersysteme diese eher primitiv in Form von Linearinterpolationen. Diese Geradensätze approximieren die exakte Geometrie aus dem CAD-System innerhalb einer vorgegebenen Fehlertoleranz. Jeder Satzübergang stellt somit einen nicht tangentialen Übergang dar, der zu einem Geschwindigkeitssprung führt und die Dynamik der Maschine fordert (KREIDLER 1996).

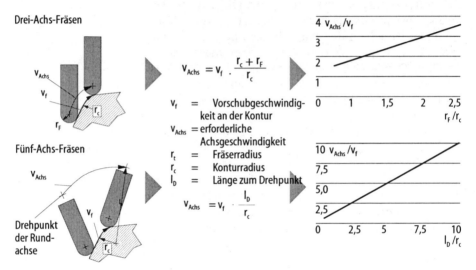

Bild 4.56   Vervielfachung der Achsgeschwindigkeiten

Geometrieverarbeitung durch Nurbs

Unter dem Aspekt der Hochleistungsbearbeitung ist daher von der Programmierung und Steuerungstechnik eine geschwindigkeits- und beschleunigungsoptimale Bahngenerierung gefordert. Eine Geometrieverarbeitung durch NURBS (Nicht Uniforme Rationale B-Splines) als universelle Interpolationsart verfolgt dieses Ziel. Das resultierende, gute dynamische Verhalten der Maschine erlaubt es, wesentlich höhere Bahnvorschübe zu fahren und ebenfalls bessere Form- und Oberflächenqualitäten zu erreichen. Durch die Reduzierung harter Achsbewegungen wird außerdem eine Schwingungsanregung der Maschinenstruktur durch Ruckbewegungen, die sich auf der Werkstückoberfläche abbilden können, vermieden.

4.6
Schneidwerkzeuge

Schneidwerkzeuge zur spanlosen Formgebung werden für die Verfahren des Scherschneidens gemäß DIN 8580 eingesetzt. Generell gliedern sich diese in Verfahren mit offener und geschlossener Schnittlinie. Bei den ersteren sind die Werkzeuge (z.B. Langmesser, Kreismesser) zumeist relativ einfach aufgebaut (LANGE 1990, KÖNIG 1995). Im folgenden werden daher Werkzeuge für Verfahren mit geschlossenem Schnitt betrachtet. Übergeordnete Bedeutung besitzen hier das Normalschneiden und das Feinschneiden.

Abbildung 4.57 zeigt technologische Aspekte, die bei der Gestaltung eines Schneidwerkzeugs sowie der Wahl der Fertigungsverfahren berücksichtigt werden müssen.

Für die Hilfs- und Vorrichtungselemente eines Schneidwerkzeugs, wie Grundplatten, Aufnahmeplatten, Säulen, Stifte, Buchsen etc., lassen sich vielfach Zukaufteile direkt oder mit einfachen Modifikationen verwenden. Die Aktivelemente (Stempel, Schneidplatten, Preßplatten, Auswerfer) sind dagegen ausschließlich teilegebunden, wobei die Bandbreite von einfachen bis hin zu komplexen filigranen Schnittliniengeometrien (kleine Bohrungen, Schlitze, Stege etc.) reicht. Da die Aktivelemente unmittelbar an der Umformung des Blechteils beteiligt sind, unterliegen sie den höchsten Belastungen sowie hohen Maß- und Oberflächenanforderungen. Die Werkzeuggenauigkeit muß im allgemeinen mindestens 2 ISO-Qualitäten besser sein als die Werkstückgenauigkeit (KÖNIG 1995). Beim Feinschneiden z.B. liegen die geforderten Schnitteilgenauigkeiten im Bereich von 0,01 mm und die Schnittflächenrauheiten teilweise unter $R_a = 0,5\,\mu m$. Die erforderliche Größe des Schneidspaltes beträgt häufig nur wenige µm. Daneben ist zur Steigerung der Wirtschaftlichkeit stets eine Maximierung der Standmenge anzustreben.

Aus diesen Gründen nimmt die Endbearbeitung der Aktivelemente inkl. der Beschichtung eine Schlüsselstellung im Schneidwerkzeugbau ein.

Aufgrund des Belastungsprofils, das sich beim Scherschneiden aus Zug, Druck, Biegung und Reibung zusammensetzt, werden als Werkstoffe für die Aktivelemente überwiegend Kaltarbeitsstähle, Schnellar-

Beschränkung auf Schneidwerkzeuge mit geschlossener Schnittlinie

An die Aktivelemente sind die höchsten Anforderungen gestellt

Werkstoffe für Aktivelemente

beitsstähle und Hartmetalle verwendet (LANGE 1990, WILMES 1996, BLUM 1996, HAACK 1977, KÖNIG 1996). Bei den Stählen haben sich pulvermetallurgisch hergestellte Sorten wegen der besseren Homogenität und der geringeren Karbidkorngröße in vielen Fällen als standzeiterhöhend erwiesen.

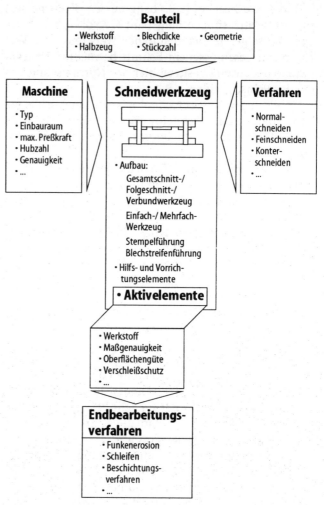

Bild 4.57   Technologische Aspekte bei der Gestaltung und Herstellung von Schneidwerkzeugen

Wärmebehandlung und Härteverzug

Grundsätzlich müssen Aktivelemente aus Stahl einer dem Werkzeug- und Werkstückstoff angepaßten Wärmebehandlung unterzogen werden, damit sie die gewünschte Härte und Zähigkeit erhalten. Bei Schnellarbeitsstählen ist auf höchste Genauigkeit bei der Prozeßführung achten (HAACK 1996). Die erforderlichen Bauteilhärten bewegen sich im allgemeinen zwischen 57 HRC und 64 HRC (KÖNIG 1995). Um die auftretenden Härteverzüge zu kompensieren, müssen die Aktivelemente im vergüteten Zustand fertigbearbeitet werden.

Aufgrund der genannten Anforderungen haben sich als wirtschaftliche Endbearbeitungsverfahren im Schneidwerkzeugbau das Schleifen und die Funkenerosion etabliert, wobei schwerpunktmäßig die Drahterosion zu nennen ist. Mit der Funkenerosion ist eine komplette Bearbeitung vom wärmebehandelten Halbzeug bis zum fertigen Bauteil in einer Aufspannung möglich.

Schleifen und Erodieren als wirtschaftliche Endbearbeitungsverfahren

An die EDM-Bearbeitung wird allerdings häufig eine Nachbearbeitung, z.B. durch Strahlen oder Polieren, angeschlossen. Diese hat die Entfernung der thermisch geschädigten Randzone zum Ziel. Dem Schleifen ist zumeist eine Bearbeitung im weichen Zustand durch Drehen, Fräsen oder Bohren vorangestellt. Die Aufbringung einer Verschleißschutzschicht stellt schließlich den letzten möglichen Schritt in der Prozeßkette zur Herstellung der Aktivelemente dar. Für die Wärmebehandlung und insbesondere die Beschichtung bietet sich für kleine bis mittelgroße Betriebe eine Fremdvergabe an, da die hierzu notwendige Technik relativ aufwendig und kostenintensiv ist.

Typische Prozeßketten

4.6.1
Drahterosion

Bei der Drahterosion wird die gewünschte Kontur durch Abbildung der Drahtelektrode sowie insbesondere der Abbildung der programmierten Schnittbahn im Werkstück erzeugt. Der Materialabtrag beruht auf demselben Prinzip wie bei der Senkerosion. Der an der Drahtelektrode verfahrensbedingt nicht ganz vermeidbare Materialabtrag erfordert das kontinuierliche Erneuern durch eine Ablaufbewegung.

Abtragprinzip

Als Grundvoraussetzung für die funkenerosive Bearbeitbarkeit muß der Werkstoff eine bestimmte elektrische Mindestleitfähigkeit aufweisen. Mit der Drahterosion lassen sich dann nahezu kräftefrei und unabhängig von der Werkstoffhärte beliebige Regelflächen erzeugen. Zur Bearbeitung von Innenkonturen ist al-

Bearbeitungsmöglichkeiten

lerdings eine Startbohrung notwendig, die z.B. durch funkenerosives Senken erzeugt werden kann.

Wesentliche Beurteilungskenngrößen der Bearbeitung

Das Arbeitsergebnis bei der Drahterosion ist analog zu anderen Fertigungsverfahren durch Abtragleistung, Maßhaltigkeit sowie Oberflächen- und Randzonenausbildung charakterisiert. Als Leistungskenngröße wird die Schnittrate herangezogen. Sie stellt das Produkt aus Vorschubgeschwindigkeit und Werkstückhöhe dar. Somit sind Abtragleistungen bei unterschiedlichen Werkstückhöhen vergleichbar. Die Genauigkeit bei der Drahterosion ist, abgesehen von der Positionier- und Bahngenauigkeit der Maschine, durch die Geometrie der Schnittspur gekennzeichnet. Diese wird durch die mittlere Schnittspur, welche das arithmetische Mittel aus oberer und unterer Schnittspaltbreite darstellt, die Konizität und die Bauchung des Schnittspaltes beschrieben. Die Oberflächenausbildung läßt sich anhand der Rauheitskennwerte (R_z, R_a etc.) und der Welligkeit charakterisieren. Die Randzonenausbildung ist gekennzeichnet durch die Gefügeveränderungen, die Härte und den Eigenspannungszustand.

4.6.1.1
Maschine

Maschinenkonzept

Moderne funkenerosive Schneidanlagen besitzen leistungsfähige 5-Achsen-CNC-Steuerungen mit hochgenauen Positioniersystemen, welche maximale Positionierunsicherheiten von ca. 0,2 bis 1 µm zwischen Elektrode und Werkstück garantieren (SIEGEL 1995). Die Relativbewegung zwischen Werkstück und Draht erfolgt durch die x-, y-, u- und v-Achse, wobei die beiden letztgenannten die Schrägstellung des Drahts und somit die Erzeugung konischer Geometrien (bis ca. 30°) ermöglichen. Die z-Achse dient zur Anpassung der oberen Drahtführung an die Werkstückhöhe (Abb. 4.58).

Bearbeitung im Wasserbad

Weiterhin sind die Anlagen mit Temperiersystemen ausgestattet, die es in Verbindung mit einer Bearbeitung im Wasserbad ermöglichen, thermisch bedingte Lagefehler weitgehend auszuschließen. Dies ist sowohl zur Erzielung einer hohen Genauigkeit als auch für einen stabilen Prozeßverlauf, speziell bei der Feinstbearbeitung, von entscheidender Bedeutung. In diesem Zusammenhang ist auch auf die Klimabedingungen am

Aufstellort hinzuweisen, die den Genauigkeitsanforderungen anzupassen sind.

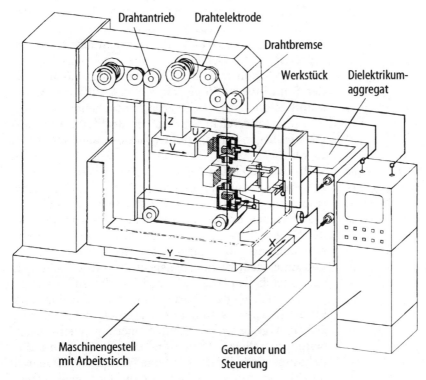

Bild 4.58   Drahterodieranlage

Das Dielektrikumaggregat dient der Filterung, Deionisierung, Temperierung und Zuführung des Dielektrikums zur Maschine, wo es zur Spülung des Arbeitsspaltes durch Düsen gepreßt wird, die konzentrisch zur Drahtelektrode angeordnet sind. Bei der Drahterosion dient im allgemeinen deionisiertes Wasser als Dielektrikum.

Aggregat zur Aufbereitung des Dieletrikums

Der Generator liefert die für den funkenerosiven Schneidprozeß notwendigen elektrischen Impulse. In modernen Schneiderosionsanlagen werden in der Regel statische Impulsgeneratoren mit leistungsfähigen Halbleiterbauelementen eingesetzt, die im Leistungsschnitt maximale Ströme von 500 A bei Impulsdauern von 4 µs ermöglichen (KLOCKE U.A. 1996). Um den Oberflächenanforderungen bei der Fertigung von Aktivelementen gerecht zu werden ist allerdings wichtig,

Generator

daß der Generator ausreichend kleine Entladeströme (< 1 A), kurze Impulsdauern (< 0,5 µs) und hohe Impulsfrequenzen ermöglicht.

Die Hauptbewertungskriterien für die Leistungsfähigkeit von Drahterosionsanlagen sind die erzielbare Schnittrate, die erzielbare Oberflächenrauheit und die reproduzierbare Genauigkeit. Mit modernen Maschinen sind Schnittraten bis zu 350 mm^2/min möglich. Bei der Schlichtbearbeitung können mit Hilfe der Mehrschnittechnologie Oberflächenrauheiten von R_a = 0,15 µm erreicht werden. Die Bearbeitungsgenauigkeiten liegen bei ca. 2 µm (KOBAYASHI 1995, WECK U.A. 1996).

Bedienungshilfen und Prozeßregelungssysteme steigern die Leistungsfähigkeit

In den Bereichen Steuerung, Automatisierung, Prozeßregelung und -optimierung sowie der Peripherie sind viele Maschinen mit verschiedenen zusätzlichen Systemen ausgestattet, die zum einen eine Minimierung der Nebenzeiten und zum anderen eine hohe Schnittrate auch in Abhängigkeit der Werkstückgeometrie und unter dem wichtigen Aspekt der Prozeßsicherheit zum Ziel haben. Hier ist zunächst die automatische Drahteinfädelung zur Verkürzung der Rüstzeiten und Erhöhung des Automatisierungsgrades zu nennen. Daneben gestatten moderne Steuerungen eine bearbeitungsparallele Programmierung. Peripherieeinrichtungen, wie Palettiersysteme, Voreinstellplätze und Beschickungsroboter erlauben eine über einen längeren Zeitraum autonome Bearbeitung. Ferner gibt es Systeme, welche die Prozeßparameter der aktuellen Werkstückhöhe oder die programmierte Schnittbahn dem Sollverlauf in Abhängigkeit der entladungsbedingten Drahtauslenkung anpassen, um die Bearbeitungszeit bei gleichbleibender Qualität des Arbeitsergebnisses zu reduzieren (BELTRAMI 1995). Zur Minimierung des Drahtbruchrisikos aufgrund thermischer Überlastung gibt es Sensorsysteme, die den Ort der Entladung detektieren und im Falle einer Konzentration von Entladungen an einer Stelle einige Impulse ausblenden. Dies ermöglicht eine höhere Ausnutzung der Leistungsreserven.

4.6.1.2
Drahtelektrode

Die Drahtelektrode ist ein Präzisionswerkzeug

Die Drahtelektrode stellt beim funkenerosiven Schneiden das Bindeglied zwischen dem Generator und dem

Arbeitsspalt dar. Sie besitzt über ihre werstoffphysikalischen Kennwerte und ihre Geometrie entscheidenden Einfluß auf den Erosionsprozeß, wobei die an sie gestellten Forderungen nicht alle von einem Werkstoff allein erfüllt werden können. Tabelle 4.2 nennt wesentliche Forderungen an die Drahtelektrode sowie Maßnahmen zu deren Erfüllung.

Tabelle 4.2 Wesentliche Forderungen an die Drahtelektrode und Möglichkeiten zu deren Erfüllung (KLOCKE 1996)

Zielgröße	Forderung	mögliche Maßnahmen
Abtragleistung	kleiner elektrischer Widerstand	Drahtwerkstoff mit hoher elektrischer Leitfähigkeit; großer Drahtdurchmesser
	kleiner elektrischer Übergangswiderstand	oxidfreie und glatte Drahtoberfläche
	optimale Zündbedingungen schaffen	unter Berücksichtigung der Impulsparameter ausgewählte Drahtzusammensetzung
	mechanische Belastbarkeit wegen Verschleiß	Drahtwerkstoff mit hoher mechanischer Festigkeit; großer Drahtdurchmesser
	geringe Drahtschwingungsamplitude	Drahtwerkstoff mit hoher mechanischer Festigkeit; großer Drahtdurchmesser
Oberflächengüte	gleichmäßige Spaltkontamination	unter Berücksichtigung der Impulsparameter ausgewählte Drahtzusammensetzung
	keine Drahtmaterialablagerungen am Werkstück	geeigneter Drahtwerkstoff
	glatte Drahtoberfläche	geeigneter Drahtwerkstoff
Konturtreue	kleine herstellbare Innenradien	kleiner Drahtdurchmesser
	konische Schnitte (> 7°)	Draht mit hoher Dehnbarkeit
	minimale Drahtschwingungen	Drahtwerkstoff mit hoher mechanischer Festigkeit; großer Drahtdurchmesser

Weltweit am häufigsten werden Messingelektroden der Zusammensetzung CuZn 37 eingesetzt. Kupfer besitzt eine ausgezeichnete thermische und elektrische Leitfä-

Blanke Messingdrähte als Standard

higkeit, während das leicht verdampfbare Zink für eine gute Spaltkontamination verantwortlich ist.

Ummantelte Drahtelektroden zum Feinschneiden

Aus den unterschiedlichen Bearbeitungsanforderungen, wie z.B. hohe Schnittrate oder hohe Oberflächengüte, ist die Entwicklung spezieller Drähte hervorgegangen. Typische Feinschneidelektroden besitzen einen Kern aus überwiegend Kupfer oder Messing und eine wenige Mikrometer dicke Randschicht aus Zink. Diese reine Zinkschicht ermöglicht auch bei kleinsten Entladeenergien eine ausreichende Spaltkontamination, die zu einem geringen Leerlaufanteil sowie einer gleichmäßigen Entladungsverteilung führt.

Ummantelte Drahtelektroden zum Schnellschneiden

Typische Schnellschneidelektroden bestehen aus einem Kern, der im wesentlichen Kupfer oder Messing enthält und einer 15-30 μm dicken Randschicht aus ß-Messing (CuZn 50). Derartige Elektroden gewährleisten, daß das Zink selbst bei Impulsen mit sehr hoher Entladeenergie nur so schnell verdampft, daß die Beschichtung des Drahtes auch beim Verlassen des Werkstücks nicht vollständig abgetragen ist (SIEGEL 1995).

Drähte für große Konizitäten und Feinstdrähte

Zur konturgenauen Erzeugung von Koniken mit einem Konizitätswinkel über 7° stehen Drähte mit einer hohen Dehnbarkeit zur Verfügung. In Anwendungsfällen, in denen aufgrund filigraner Konturen (schmale Stege, kleine Innenradien) Drähte mit sehr kleinen Durchmessern notwendig sind (bis zu 30 μm), reicht die Festigkeit von Messinglegierungen nicht mehr aus, so daß dann Drähte aus Wolfram, Molybdän oder Stahl zum Einsatz kommen.

4.6.1.3
Technologie

Die Entladeenergie bestimmt die Schnittrate

Wie eingangs bereits erwähnt, werden die technologischen Kenngrößen Abtragleistung und Oberflächenqualität maßgeblich von der Entladeenergie (Energie pro Funkenentladung) bzw. dem Impulsverlauf und der Impulsfrequenz bestimmt. Bei konstanter Entladeenergie und Erhöhung der Impulsfrequenz nimmt die Schnittrate aufgrund der je Zeiteinheit wachsenden Anzahl der Entladungen zu. Eine Erhöhung der Entladeenergie bei konstanter Impulsfrequenz führt ebenfalls zu einer Schnittratensteigerung, die auf einen wachsenden Abtrag je Entladung zurückzuführen ist. Aufgrund der thermischen Belastbarkeit des Drahtes sowie der unzureichend kurzen Pausendauern zur

Spülung des Arbeitsspaltes sind einer Erhöhung der
Entladeenergie und der Impulsfrequenz Grenzen gesetzt.

Der Zusammenhang zwischen Entladeenergie und
Oberflächenqualität verhält sich dagegen umgekehrt:
Mit steigender Entladeenergie nehmen Oberflächen-
rauheit und thermische Randzonenbeeinflussung am
Werkstück zu. Insbesondere bei der Herstellung der
hochbelasteten Aktivelemente spielt die erzielbare
Oberflächen- und Randzonenausbildung eine ent-
scheidende Rolle.

Da in den meisten dieser Anwendungsfälle die nach
dem funkenerosiven Schneiden mit maximal möglicher
Schnittrate erreichte Oberflächengüte und Konturge-
nauigkeit den Anforderungen nicht gerecht werden, hat
sich die Mehrschnitt-Technologie (auch Super Finish-
oder SF-Technologie genannt) durchgesetzt. Sie ist dadurch gekennzeichnet, daß im Anschluß an einen
konturerzeugenden Hauptschnitt in mehreren aufein-
anderfolgenden Nachschnitten mit sukzessive reduzierter Entladeenergie die Randschicht der vorherigen
Bearbeitung nachgearbeitet wird. Abb. 4.59 zeigt den
Drahteingriff beim Haupt- und Nachschnitt. Neben der
Erzielung einer bestimmten Oberflächenrauheit und
Konturtreue wird durch die Nachschnitte eine Verringerung der Dicke der thermisch geschädigten Randschicht angestrebt. Dies dient in erster Linie einer Verbesserung der dynamischen Bauteileigenschaften, hat
aber ebenfalls in Hinblick auf die Beschichtungsfähig-
keit zunehmende Bedeutung erlangt, da Hartstoffschichten, wie z.B. Titannitrid auf stark zugeigenspan-
nungsbehafteten und rauhen funkenerosiv geschnitte-
nen Oberflächen nur unzureichend haften.

Mit Hilfe der Mehrschnittechnologie läßt sich die
thermische Randzonenschädigung zwar minimieren,
jedoch nicht gänzlich vermeiden. Es verbleibt nach der
funkenerosiven Bearbeitung stets eine sog. weiße
Randschicht aus aufgeschmolzenem und wiederer-
starrtem Material, das aufgrund extrem schneller Abkühlung eine erhöhte Sprödigkeit aufweist. Außerdem
führt die thermische Beeinflussung stets zur Bildung
von Zugeigenspannungen in der Oberflächenrand-
schicht. Je nach Anforderung müssen an das funkenerosive Schneiden daher weitere Nachbearbeitungs-
schritte, z.B. durch Glaskugelstrahlen, Schleifen oder

Geringe Entladeenergien
für feine Oberflächen

Mehrschnittechnologie

Bildung von weißer
Randschicht und
Zugeigenspannungen
nicht gänzlich vermeidbar

Polieren, angeschlossen werden. Für den Abtrag dickerer Randschichten ist das Strahlen allerdings nicht geeignet.

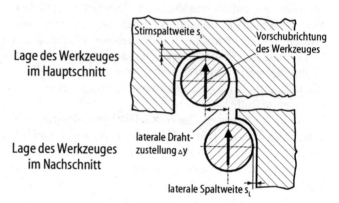

Bild 4.59 Werkstück-Werkzeuganordnung im Haupt- und Nachschnitt

Einfluß des Werkstückstoffs

Die durch Drahterosion erzielbare Oberflächenrauheit am Werkstück ist neben der eingesetzten Maschine, Drahtelektrode und Technologie auch vom bearbeiteten Werkstoff abhängig. So besitzen seine thermophysikalischen Eigenschaften sowie Homogenität, Korngröße und Reinheitsgrad maßgeblichen Einfluß auf die Feinschlichtbarkeit. Bei Hartmetall kommt es u.a. durch den bevorzugten Abtrag der Kobaltbindephase und der hohen Rißempfindlichkeit zu einer Randzonenschädigung. Daneben ist besonders bei der Hartmetallbearbeitung darauf zu achten, elektrochemischen Angriff der Bindephase zu vermeiden, der zu Lochfraß führt. Ein hoher Restleitwert des Dielektrikums (>10 µS/cm) und eine lange Verweilzeit des Werkstücks im Wasserbad begünstigen diesen Effekt.

Technologietabellen

Da das Arbeitsergebnis bei der Drahterosion sehr stark von der Generatorcharakteristik bestimmt wird, liefern die Drahterosionsmaschinenhersteller Technologietabellen, welche eine Vielzahl unterschiedlicher Bearbeitungsbedingungen abdecken. Diese allgemeinen Richtwerte und Hinweise können jedoch nicht die für den jeweiligen Bearbeitungsfall selbst anzueignende Erfahrung ersetzen, welche zu einem optimalen Bearbeitungsergebnis führt.

Abgesehen von der reinen Bearbeitungstechnologie sind für eine präzise, aber vor allem wirtschaftliche Herstellung von Aktivelementen durch Drahterosion folgende Aspekte von Bedeutung:

Schneidtechniken, Spanntechniken und erodiergerechte Bauteilgestaltung

- Schneidtechniken (Größe der Startbohrung, Anschnittlänge, Anschnittstrategie, Schnittstrategie für Radien, Kanten und Koniken, Schnittaufteilung, Verkettung von Teilbearbeitungen)
- Spanntechniken (kollosionsfreies Aufspannlayout für mehrere Werkstücke, Werkstückspannung, Ausfallteilbefestigung) und
- erodiergerechte Bauteilgestaltung (z.B. Ermöglichung optimaler Spülbedingungen).

Je mehr eine selbsttätige und störungsfreie Bearbeitung angestrebt wird, desto mehr Beachtung ist den o.g. Punkten zu widmen. Speziell auf die Drahterosion ausgerichtete Programmiersysteme bieten bei der Arbeitsvorbereitung eine weitreichende Unterstützung.

Die Leistungsfähigkeit der Drahterosion im Schneidwerkzeugbau veranschaulicht das in Abb. 4.60 dargestellte Folgeschnittwerkzeug zur Herstellung von Leadframes. Alle Schneidplatten wurden mit der Mehrschnittechnologie hergestellt und weisen eine Oberflächenrauheit von $R_a = 0{,}3$ μm auf. Die mit nur wenigen Mikrometern Toleranz zueinander positionierten filigranen Konturen mit einem hohen Anteil an Radien und Ecken verdeutlichen die erzielbare Bearbeitungsgenauigkeit. Darüber hinaus wird deutlich, daß in solchen Fällen der Einsatz von leistungsfähigen Prozeßregelungssystemen vorteilhaft ist, da hierdurch das Erodieren mit einer hohen Schnittrate auch bei komplexen Konturen gewährleistet wird.

Anwendungsbeispiel

Abschließend ist festzuhalten, daß die Drahterosion der Alternative Weichbearbeitung und Schleifen aus wirtschaftlicher Sicht immer dann vorzuziehen ist, wenn die Komplexität der Werkstückgeometrie die zerspanende Herstellung zu zeitaufwendig bzw. unmöglich werden läßt. Darüber hinaus können aber auch die Beschichtung und das Einsatzverhalten des Schneidwerkzeugs für die Wahl der Bearbeitungsverfahren ausschlaggebend sein.

Einflußfaktoren auf die Prozeßkette

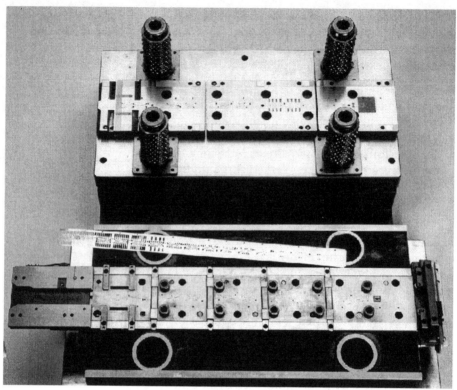

Bild 4.60   Folgeschneidwerkzeug zur Herstellung von Leadframes (nach AGIE)

4.6.2
Schleifen

Innovation und Leistung

In den letzten Jahrzehnten ist das traditionelle Feinbearbeitungsverfahren Schleifen unter Einsatz innovativer Schleifmittel, dem Einsatz verbesserter Maschinengenerationen und der Anwendung neu entwickelter Schleifverfahren zu einem sehr vielseitigen und leistungsfähigen Fertigungsverfahren entwickelt worden.

Potentiale des Schleifens im Schneidwerkzeugbau

Trotz des großen Anwendungsspektrums der Drahterosion im Schneidwerkzeugbau ist in den meisten Fällen zum Erreichen der notwendigen Oberflächengüte und Oberflächenstruktur, die zum Beschichten der Werkzeuge erforderlich sind sowie zum Entfernen der bei der vorhergehenden funkenerosiven Schneidbearbeitung entstandenen Randzonenschädigung eine Schleifbearbeitung vonnöten. Des weiteren ist aufgrund des wesentlich höheren Zerspanvolumens

beim Schleifen im Vergleich zur drahterosiven Bearbeitung bei geometrisch einfachen Bauteilen eine wirt-
schaftlichere Fertigung möglich. Ebenso sind die üblicherweise für die Schneidwerkzeuge verwendeten
Werkstoffe wie Kaltarbeitsstähle, Hartmetalle und
Hartstofflegierungen aufgrund ihrer Zerspanbar-
keitseigenschaften durch Drehen und Fräsen nur sehr
schwer zu bearbeiten. Eine Bearbeitung im weichen
Zustand vor der Wärmebehandlung ist ebenfalls nicht
möglich, da aufgrund der geforderten Genauigkeiten
der Aktivelemente der Härteverzug nicht mehr kompensiert werden kann.

4.6.2.1
Maschine

Schleifen, als spanendes Verfahren mit geometrisch
unbestimmter Schneide, wird nach DIN 8589, Teil 11 in
sechs Verfahren nach Art der erzeugten Oberfläche
unterteilt:

Verfahrensvarianten

- Planschleifen,
- Rundschleifen,
- Schraubschleifen,
- Formschleifen,
- Wälzschleifen und
- Profilschleifen.

Nach den genannten Verfahren werden auch die Bau-
arten, wie in Abb. 4.61 dargestellt, der Maschine klassifiziert, wobei man Werkzeugschleifmaschinen und
Sonderschleifmaschinen noch extra unterscheidet
(WECK 1991).
Als eigenständiges Verfahren in der Hauptgruppe Zerspanen mit geometrisch unbestimmter Schneide zählt
Schleifen mit Werkzeugen auf Unterlage, das Bandschleifen.

Bei der Schleifbearbeitung von Schneidwerkzeugen
wird überwiegend das Profilschleifen und das Formschleifen (Koordinatenschleifen) eingesetzt. Beim Profilschleifen wird die Negativform des Werkzeugs mit
einer Profilrolle oder Formrolle in die Schleifscheibe
abgerichtet, um dann im Werkstück die gewünschte
Kontur zu erzeugen. Beim Formschleifen wird direkt
die Schleifscheibe entweder entlang einer Schablone
oder durch CNC-Steuerung geführt.

*Profil- und Formschleifen
im Schneidwerkzeugbau
vorherrschend*

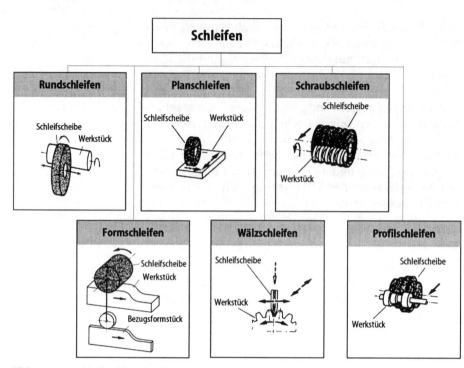

Bild 4.61   Schleifverfahren (nach DIN 8589)

4.6.2.2
Schleifscheibe

Scheibenaufbau   Trotz unterschiedlicher Formen und Abmessungen von Schleifkörpern ist ihnen doch allen der grundsätzliche Aufbau gemein: Kornwerkstoff, Bindung und Porenraum.

Schneidstoffe

Kornwerkstoffe   Als Kornwerkstoffe werden heute fast ausschließlich synthetisch hergestellte Materialien verwendet. Im einzelnen wird, in aufsteigender Härte, zwischen folgenden Werkstoffen unterschieden:

- Korund (Al_2O_3),
- Siliziumkarbid (SiC),
- kubisches Bornitrid (CBN) und
- (synthetischer) Diamant.

Neue Potentiale hinsichtlich Leistungsfähigkeit und Wirtschaftlichkeit, um die große Lücke zwischen den

konventionellen Schmelzkorunden und dem super-
harten kubischen Bornitrid zu schließen, bietet das im
Sol-Gel-Verfahren hergestellte Sinterkorund, das aufgrund seiner feinkristallinen Struktur für die Schleifbearbeitung verbesserte Verschleiß- und Materialei-
genschaften mit sich bringt und auch in der Schneidwerkzeugbearbeitung verstärkt Anwendung findet.
Diamant ist trotz der größten Härte aller vorhandenen
Schneidstoffe aufgrund seiner hohen chemischen Affi-
nität zum Eisen und geringen Temperaturbeständigkeit
nur für eine Nichtmetall-Bearbeitung, wie beispielsweise Glas oder Keramik, geeignet.

Bindung, Bauformen, Kenngrößen

Die Bindung hat die Aufgabe, das Korn solange festzuhalten bis es durch den Schleifprozeß abgestumpft ist,
um es anschließend freizugeben, so daß das nachfolgende scharfe Korn zum Eingriff kommen kann. Man
unterscheidet zwischen folgenden gängigen Bindun-
gen:

Bindungsarten

* Kunstharzbindung,
* keramische Bindung,
* metallische Bindung und
* galvanische Bindung.

Infolge der sehr guten Konditionierbarkeit, der hohen
Standzeit und Temperaturbeständigkeit keramisch
gebundener Schleifscheiben finden diese dadurch auch
im Hinblick auf den verstärkten Einsatz von Hochlei-
stungsschleifprozessen im Schneidwerkzeugbau eine
immer breitere Anwendungsbasis.

Keramische Bindung mit höchstem Innovationspotential

Bandschleifen

Das Schleifband besteht aus vier Hauptbestandteilen:
dem Trägermaterial, dem Bindungsmittel, dem Schleifkorn und dem Deckbinder. Dabei dient das Trägermaterial (Papier-, Natur- oder Kunstfaser) als Basis für die
Unterlage von Leim und Schleifkorn. Zur Fixierung der
Körner erfolgt das Auftragen eines Grundbinders
(Leim, Kunstharz) auf die Unterlage. Nach dem Korn-
auftrag wird das Schleifband mit einer Deckbinder-
schicht versehen (FROMLOWITZ 1992).

Schleifbandaufbau

Aufgrund der Linienberührung des Schleifbandes
mit dem Werkstück kann das Bandschleifen bei der
Schneidwerkzeugbearbeitung nur bei einfachen Geo-

Hohe Abtragleistung

metrien verwendet werden, ist aber aufgrund der höheren Abtragleistung gegenüber dem konventionellen Schleifprozeß von Vorteil.

4.6.2.3
Technologie

Einsatzvorbereitung

Um einen definierten Zustand des Schleifwerkzeugs zu erzeugen, der den Anforderungen des Schleifprozesses gerecht wird, ist es notwendig, bei Erstverwendung des Werkzeugs und in regelmäßigen Abständen über dessen Standzeit Makro- und Mikrogeometrie definiert zu verändern.

Das Konditionieren dient dabei als Oberbegriff für das Profilieren, Schärfen und Reinigen von Schleifwerkzeugen. Das Profilieren beseitigt Geometriefehler und verleiht dem Werkzeug die gewünschte Form. Durch das Zurücksetzen der Bindung zur Schaffung eines definierten Kornüberstandes erzeugt das Schärfen die erforderliche Schneidfähigkeit. Mit dem Reinigen des Schleifscheibe werden Span-, Korn- und Bindungsreste aus den Porenräumen entfernt.

Stellgrößen

Die für den Schleifprozeß maßgeblichen Stellgrößen sind unabhängig von der Verfahrensart:

- Zustellung,
- Vorschubgeschwindigkeit,
- Werkstückgeschwindigkeit,
- Zerspanleistung,
- Schnittgeschwindigkeit und
- Kühlschmierung (Zuführdruck, Durchflußmenge).

Verfahrensbedingte Restriktionen

Verfahrensbedingte Restriktionen sind seitens der Schleifmaschine hinsichtlich Bauform, Leistung und Anwendungsbereich gegeben. Ebenso beeinflußt und limitiert die Geometrie des Schleifwerkzeugs die Bearbeitungsmöglichkeiten am Werkstück, z.B. für die Fertigung von Radien und kleinen Bauteilen.

4.6.2.4
Kühlschmierstoffe

Aufgabe des Kühlschmierstoffes ist, die durch Scher-, Trenn- und Reibvorgänge entstehenden Wärmemengen abzuführen, um somit den thermisch bedingten Verschleiß der Schleifscheibe zu reduzieren, die Gefahr von Randzonenschädigungen des Werkstücks sowie die Reduzierung der Reibung zwischen Schleifkorn und Werkstück als auch zwischen Bindung und Werkstück durch Bildung eines stabilen Schmierfilms zu vermindern.

Des weiteren erfolgt durch den Einsatz von Kühlschmierstoffen bei der Schleifbearbeitung eine Reinigung der Schleifscheibe und der Werkstücke, dadurch ein Spänetransport weg von der Bearbeitungsstelle und eine Korrosionsschutzbildung für die Maschine und den Werkstückstoff (KÖNIG 1996).

In DIN 51385 ist die Terminologie der Kühlschmierstoffe festgelegt (DIN 1981). Entsprechend dieser Norm können, wie in Abb. 4.62 ersichtlich, Kühlschmierstoffe in nichtwassermischbare und wassergemischte Kühlschmierstoffe eingeteilt werden. **Einteilung**

Den wesentlichen Einfluß auf die Gebrauchseigenschaften von Kühlschmierstoffen übt die Art des Basisstoffs, Öl oder Wasser, aus. Mit der Verwendung von Schleifölen gegenüber wassergemischten Kühlschmierstoffen sind in vielen Fällen durch das Erreichen von niedrigeren Schleifkräften, höheren Oberflächengüten und geringeren Schleifscheibenverschleiß technologische Vorteile verbunden. Des weiteren weisen Schleiföle im allgemeinen eine aufgrund hoher Beständigkeit lange Lebensdauer auf und erfordern einen geringen Pflegeaufwand. Diesen Vorteilen stehen jedoch die erhöhte Brand- und Explosionsgefahr, die Neigung zur Nebelbildung und die erschwerte Reinigung der Werkstücke von anhaftendem Kühlschmierstoff entgegen (WARNECKE 1994). Bezüglich der Bearbeitung von Schneidwerkzeugen kann auf die Entscheidung der Verwendung von Öl oder Emulsion als Kühlschmierstoff auch keine allgemeingültige Aussage getroffen werden, sondern es ist jeweils anwendungsspezifisch eine Entscheidung zu treffen. Tendenziell geht aufgrund der immer höheren Entsorgungskosten **Öl oder Emulsion?**

von Schleifölen der Trend dahin, trotz technologischer Nachteile Emulsionen einzusetzen.

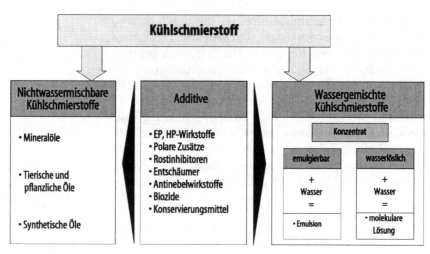

Bild 4.62   Einteilung der Kühlschmierstoffe (KÖNIG 1996)

Alle Kühlschmierstoffe werden bei Bedarf mit chemischen oder physikalischen Wirkstoffen additiviert, die bei den örtlich auftretenden hohen Temperaturen und Drücken mit dem Werkstoff reagieren und dabei wirksame Schmierfilme bilden (KÖNIG 1996).

4.6.3
Beschichtung von Aktivelementen

Hartstoffbeschichtungen dienen dem Verschleiß- und Korrosionsschutz

Im Schneidwerkzeugbau werden für die Aktivelemente zunehmend Hartstoffbeschichtungen eingesetzt. Sie dienen in erster Linie dem Verschleißschutz sowie dem Korrosionsschutz und sollen höhere Standzeiten, Prozeßgeschwindigkeiten und begrenzt auch einen verminderten Schmiermitteleinsatz ermöglichen. Dies wird durch eine hohe Schichthärte, eine gute Schichthaftung, eine verminderte Reibung zwischen der beschichteten Form und dem zu verarbeitenden Werkstoff und eine hohe chemische Beständigkeit zum Schutz vor Tribooxidation erreicht. Während Schichthärte und chemische Beständigkeit zu den Eigenschaften der einzelnen Schichtstoffe zählen, werden Schichthaftung und Reibungsverhalten in entscheidendem Maße vom Zustand der zu beschichtenden Werkstückoberfläche beeinflußt (MAUER 1995, KLOCKE U.A.

1996). Insbesondere für dickere Aktivelemente, die einen zähen Werkstoff aufgrund der Biege- und Zugbeanspruchung benötigen, empfiehlt sich eine Hartstoffbeschichtung.

Gängige Beschichtungsverfahren im Schneidwerkzeugbau sind die Chemical bzw. Physical Vapour Deposition-Verfahren (CVD, PVD) mit ihren Verfahrensvarianten sowie das Hartverchromen. Mit Hilfe der PVD-arc-Beschichtungstechnologie ist es möglich, nahezu alle beliebigen Schichtstoffe auch in Mehrlagensystemen abzuscheiden. Die Schichtstoffe werden insbesondere unter den Gesichtspunkten Härte, Reibungskoeffizient, Korrosionsbeständigkeit und Kosten ausgewählt. Gängige Schichtstoffe bzw. Schichtsysteme sind TiN, TiC, TiCN, TiAlN, CrN und CrAlN (RENTSCH 1996, MÜLLER 1996, WECK U.A. 1996). Die Eigenschaften der Schicht bzw. des Schicht-Substrat-Verbundes lassen sich über die Bias-Spannung und den Stickstoff-Partialdruck in einem weiten Bereich beeinflussen. Mit der Einstellung des Drucks ändern sich ebenfalls die Härtewerte der Schicht. So können Härtewerte zwischen 800 HV und 2230 HV erzielt werden. Im wesentlichen wird der Eigenspannungszustand der Schicht beeinflußt. In der Hartstoffschicht liegen grundsätzlich Druckeigenspannungen vor, welche in Hinblick auf eine optimale Schichthaftung möglichst klein sein sollten.

Die Beschichtung durch CVD-Verfahren hat gegenüber den PVD-Verfahren sowohl Vor- als auch Nachteile. Da die CVD-Verfahren bei Temperaturen oberhalb der Anlaßbeständigkeit von Werkzeugstählen ablaufen, ist für Stahlwerkzeuge eine nachfolgende Wärmebehandlung erforderlich, welche aber zu Maß- und Formungenauigkeiten durch Verzug führen kann. So ist z.B. bei Stahlbauteilen ab einem Schlankheitsgrad L/D > 10 mit Verzug zu rechnen. Dem gegenüber stehen die im allgemeinen höhere Haftfestigkeit und Eindringtiefe der CVD-Schicht in schmale und tiefe Öffnungen (MAUER 1995).

Abhängig von der Bauteilgeometrie, aber auch aus Kostengründen wird neben den PVD- und CVD-Techniken auch das Hartverchromen eingesetzt. Dieses galvanische Beschichtungsverfahren wird vornehmlich bei größeren Werkzeugoberflächen angewendet. Aufgrund der galvanischen Aufbringung bildet sich die

Gängige Beschichtungsverfahren

Besonderheiten der Beschichtungsverfahren

Schicht schollenförmig aus und muß teilweise nachge-
schliffen werden. In Tab. 4.3 sind zum Vergleich die
Eigenschaften einer Hartchromschicht und einer PVD-
CrN-Schicht gegenübergestellt.

Tabelle 4.3   Vergleich der Eigenschaften einer Hartchromschicht und
einer CrN-Schicht (KLOCKE U.A. 1996)

	Hartchromschicht	CrN-Schicht
Verfahren der Schicht-aufbringung	galvanisch	PVD
Härte	1100 HV	2000 HV
Aufbau der Schicht	Schollenstruktur	Stengelstruktur
Nachbearbeitung	Schleifen	evtl. Polieren
Mehrlagenschicht-systeme	nicht möglich	möglich
Versprödung der Schicht	durch Wasserstoff	keine
Kosten	100 %	200 %

Anforderungen an die Substratoberfläche

Damit eine optimale Haftung der genannten Hartstoffschichten erzielt wird, muß die Substratoberfläche eine
Reihe von Anforderungen erfüllen (Abb. 4.63).

Zum einen sollten die Oberflächenrauheiten gerin-
ger als $R_z = 1\,\mu m$ bzw. $R_a = 0{,}4\,\mu m$ sein (MAUER 1995).
Ferner sollte möglichst eine offene Polierstruktur vorliegen. Oberflächentopographien mit Hinterschneidungen, die z.B. durch ein „Umbiegen" von Rauheitsspitzen
beim Polieren mit Filzscheiben auftreten können, müssen vermieden werden. Auch Grate sind vor der Beschichtung zu entfernen, weil sie beim ersten Gebrauch
sofort abbrechen und an dieser Stelle ungeschütztes
Substrat freiliegt. In der äußersten Werkstückrandzone
dürfen sich keine Reaktionsprodukte oder Fremdmate-
rialien wie z.B. Silikone oder Plaste vom manuellen
Polieren, Rückstände von kunstharzgebundenen
Schleifscheiben oder Zink von der Drahtelektrode an-
lagern. Des weiteren ist eine harte Oberfläche des
Substratwerkstoffs erforderlich, da es ansonsten bei
Belastung des Bauteils zunächst zu einer Deformation
des Substrats kommt, die schließlich zur Schichtabplatzung führt. Als optimal haben sich druckeigenspan-
nungsbelastete Werkstückrandzonen erwiesen, da

hierbei das Interface zwischen der Hartstoffschicht und der Werkstückoberfläche nur einen geringen Spannungsausgleich bewirken muß. Liegen im Randbereich des Substrats jedoch Zugeigenspannungen durch die vorherige Bearbeitung, wie z.B. nach der Funkenerosion vor, kann dieser Spannungsunterschied zur Rißbildung und schließlich zur Schichtabplatzung führen. In diesen Fällen sollte das Werkstück vor dem Beschichten spannungsarm geglüht werden.

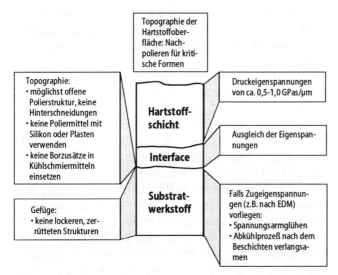

Bild 4.63   Aufbau einer beschichtungsgerechten Oberfläche (nach Hauzer)

Auch nach dem Beschichten ist in solchen Fällen darauf zu achten, daß der Abkühlvorgang sehr langsam abläuft. Das Gefüge der Randzone darf keine lockeren oder zerrütteten Strukturen aufweisen, wie dies z.B. der Fall sein kann, wenn ein Bauteil bereits vor dem Beschichtungsprozeß dynamisch belastet wurde.

Abkühlvorgang

Die gängigsten Maßnahmen zur Vorbereitung von Werkzeugen zum Beschichten sind u.a. die mechanische Nachbearbeitung der Oberfläche durch Schleifen oder Polieren, die funkenerosive Schlichtbearbeitung mit kleinen Entladeenergien und die elektrochemische Endbearbeitung zum Abtragen der weißen Randschicht. Aber auch das Strahlen mit Abrasivstoffen wie z.B. Al_2O_3-Körnern wird häufig zum Einbringen von Druckeigenspannungen eingesetzt.

Nachbearbeitungsverfahren

Chemische Reinigung und
Ionenätzen zum
Aktivieren der Oberfläche

Vor dem eigentlichen Beschichtungsprozeß werden die Bauteile in der Regel chemisch vorbehandelt, um Verunreinigungen und Materialablagerungen zu entfernen. Ferner wird in der Beschichtungskammer auch das Ionenätzen zum Abtragen der Randschicht im Nanometerbereich und zum Aktivieren der Oberfläche durch Energieeinbringung erfolgreich eingesetzt (KLOCKE U.A. 1996).

Welche Verfahrenskombination zur Erzielung einer aus beschichtungstechnischer Sicht optimalen Substratoberfläche führt, läßt sich nicht pauschal beantworten. Hier sind unter Berücksichtigung der Einsatzbedingungen, wie Schneidverfahren, Werkstückgeometrie und -werkstoff, der Werkzeugbaustoff, die Wärmebehandlung, die Endbearbeitung und die Hartstoffschicht aufeinander abzustimmen.

Beschichtungsgerechte
Konstruktion

Ein weiterer wichtiger Aspekt bei der Beschichtung besteht darin, eine ausreichende Zugänglichkeit der zu beschichtenden Flächen zu gewährleisten. Dies läßt sich durch konstruktive Maßnahmen, wie z.B. die Zweiteilung einer Matrize, erreichen.

Wiederbeschichtung

Für beschichtete Aktivelemente besteht nach dem Einsatz die Möglichkeit zur Wiederaufbereitung, sofern der Verschleißzustand des Substratwerkstoffs dies noch zuläßt. Eine Entschichtung mit anschließender Wiederbeschichtung oder ein Nachschleifen der Stirnflächen um das Maß der Verschleißzone sind hier mögliche Alternativen.

4.7
Verfahrensplanung

In den bisherigen Abschnitten des Kapitels 4 wurden alternative Fertigungstechnologien zur Herstellung von Werkzeugen und Werkzeugkomponenten beschrieben. Bei der Auswahl der Technologien sind neben den technischen auch ökonomische Kriterien zu berücksichtigen. Im folgenden wird eine Methode vorgestellt, mit der auf Basis von Kosteninformationen Entscheidungen bei der Auswahl der Fertigungsverfahren unterstützt werden können. Hierzu werden die Ziele und Randbedingungen der Verfahrensplanung beschrieben, die zur Planung benötigten Kosteninformationen hergeleitet, ein Kalkulationssystem aufgebaut und die Vorgehensweise bei der Planung beschrieben.

Im Rahmen der Arbeitsvorbereitung werden die Produktionsprozesse festgelegt, die erforderlich sind, um das bei der Konstruktion spezifizierte Werkzeug herzustellen. Die Arbeitsvorbereitung kann in die Bereiche Arbeitsplanung und Arbeitssteuerung unterteilt werden (Abb. 4.64).

Verfahrensplanung ist eine Aufgabe bei der Arbeitsplanung

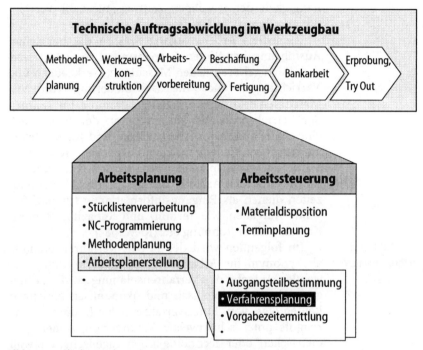

Bild 4.64   Gliederung der technischen Auftragsabwicklung

Eine wesentliche Aufgabe innerhalb der Arbeitsplanung ist die Arbeitsplanerstellung, bei der unter anderem die technologisch und wirtschaftlich optimale Arbeitsvorgangsfolge festgelegt wird. Die einzelnen Arbeitsvorgänge werden hinsichtlich der zu verwendenden Maschinen und Betriebsmittel (Werkzeuge, Vorrichtungen etc.) sowie der zu ihrer Ausführung erforderlichen Zeiten spezifiziert (REFA 1985). Bei der Ermittlung der optimalen Fertigungsreihenfolge sind zunächst unter Berücksichtigung der im Unternehmen vorhandenen Betriebsmittel die technologisch sinnvollen Verfahrensalternativen zur Erzeugung der Fertigteilgeometrie zu bestimmen. Aus diesen Herstellalternativen ist diejenige auszuwählen, die unter wirt-

Arbeitsplanerstellung

schaftlichen Kriterien die günstigste Lösung darstellt. Dazu sind die Fertigungszeiten und -kosten für die konkurrierenden Arbeitsvorgangsfolgen zu bestimmen. Da die Wirtschaftlichkeit einer Arbeitsvorgangsfolge auch von der zu fertigenden Stückzahl abhängig ist, werden in den Arbeitsplänen oft alternative Verfahrensfolgen dokumentiert, die in der Fertigung in Abhängigkeit der jeweiligen Auftragsstückzahl Verwendung finden.

Zu jedem Arbeitsvorgang müssen die bei seiner Ausführung benötigten Betriebsmittel festgelegt werden. Dazu gehören neben Maschinen, Werkzeugen und Vorrichtungen auch die zur Steuerung von NC-Maschinen erforderlichen NC-Programme. Im Rahmen der Betriebsmittelauswahl erfolgt in der Regel auch eine Zuordnung von Arbeitsplätzen und Kostenstellen zu den verschiedenen Arbeitsvorgängen. Als letzter Schritt der Arbeitsplanerstellung werden Vorgabezeiten für die einzelnen Arbeitsvorgänge ermittelt. Diese Sollzeiten dienen als Eingangsinformationen für nachfolgende Aufgaben, wie Termin- und Kapazitätsplanung, Kalkulation, Entlohnung etc. (REFA 1985)

Aufgabe der Verfahrensplanung

Im folgenden wird der Begriff Verfahrensplanung als Synonym für Arbeitsvorgangsfolgeermittlung verwendet. Aufgabe der Verfahrensplanung ist die Festlegung einer technologisch und ökonomisch günstigen Reihenfolge von Einzelverfahren, durch die ein Erzeugnis unter schrittweiser Veränderung seiner geometrischen oder technologischen Eigenschaften vom Roh- in den Fertigzustand überführt wird.

Dabei muß allerdings berücksichtigt werden, daß die Wirtschaftlichkeit einer Arbeitsvorgangsfolge nicht nur von den ausgewählten Fertigungsverfahren, sondern auch von der Geometrie und Technologie des Rohteils, den Kostensätzen der Betriebsmittel sowie den Bearbeitungszeiten der einzelnen Prozesse abhängig ist. Eine Optimierung des Herstellprozesses nach ökonomischen Kriterien wird nur in Ausnahmefällen allein auf Basis der Arbeitsvorgangsfolge möglich sein. In der Praxis ist eine differenzierte und exakte Verfahrensplanung in der Regel nur unter Berücksichtigung aller Ergebnisse der Arbeitsplanerstellung möglich. So können zum Beispiel die Kosten der konkurrierenden Verfahren Senkerodieren und Fräsen nur dann korrekt gegenübergestellt werden, wenn neben der Arbeitsvorgangsfolge bereits Ausgangsteile, Betriebsmittel und Fertigungszeiten geplant wurden.

Eine kostenoptimale Auslegung des Herstellprozes-   Iterative Planung
ses der Werkzeuge erfordert also eine alle Teilaufgaben der Arbeitsplanung umfassende Wirtschaftlichkeitsbetrachtung. Demnach ist es häufig nicht ausreichend, die Vorgehensweise zur Arbeitsplanung für jeden Auftrag nur einmal zu durchlaufen. Vielmehr sind Planungsfunktionen parallel für alle konkurrierenden Herstellverfahren auszuführen, um deren relative Eignung für den jeweiligen Anwendungsfall bestimmen zu können.

Im folgenden sollen die Anforderungen an die zum ökonomischen Vergleich konkurrierender Herstellverfahren erforderlichen Kosteninformationen erläutert werden.

4.7.1
Zur Verfahrensplanung benötigte Kosteninformationen

Da die Verfahrensplanung im zeitlichen Ablauf vor der Fertigung liegt, muß eine Prognose der in den produzierenden Bereichen entstehenden Kosten vorgenommen werden. Man spricht von einer Kostenplanung.

Wie bei jedem anderen Planungsprozeß ist die Vor-   Optimale Planungstiefe
aussage der zu erwartenden Kosten mit einer gewissen Unsicherheit behaftet, die von der Planungstiefe abhängig ist. Mit einer detaillierten Planung lassen sich im allgemeinen genauere Ergebnisse erzielen, als dies bei einer Grobplanung möglich ist. Jedoch führt die Steigerung der Planungstiefe auch zu einer Erhöhung der dadurch entstehenden Kosten. Andererseits führt eine grobe Kostenplanung häufig zu fehlerhaften Prognosen, die später Mehrkosten in der Produktion nach sich ziehen. Es gilt also den Detaillierungsgrad der Kostenplanung hinsichtlich zweier gegenläufiger Ziele "Minimierung des Planungsaufwands" und "Maximierung der Planungsgenauigkeit" zu optimieren. Die Planungstiefe bei der Kostenbetrachtung ist derart zu bestimmen, daß ein Gesamtoptimum aus Fehlerkosten und Planungskosten erreicht wird.

Sie kann jedoch nicht allgemeingültig festgelegt werden, sondern muß jedem konkreten Planungsfall angepaßt werden. Dabei ist für unterschiedliche Detaillierungsgrade eine Abschätzung zwischen der Höhe der Fehlerkosten und dem entstehenden Planungsaufwand vorzunehmen, um eine an die jeweilige Entscheidungssituation angepaßte Planungstiefe bestimmen zu können. Oftmals reicht eine grobe Abschätzung der entstehenden Kosten aus, um eine Verfahrensentscheidung zwischen konkurrierenden Herstellalternativen herbeiführen zu können. Eine exakte Planung des Produktionsfaktorenverbrauchs ist nur erforderlich, falls sich nach der Grobplanung keines der zu bewertenden Verfahren eindeutig als wirtschaftlicher herauskristallisiert hat. Bei der Festlegung der Planungsgenauigkeit ist insbesondere zu beachten, daß im Werkzeugbau nur für kleine Losgrößen geplant wird. Das heißt, die Anzahl der einzelnen Planungsvorgänge im Werkzeugbau ist hoch, ein Planungsfehler wirkt sich nicht so gravierend aus, wie bei einer Großserie. Daher ist eine geringere Planungsgenauigkeit erforderlich, als bei Massenherstellern.

Nachteile der Maschinenstundensatzrechnung
Die derzeit im Rahmen der Verfahrensplanung verwendete Wirtschaftlichkeitsbetrachtung auf Basis von Maschinenstundensätzen hat den Nachteil, daß Kosten für vor- und nachgelagerte Bereiche in der Regel nur durch Verwendung undifferenzierter Zuschlagsätze berücksichtigt werden. Dies hat zur Folge, daß solche Kosten, die indirekt aus der Verfahrensausführung entstehen, nicht korrekt quantifiziert werden. Gerade im Werkzeugbau mit seiner Einzel- und Kleinserienfertigung, wo ein hoher Anteil der Gesamtkosten für vor- und nachgelagerte Bereiche anfällt, ergeben sich daraus bei der Auswahl der ökonomisch günstigeren Arbeitsvorgangsfolge häufig Fehlbeurteilungen.

Indirekte Prozesse
Bei der Beurteilung der Wirtschaftlichkeit eines Herstellverfahrens konzentrieren sich die planerischen Aktivitäten derzeit mehrheitlich auf die sogenannten "direkten Prozesse", die unmittelbar zur Veränderung geometrischer und technologischer Merkmale des Bauteils dienen (Abb. 4.65). Im Zuge wachsender Automatisierung und Rationalisierung ist deren Anteil am gesamten Prozeß jedoch deutlich gesunken, wohingegen der Aufwand für "indirekte", also planende Prozesse in gleichem Maße angestiegen ist (HORVÁTH U. RENNER 1990).

Aufgrund der zunehmenden Bedeutung dieser indirekten Prozesse innerhalb der Wertschöpfungskette des Werkzeugbaus ergibt sich hieraus die Notwendigkeit, daß im Rahmen des wirtschaftlichen Verfahrensvergleichs neben den direkten Produktionsprozessen auch die indirekten Prozesse, die sich durch die Auswahl eines bestimmten Fertigungsverfahrens ergeben, zu berücksichtigen und durch geeignete Kalkulationsgrößen zu erfassen sind.

Um die Kosten bewerten zu können, müssen die konkurrierenden Verfahren in Einzelprozesse zerlegt und deren Kosten im Detail betrachtet werden. Dadurch wird die heterogene Kostenstruktur der Einzelprozesse deutlich. Bei einer globalen Betrachtung der Arbeitsvorgangsfolge würden diese Unterschiede nicht berücksichtigt und die Plankosten folglich nicht korrekt bestimmt.

Betrachtung der Einzelergebnisse

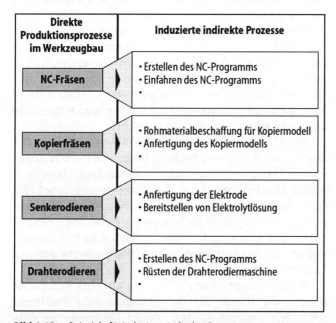

Bild 4.65   Beispiele für induzierte indirekte Prozesse

Als Abgrenzungskriterium zur Betrachtung der Einzelprozesse im Rahmen der Plankostenermittlung ist somit die Gleichartigkeit der kostenbeeinflussenden Größen, also der Kostentreiber, anzusetzen. So kann beispielsweise das Verfahren "Herstellen einer Spritzgießform durch NC-Fräsen" in den Einzelprozeß "Erstellen des NC-Programms" und "Zerspanen" zerlegt werden. Damit wird deutlich, daß der erste Prozeß zu den personalkostenintensiven gehört, während beim Prozeß

"Zerspanen" die Betriebsmittelkosten den größten Kostenfaktor darstellen.

Erst diese detaillierte kostenmäßige Bewertung auf der Ebene der Einzelprozesse ermöglicht eine korrekte Aussage über die Wirtschaftlichkeit eines Verfahrens. In der Praxis bereitet diese Forderung jedoch häufig Probleme, da die Schwierigkeiten immer dann auftreten, wenn Kosten nicht direkt einer Einheit im Unternehmen zugeordnet werden können. Einzelkosten, die direkt mit der Herstellung eines Werkzeugs verknüpft sind, lassen sich immer den einzelnen Kostenträgern und Herstellprozessen zuordnen. Schwieriger gestaltet sich die Umlage der Gemeinkosten, die nicht aus dem Herstellprozeß resultieren, sondern durch Tätigkeiten entstehen, die für mehrere oder gar alle Erzeugnisse eines Unternehmens verbraucht werden.

In einem wirtschaftlichen Verfahrensvergleich muß vor allem eine verursachungsgerechte Zuordnung der Gemeinkosten zu den Einzelprozessen möglich sein. Einem Prozeß sind also nur die Kosten zuzuordnen, die aufgrund seiner Ausführung entstehen.

Grenzkosten

Als Richtlinie für eine korrekte Kostenverteilung ist das auf dem Verursachungsprinzip aufbauende sogenannte "Marginalitätsprinzip" bekannt. Danach werden einem Herstellprozeß nur die Kosten zugerechnet, die dem Unternehmen bei seiner Ausführung als Mehrkosten entstehen. Diese Mehrkosten werden auch Grenzkosten genannt und sind als diejenigen Kosten zu verstehen, die das Unternehmen bei Nichtanwendung des Verfahrens einsparen würde.

Bei den Grenzkosten handelt es um eine Kostendifferenz, die durch die Verfahrensauswahl bestimmt wird. Alle anderen Kosten, die im Unternehmen entstehen, sind durch eine Verfahrensentscheidung nicht zu beeinflussen. Sie sind also als Entscheidungsgrundlage nicht von Bedeutung.

Voraussetzung für einen wirtschaftlichen Verfahrensvergleich ist also die Kenntnis der verfahrensspezifischen Grenzkosten. Diese sind dabei von der Kostenfunktion abhängig. Sie beschreibt den Zusammenhang zwischen den Kosten und der Leistung.

Der Verlauf der Kostenfunktion wird von verschiedenen Kostenanteilen beeinflußt. Die leistungsunabhängigen Kosten bilden eine konstante Grundlage, während die leistungsabhägigen Kosten mit der Leistung variieren, also zu einer Steigung der Kostenfunktion führen und somit als Grenzkosten eines bestimmten Ausstoßes aufgefaßt werden können.

Zur Ermittlung der Grenzkosten müssen also neben der späteren Leistung auch die Kostenfunktion und die aktuellen Leistungsmengen bekannt sein. Dies ist problematisch, da die Verfahrensplanung vor der Werkzeugherstellung erfolgt, der Arbeitsplaner zum Zeitpunkt der Verfahrensplanung also keine gesicherten Informationen über die Leistungsmengen der Prozesse zum späteren Produktionszeitpunkt hat. Die einzige Möglichkeit besteht in der Aufstellung von Prognosen, die jedoch in der Praxis stets mit gewissen Unsicherheiten behaftet sind. Sie werden um so größer, je größer der zeitliche Abstand zwischen Verfahrensplanung und Werkzeugherstellung ist.

Daher sollte der Zeitpunkt der Verfahrensentscheidung soweit wie möglich in die Nähe der Verfahrensausführung verlagert werden, um eine größtmögliche Sicherheit bei der Prognose und damit der Höhe der Grenzkosten zu erlangen.

Neben den direkten Kosten sind zu den beschriebenen Grenzkosten weitere Folgekosten hinzuzurechnen, die sich aus der Belegung der im Unternehmen nur begrenzt zur Verfügung stehenden Kapazitäten ergeben. Wird eine bestimmte Kapazität, z.B. eine Fertigungsmaschine, zu einem bestimmten Zeitpunkt für die Herstellung eines Werkzeugs benötigt, so kann diese Kapazität währenddessen nicht anderweitig genutzt werden. Da in der Praxis häufig mehrere Werkzeuge um die eingeschränkt vorhandenen Ressourcen konkurrieren, hat eine Verfahrensauswahl oft die Verschiebung von anderen Prozessen auf einen späteren Zeitpunkt zur Folge. Resultieren aus dieser zeitlichen Verlagerung Lieferschwierigkeiten oder eine Verschiebung von Fertigstellungsterminen, dann sind diese entstehenden Folgekosten auch zu berücksichtigen.

Diese Folgekosten, die indirekt aus der Verfahrensausführung entstehen, werden als Opportunitätskosten bezeichnet und werden relevant, sobald Engpässe in der Fertigung auftreten. Ein Engpaß tritt dann auf, wenn in einer bestimmten Zeitspanne die zur Verfügung stehenden Kapazitäten nicht ausreichen, um die geplanten Prozesse auszuführen.

Ermittlung der Grenzkosten

Opportunitätskosten bei Ressourcenknappheit

Kapitalbindungskosten   Ein weiterer wichtiger Kostenfaktor, der bei der Verfahrensplanung zu berücksichtigen ist, ist die Entstehung von Kosten durch gebundenes Kapital. Diese Zinskosten entstehen infolge des Kapitaleinsatzes während der Verfahrensausführung. Das Kapital wird z.B. durch den Einkauf von Rohmaterial oder durch die Abrechnung von Lohnstunden beansprucht. Dieses Kapital fließt erst beim Verkauf des Werkzeugs wieder als Ertrag in den Werkzeugbau zurück und ist somit für die Zwischenzeit als gebunden zu betrachten. Das gebundene Kapital muß kalkulatorisch verzinst werden, da es bei Nichtanwendung des Verfahrens anderweitig zu einem bestimmten Zinssatz hätte angelegt werden können. Daher sind diese entgehenden Zinserträge als Kapitalkosten bei Bestimmung der Verfahrenskosten zu berücksichtigen.

Unterscheiden sich zwei konkurrierende Herstellverfahren hinsichtlich der Dauer, so unterscheidet sich auch die Dauer der Kapitalbindung und somit die Höhe der Kapitalkosten. Aus diesem Grund muß im Rahmen des wirtschaftlichen Verfahrensvergleichs eine Abschätzung der Durchlaufzeiten und der damit verbundenen Zinskosten durch Kapitalbindung erfolgen.

Die in diesem Abschnitt beschriebenen Anforderungen an die Kosteninformationen, die zur Verfahrensplanung benötigt werden, sind abschließend in Abb. 4.66 noch einmal zusammengefaßt.

4.7.2
Kalkulationssysteme für die Verfahrensplanung

Für die wirtschaftliche Bewertung von Geschäftsaktivitäten sind verschiedene Kalkulationssysteme entwickelt worden. Das generelle Ziel dieser Verfahren ist die realistische und verursachungsgerechte Bestimmung von Kosten. Dabei unterscheiden sich die Verfahren im wesentlichen in der Zuordnung von indirekten Tätigkeiten (Kap. 4.7.1) zu einem Produktionsprozeß. Neben traditionellen Kalkulationssystemen soll im folgenden das prozeßkostenbasierte Kalkulationssystem vorgestellt werden, das eine detailliertere Zuordnung von Kosten zu Produktionsprozessen erlaubt. Die Anwendung dieses Kalkulationssystems wird in Kap. 4.7.3 an einem Beispiel vorgestellt.

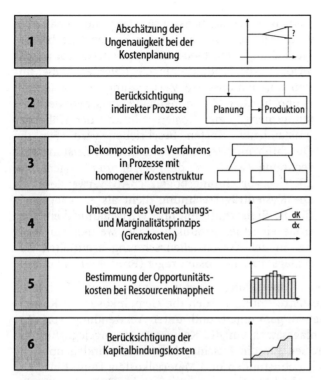

1	Abschätzung der Ungenauigkeit bei der Kostenplanung
2	Berücksichtigung indirekter Prozesse
3	Dekomposition des Verfahrens in Prozesse mit homogener Kostenstruktur
4	Umsetzung des Verursachungs- und Marginalitätsprinzips (Grenzkosten)
5	Bestimmung der Opportunitäts- kosten bei Ressourcenknappheit
6	Berücksichtigung der Kapitalbindungskosten

Bild 4.66 Anforderungen an die zur Verfahrensplanung benötigten Kosteninformationen

4.7.2.1
Traditionelle Kalkulationssysteme

Die produktionsvorbereitende Kalkulation in der Verfahrensplanung erlaubt, Entscheidungen über zukünftig auszuführende Herstellprozesse zu fällen. Kostenplanung kann durch verschiedene Kostenrechnungssysteme unterstützt werden. Traditionell werden drei Teilbereiche der Kostenrechnung unterschieden.

1. In der Kostenartenrechnung werden die bei der betrieblichen Leistungserstellung anfallenden Kosten systematisch erfaßt und gegliedert. Verschiedene Kostenarten sind in Kap. 4.7.1 vorgestellt. Die Kostenarten werden nach Art der Verrechnung in Einzel- und Gemeinkosten unterteilt.

2. In der Kostenstellenrechnung werden die Kostenarten auf betriebliche Kostenstellen aufgeteilt. Durch Bildung dieser Abrechnungsbereiche können

Traditionelle Kostenrechnung

Gemeinkosten bereichsweise erfaßt und gemäß dem Aufwand, der innerhalb einer Kostenstelle bei der Herstellung verschiedener Erzeugnisse verursacht wird, auf die Produkte umgelegt werden. Dabei finden Kalkulationssätze Verwendung, mit denen ein proportionaler Zusammenhang zwischen der Leistungsmenge einer Kostenstelle und der Höhe der entstandenen Kosten beschrieben wird. Für die Durchführung der innerbetrieblichen Leistungsverrechnung wird in der Regel der sogenannte „Betriebsabrechnungsbogen" (BAB) verwendet.

3. Die Kostenträgerrechnung dient als Ausgangsbasis für die Preisermittlung und Wirtschaftlichkeitskontrolle einzelner Produkte. Dabei werden auf Basis der in der Kostenstellenrechnung ermittelten Zuschlagssätze die Kostenträger (Produkte) kalkuliert.

Bei Anwendung dieser dreistufigen Standard-Kostenrechnung werden die Gemeinkosten in Kostenstellen gesammelt und unter Verwendung von Zuschlagssätzen auf die Kostenträger umgelegt. Bezugsgrößen für die Zuschlagskalkulation sind hauptsächlich Lohnstunden und Materialkosten. Diese Einzelkosten machen aber nur einen Teil der Gesamtkosten des Unternehmens aus. Auch die Verwendung von Maschinenstundensätzen bietet kein geeignetes Maß für den Verfahrensvergleich, da der entstehende Planungs-, Steuerungs- und Koordinationsaufwand nicht entsprechend berücksichtigt wird.

Herkömmliche Kalkulationssysteme sind nicht verursachungsgerecht

Die Anwendung herkömmlicher Kalkulationssysteme führt nicht zu einer verursachungsgerechten Verteilung der Gemeinkosten auf Kostenstellen. Zudem gibt diese Art der Kalkulation kaum Aufschluß über die Entstehung von Folgekosten durch indirekte Tätigkeiten, die mit der Durchführung bestimmter Tätigkeiten verbunden sind.

Die beschriebenen Defizite waren der Ausgangspunkt für die Entwicklung der Prozeßkostenrechnung.

4.7.2.2
Prozeßkostenbasierte Kalkulationssysteme

Verteilung der Gemeinkosten

Zielsetzung der Prozeßkostenrechnung im Werkzeugbau ist, durch eine differenzierte Analyse der Wertschöpfungsprozesse im Werkzeugbau eine systematische Gliederung des Gemeinkostenblocks und damit

eine verursachungsgerechte Kostenverteilung zu erreichen. Für die Verrechnung der Gemeinkosten werden
pro Einzelprozeß innerhalb des Werkzeugbaus die
kostenbestimmenden Einflußfaktoren ermittelt. Diese
Einflußfaktoren dienen als Grundlage für die Verrechnung der Gemeinkosten. Infolge des wesentlich höheren Detaillierungsgrades wird die Genauigkeit und
damit die Qualität der Kalkulation verbessert.

Der Aufbau eines prozeßkostenbasierten Kalkulationsschemas für die Verfahrensplanung geschieht in
fünf Schritten. Zum ersten werden die Prozeßmodelle
für die zu vergleichenden Verfahren aufgestellt. In einem zweiten Schritt werden die Prozeßkosten identifiziert, die durch die Durchführung des Prozesses entstehen. Kosten, die von der erzeugten Leistungsmenge
unabhängig sind, brauchen für einen Vergleich nicht
berücksichtigt zu werden. Der dritte Schritt umfaßt die
Identifikation von Kostentreibern. Kostentreiber sind
dabei auftragsbezogene Merkmale, die die Prozeßleistung im wesentlichen bestimmen. Beispiele für den
Werkzeugbau sind der Rohmaterialeinkauf oder die
Werkzeugdisposition. Sind die Kostentreiber gefunden,
muß in einem vierten Schritt die Relation zwischen
dem Kostentreiber und den Prozeßkosten ermittelt
werden. Der fünfte Schritt umfaßt den Aufbau eines
Berechnungsschemas zur Bestimmung der Verfahrensgrenzkosten. Verfahrensgrenzkosten sind Kosten, die
unmittelbar entfallen, sofern das entsprechende Produkt nicht hergestellt wird. Anhand der ermittelten
Grenzkosten können die zu vergleichenden Verfahren
direkt bewertet werden. Im folgenden werden die verschiedenen Schritte näher erläutert.

Aufbau einer prozeßkostenbasierten Kalkulation

Aufstellen des Prozeßmodells

Die korrekte Ermittlung von Verfahrenskosten erfordert eine Dekomposition der Verfahrensvarianten in
Einzelprozesse mit homogener Kostenstruktur. Das
Ergebnis ist ein Prozeßmodell, das die zur Verfahrensausführung erforderlichen Einzelprozesse enthält.

Zum Aufbau des Modells bietet sich ein Top-Down
Ansatz an, wobei die Einzelprozesse durch sukzessives
Verfeinern des Gesamtverfahrens ermittelt werden. Als
Grundlage dient eine Prozeßanalyse, die innerhalb der
von der Verfahrensdurchführung betroffenen Bereiche
des Werkzeugbaus durchgeführt wird.

Schritt 1: Welche Prozess-schritte werden durchlaufen?

Top-Down Ansatz ist für die Prozeßmodellierung geeignet

Mitarbeiterbefragungen sind für die Analyse gut geeignet

Die geeignetste Vorgehensweise für diese Analyse ist ein persönliche Befragung der Mitarbeiter. Ausgangspunkt ist die Frage nach denjenigen Prozessen, die zur Ausführung der verschiedenen Herstellverfahren erforderlich sind. Für die Detaillierung gilt, daß Aktivitäten dann als getrennte Prozesse betrachtet werden sollten, wenn sie hinsichtlich des Verbrauchs an Produktionsfaktoren ein unterschiedliches Verhalten aufweisen. Der erforderliche Detaillierungsgrad ist erreicht, wenn sich innerhalb der einzelnen Prozesse keine Einzeltätigkeiten finden lassen, deren Kosten ein nichtproportionales Verhalten zueinander aufweisen.

Indirekte Prozesse müssen erfaßt werden

Beim Aufbau des Prozeßmodells müssen insbesondere die indirekten Prozesse berücksichtigt werden, die der Planung, Vorbereitung oder Überwachung der Verfahrensdurchführung dienen. Daher sind im Rahmen der Analyse auch Kostenstellen wie Arbeitsvorbereitung, Qualitätssicherung etc. einzubeziehen. Verfahrensübergreifende Prozesse, die unabhängig von der Wahl des Verfahrens durchgeführt werden, wie *Abteilung leiten* oder *Gebäude reinigen*, können bei der Analyse ausgeklammert werden, da sie keinen Einfluß auf die Verfahrensauswahl besitzen.

Ergebnis ist eine Prozeßliste

Als Ergebnis der Prozeßmodellierung reicht eine unverknüpfte Liste der zu durchlaufenden Einzelprozesse aus.

Identifizierung leistungsmengenabhängiger Prozeßkosten

Schritt 2: Welche Prozeßkosten hängen von der Leistungsmenge ab?

Um eine verursachungsgerechte Bestimmung von Verfahrenskosten zu erreichen, wird bei der Ermittlung der Prozeßkosten lediglich der Ressourcenverzehr bewertet, der mit der Prozeßleistung variiert. Aus diesem Grund ist eine Unterteilung der Prozeßkosten in leistungsmengenabhängige (variable) und leistungsmengenneutrale (fixe) Kostenarten erforderlich. In Abb. 4.67 ist für die wichtigsten Kostenarten eine Unterteilung vorgenommen worden.

Kostenarten	Leistungsmengenabhängig	Leistungsmengenneutral
Sachkosten	• Kosten für Rohmaterial • Kosten für Zukaufteile	
Personalkosten	• Lohnkosten eines Maschinenbedieners	• Gehalt des Abteilungsleiters • Lohn/Gehalt des Meisters
Kalk. Abschreibungen		• Abschreibung auf Flächen, Gebäude, Maschinen
Kapitalkosten	• Verzinsung des als Umlaufver- mögen gebundenen Kapitals	• Verzinsung des als Anlagever- mögen gebundenen Kapitals
Kosten für Fremdleistungen	• Kosten für externe Konstruktion • Transportkosten	• Kosten für Gebäudereinigung
Energiekosten	• Stromkosten • Kosten für Gas, Wasser, ...	• verbrauchsunabhängige Energiekosten (Heizung etc.)
Steuern und Gebühren		• Grundsteuer • Ertrags-, Körperschaftssteuer

Bild 4.67 Beispiele für leistungsmengenabhängige und -neutrale Kostenarten

Sind die leistungsmengenabhängigen Prozeßkostenarten ermittelt, werden pro Kostenstelle die aus der traditionellen Kostenrechnung bekannten Kosten auf die neu definierten Prozeßkostenarten übertragen (Abb. 4.68). Die Zuordnung der Stellenkosten auf die einzelnen Prozesse erfolgt anhand der durchgeführten Prozeßanalyse. Dabei werden einzelnen Tätigkeiten die für die Durchführung erforderlichen Ressourcen zugeordnet. Ergebnis ist die Bestimmung der Kosten pro Prozeß.

Übertragung der Stellenkosten auf Prozeßschritte

Identifikation von Kostentreibern

Die aus der betrieblichen Kostenrechnung bekannten Stellenkosten beziehen sich meist auf eine feste Abrechnungsperiode. Dies gilt auch für die Prozeßkostenrechnung. Zur Bestimmung von Verfahrenskosten werden jedoch Prozeßkostensätze benötigt, mit denen die Messung des bei einer bestimmten Prozeßausführung entstehenden Ressourcenverzehrs möglich ist. Aus diesem Grund müssen beim Aufbau des Kalkulationssystems für die Verfahrensplanung prozeßspezifische Kostentreibergrößen ermittelt werden, mit denen die Prozeßleistung gemessen und der Verbrauch an Pro-

Schritt 3: Welche Kenngrößen beeinflussen den Ressourcenverzehr?

duktionsfaktoren für die jeweils zu beurteilende Verfahrensalternative bestimmt werden können.

Kostenstelle: Materialverwaltung			Rohmaterial kommissionieren	Einzelteile kommissionieren	Bereitstellen
Kostenart	Kostenstellenkosten	davon lmi	Prozeßkosten	Prozeßkosten	Prozeßkosten
Personal-kosten	435.000 DM für 8700 Lohnstunden	435.000	75.000 (1500 Lohnstunden)	60.000 (1200 Lohnstunden)	300.000 (6000 Lohnstunden)
	85.000 DM für Meisterlohn	/	/	/	/
Energie-kosten	55.000 DM für 220000 kWh Strom	55.000	10.000 (40000 kWh)	15.000 (60000 kWh)	30.000 (120000 kWh)
Kosten für Fremd-leistungen	120.000 DM für 2400 genutzte CPU-Minuten	120.000	50.000 (1000 CPU-Minuten)	70.000 (1400 CPU-Minuten)	/
lmi: leistungsmengeninduziert CPU: Central Processing Unit	Summe:	610.000	135.000	145.000	330.000

Bild 4.68   Aufteilung der Stellenkosten auf Prozesse

Ideale Maßgrößen

Ideale Maßgrößen haben eine kostenbestimmende Wirkung, sind leicht verständlich und anhand von Informationen, die dem Verfahrensplaner vorliegen, zu bestimmen. Die Auswahl dieser Maßgrößen muß unternehmensspezifisch durchgeführt und an der jeweiligen Produktion ausgerichtet werden. Beispiele für Kostentreiber sind

- Anzahl von Rüstvorgängen,
- Rüstzeit,
- Hauptzeit,
- beanspruchter Lagerraum,
- Anzahl der Einzelteile,
- Losgröße und
- Gewicht.

Ermittlung von Kostentreibern

Die Kostentreiber werden durch Befragungen der betroffenen Mitarbeiter ermittelt und durch Korrelationsanalysen überprüft. Zusätzlich kann durch einen Vergleich der Prozeßkosten verschiedener Aufträge festgestellt werden, welche Parameter eine positive oder negative Beeinflussung des Ressourcenverzehrs bewirken. Ergebnis dieses Arbeitsschrittes ist die Festlegung der Kostentreiber.

Ermitteln der Kostenfunktion

Für die einzelnen Prozesse wird eine Kostenfunktion ermittelt, die den mathematischen Zusammenhang zwischen den Kostentreibergrößen und der Höhe der entstehenden Prozeßkosten beschreibt. Diese Kostenfunktion kann dafür genutzt werden, bei unterschiedlichen Entscheidungssituationen die entstehenden Prozeßgrenzkosten zu bestimmen. Da der Verlauf der Kostenfunktion von dem jeweiligen Prozeß abhängt, muß pro Prozeß der Verlauf des Ressourcenverzehrs über die Kostentreibergröße separat ermittelt werden. Grundsätzlich kann zwischen zwei verschiedenen Verfahren zur Bestimmung der Kostenfunktion unterschieden werden:

Schritt 4: Wie hängt der Kostentreiber mit den anfallenden Kosten zusammen?

1. Bei einem analytischen Vorgehen werden auf Basis der im Unternehmen vorhandenen Erfahrung Kostenverläufe angenommen.
2. Kann keine eindeutige Relation gefunden werden, ist ein statistisches Vorgehen notwendig. Hierfür bieten sich Verfahren wie z.B. die Regressionsanalyse an. Die Anwendung statistischer Verfahren erfordert einen aussagekräftigen Bestand an prozeßspezifischen Kostendaten und zugehörigen Kostentreiberausprägungen.

Da das statistische Vorgehen einen wesentlich höheren Aufwand mit sich bringt, sollte versucht werden, Lösungen auf analytischem Wege zu finden. Zudem ist darauf zu achten, daß die Kostenfunktionen möglichst einfach repräsentiert werden können, da sonst die Komplexität bei der Anwendung des Kalkulationssystems steigt. Als Ergebnis liegt für jeden Prozeß eine eindeutige Relation zwischen den Ausprägungen der Kostentreiber und den entstehenden Kosten vor.

Analytische Verfahren sind einfacher durchzuführen

Aufbau des Berechnungsschemas

In diesem Schritt wird ein Berechnungsschema entwickelt, mit dem die Grenzkosten der konkurrierenden Verfahrensalternativen gegenübergestellt und die ökonomisch günstigste Herstellvariante ermittelt werden. Dieses Schema ist unternehmensspezifisch aufzubauen und kann dann entsprechend wiederverwendet werden. Für jeden Prozeß, der innerhalb eines Verfahrens durchlaufen wird, werden die Kostentreiber, deren geschätzte Ausprägung sowie die Kostenfunktionen ein-

Schritt 5: Wie werden die Prozeßkosten für den Verfahrensvergleich berechnet?

getragen. Hieraus ergeben sich direkt die Prozeßkosten. Neben den direkten Prozeßkosten sind zusätzlich Opportunitätskosten zu ermitteln. Opportunitätskosten entstehen beispielsweise durch Kapazitätsengpässe, die dazu führen, daß andere Aufträge verschoben werden müssen. Aus den sich ergebenden Grenzkosten pro Prozeß können durch Aufzinsen Prozeßendwerte berechnet werden. Diese Prozeßendwerte dienen dem direkten Vergleich von Verfahrensalternativen. Das entsprechende Schema ist in Abb. 4.69 dargestellt.

Die ermittelten Kostentreiber und Kostenfunktionen können wiederverwendet werden

Der vorgestellte Ablauf dient zur Erstellung des Berechnungsschemas. Dabei handelt es sich um einmaligen Aufwand, da die gewonnenen Abhängigkeiten zwischen Verfahrensmerkmalen und Kostengrößen für verschiedene Kalkulationen verwendet werden können. Wird ein neuer Prozeß im Unternehmen eingeführt, muß für diesen eine entsprechende Kostenfunktion bestimmt werden. Dadurch kann das vorgestellte Schema den sich verändernden Bedingungen im Unternehmen leicht angepaßt werden.

Das Schema bietet die Grundlage für eine verursachungsgerechte Kalkulation der Verfahrensgrenzkosten. Sollen Verfahren im Sinne der Vollkostenrechnung kalkuliert werden, sind neben den Grenzkosten die leistungsmengenunabhängigen Kosten zusätzlich zu berücksichtigen.

4.7.3
Vorgehensweise bei der Verfahrensplanung

Nachdem im vorangegangenen Abschnitt eine Vorgehensweise zur Unterstützung der Verfahrensplanung vorgestellt wurde, soll nun anhand eines Beispiels dessen Anwendung demonstriert werden. Das ausgewählte Einzelteil ist ein Ziehstempel, der in das Oberteil eines Preßwerkzeugs eingebaut wird und zur Erzeugung der Kontur einer Heckklappenbeplankung dient. Zur Herstellung des Ziehstempels soll das ökonomisch günstigste Herstellverfahren ausgewählt werden, das mit den im betrachteten Unternehmen vorhandenen Technologien realisiert werden kann. Für Großpreßwerkzeuge dieser Art überwiegt die zerspanende Fertigung durch Fräsen. Für die Bearbeitung komplexer Raumformen, wie sie am Beispiel Ziehstempel vorliegen, bieten sich im wesentlichen drei Alternativen, Kopierfräsen, 3-Achs-Fräsen oder 5-Achs-Fräsen. Da in dem betrachteten Unternehmen die Alternative 'Kopierfräsen' für den Auftrag nicht zur Verfügung steht, werden im folgenden nur die 3- und 5-Achs-Fräsverfahren weiter analysiert. Für den Verfahrensvergleich wird entsprechend des vorgestellten Ablaufs vorgegangen.

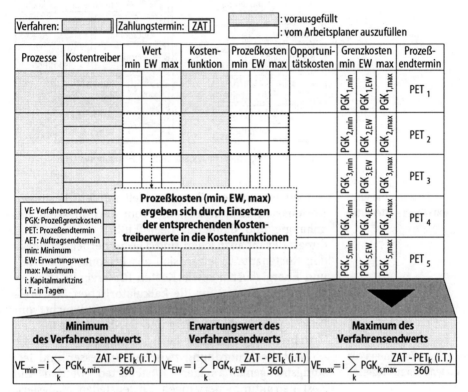

Bild 4.69 Struktur des Berechnungsschemas für den wirtschaftlichen Verfahrensvergleich

Auf Basis einer Mitarbeiterbefragung werden für das 3- und 5-Achs-Fräsen Prozeßpläne aufgestellt (Abb. 4.70). Diese Prozesse enthalten alle Schritte vom fertigen CAD-Modell bis zur Beendigung der Bankarbeit. Dabei sind auch indirekte Bereiche, z.B. die Disposition, berücksichtigt.

Aufstellen des Prozeßmodells

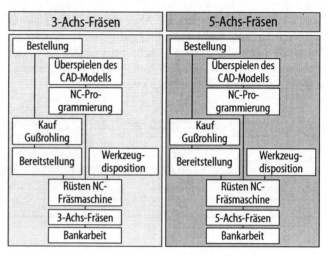

Bild 4.70   Prozeßmodelle der alternativen Fertigungsverfahren

Leistungsmengen-
abhängige Kostenarten

Aufbauend auf dem Prozeßmodell werden diejenigen Kostenarten identifiziert, die vom Leistungsvolumen abhängig und damit als beeinflußbar und entscheidungsrelevant anzusehen sind. Die zu berücksichtigenden Kostenanteile setzen sich aus Personal-, Material- und Energiekosten sowie Kosten für Fremdleistungen zusammen. Kosten für die kalkulatorischen Abschreibungen auf Maschinen und Anlagen sind nicht vom Leistungsvolumen abhängig und werden daher für den Verfahrensvergleich nicht berücksichtigt.

Zuordnung von
Kostenarten zu Prozessen

Nach der Zuordnung zwischen Prozessen und leistungsmengenabhängigen Kostenarten werden die Kostenstrukturen derjenigen Kostenstellen analysiert, die mit ihren Leistungen an der Ausführung der alternativen Prozeßketten beteiligt sind. Als Basis der Analyse werden die Stellenkosten einer vorherigen Abrechnungsperiode verwendet. Ein Beispiel für die Übertragung von Kostenarten auf Prozeßkosten in der Kostenstelle Disposition findet sich in Abb. 4.71. Dabei zeigt sich, daß nur die Personal- und Energiekosten leistungsmengenabhängig sind. Alle anderen Kostenarten sind mengenneutral.

Identifizieren von
Kostentreibern

Durch Mitarbeiterbefragungen und eine anschließende Korrelationsanalyse werden für die einzelnen Prozesse Kostentreiber identifiziert. Diese Kostentreiber sind Maßgrößen für die Prozeßleistung und können als Grundlage für die Berechnung der Prozeßkosten genutzt werden.

Kostenstelle: Disposition				
Kostenart	Höhe im August	Bereitstellung	WZ-Disposition	Imn-Kosten
Personalkosten	53.686 DM	41.805 DM	11.881 DM	/
Energiekosten	15.288 DM	11.871 DM	/	3.417 DM
Raumkosten	2.123 DM	/	/	2.123 DM
kalk. AfA	12.256 DM	/	/	12.256 DM
Kalk. Zinsen	2.878 DM	/	/	2.878 DM
Leitungskosten	8.688 DM	/	/	8.688 DM
Summe:	94.919 DM	53.676 DM	11.881 DM	29.362 DM

Imn: leistungsmengenneutral   AfA: Absetzungen für Abnutzungen

Bild 4.71   Aufteilung der Kostenstelle 'Disposition' auf Einzelprozesse

Für viele Prozesse ergeben sich einfache Kostentreiber. So hängen beispielsweise die Materialkosten im Rohmaterialeinkauf primär von der Masse des gewünschten Artikels ab. Ähnliches gilt für personalintensive Prozesse, bei denen der Zeitanteil als Kostentreiber Verwendung findet.

Treten innerhalb eines Prozesses mehrere leistungsmengenabhängige Kostenarten auf, sind verschiedene Kostentreiber zu wählen (Abb. 4.72). So kann z.B. für den Prozeß *Rüsten der NC-Fräsmaschine* die Rüstzeit als Kostentreiber für die Personalkosten identifiziert werden. Die auftretenden Kosten für den Betriebsmittelverbrauch sind jedoch nicht von der Rüstzeit, sondern von der Anzahl der Werkzeugwechsel abhängig. Im Beispiel werden daher sowohl die Rüstzeit als auch die Anzahl der Werkzeugwechsel als Kostentreiber für den Prozeß *Rüsten einer NC-Fräsmaschine* verwendet.

Nachdem für alle betrachteten Prozesse Kostentreiber ermittelt sind, werden die darauf aufbauenden Kostenfunktionen bestimmt. Grundsätzlich kann gesagt werden, daß bei der Verwendung der Prozeßzeit als einzige Kostentreibergröße im Bereich geringer Prozeßleistung meist ein linearer Verlauf der Kostenfunktion ergibt. Werden Überstunden in Kauf genommen, ergibt sich ein abknickender Verlauf der Kostenfunktion (Abb. 4.73). Bei der Berücksichtigung von Materialkosten als Kostentreiber ergeben sich sprung-

Ermitteln von Kostenfunktionen

haft verlaufende Kostenfunktionen, da Rohmaterial-preise meist masseabhängig gestaffelt werden.

Einzelprozeß	lmi-Kostenart	Kostentreiber	Menge KT
Bereitstellung	Personal Energie	# Teile # Teile	1577 1577
Werkzeug-Disposition	Personal	# Werkzeug	984
Rüsten der NC-Fräsmaschine	Personal Materialkosten	Rüstzeit #Werkzeugwechsel	215 h 1014

lmi: leistungsmengenabhängig   KT: Kostentreiber

Bild 4.72   Beispiele für Kostentreibern von Einzelprozessen

Ist mehr als ein Kostentreiber für einen Prozeß ermit-telt worden, wird eine mehrdimensionale Kostenfunk-tion erforderlich. Für das Beispiel 'Rüsten einer NC-Fräsmaschine' ergibt sich eine zweidimensionale Ko-stenfunktion, mit der bei Kenntnis beider Einflußgrö-ßen eine Bestimmung der leistungsmengenabhängigen Prozeßkosten möglich ist.

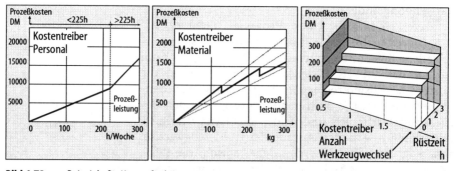

Bild 4.73   Beispiele für Kostenfunktionen

Aufbau des Berechnungsschemas   Der eigentliche Verfahrensvergleich beginnt nach der Aufstellung der Kostenfunktionen. Hierzu wird das in Abb. 4.69 vorgestellte Berechnungsschema verwendet. Anhand des Beispiels 3-Achs-Fräsen soll die Anwen-dung dieses Schemas erläutert werden. In einem ersten Schritt werden die anwendungsneutralen Merkmale des Prozesses in das Bewertungsschema eingetragen. Dies sind die Prozeßschritte, die Kostentreiber mit den entsprechenden Formelzeichen und die Kostenfunk-tionen. In einem zweiten Schritt werden die anwendungsspezifischen Ausprägungen ermittelt und in das Schema eingetragen. Dabei können Abschätzungen vorgenommen werden. Diese Abschätzungen erlauben es, nicht vorhersehbare Schwankungen des Ressourcenverbrauches zu berücksichtigen und das Bewertungsverfahren zu einem frühen Zeitpunkt einzusetzen. Die Vorgehensweise wird am Beispiel des Prozesses *Rüsten der NC-Fräsmaschine* verdeutlicht.

Die ermittelten Kostentreiber für den Prozeß *Rüsten der NC-Fräsmaschine* sind die Anzahl der Werkzeugwechsel (AWW) und die Rüstzeit (TR) in Stunden. Die abgeleitete Kostenfunktion lautet *Kosten = 40*AWW + 60*TR*. Diese anwendungsneutralen Angaben können unabhängig von der durchzuführenden Aufgabe festgelegt werden.

In Hinblick auf die zu erfüllende Aufgabe wird nun abgeschätzt, wie viele Werkzeugwechsel benötigt werden bzw. welche Rüstzeit notwendig ist. Diese Werte können zum Zeitpunkt des Verfahrensvergleichs noch nicht exakt ermittelt werden. Daher wird in das Bewertungsschema ein unterer und oberer Grenzwert sowie der vermutete Erwartungswert eingetragen. In diesem Beispiel werden zwischen 9 und 13 Werkzeugwechsel geschätzt. Dabei liegt der Erwartungswert bei 10. Die Rüstzeit beträgt mindestens 8, maximal 12 Stunden, wobei das Minimum auch den Erwartungswert darstellt. Werden diese Werte in die Kostenfunktion eingesetzt, ergeben sich die Prozeßkosten. Sind keine Opportunitätskosten (OK) zu berücksichtigen, entsprechen die Grenzkosten den Prozeßkosten. Opportunitätskosten treten auf, wenn infolge der Prozeßdurchführung ein anderer, bereits auf der Maschine eingelasteter Auftrag verschoben werden muß und diese Verschiebung zu einer Zahlungsminderung führt. Die Berechnung für das Verfahren '3-Achs-Fräsen' ist in Abb. 4.74 dargestellt.

Ergebnis der Verfahrensvergleiche sind die berechneten Endwerte <27763, 32291, 38046>DM für das 3-Achs-Fräsen und <26830, 28583, 35682>DM für das 5-Achs-Fräsen. Wegen des geringeren Endwertes ist das Verfahren des 5-Achs-Fräsens vorzuziehen. Eine genauere Analyse der einzelnen Kostenanteile zeigt die Vorteile des 5-Achs-Fräsens. Diese sind die reduzierte manuelle Nacharbeit und die geringere Prozeßzeit.

Ergebnis des Verfahrensvergleichs sind geldwerte Vergleichsgrößen

Dies gleicht die im Vergleich zum 3-Achs-Fräsen höhere Programmierzeit aus.

3-Achs-Fräsen

Prozesse	Kostentreiber	Formel-zeichen	Wert min	EW	max	Kostenfunktion
Bestellung	Anzahl Bestellungen	AB	1	1	1	K=29xAB
Überspielen CAD-Modell	Größe CAD-Modell	GC (in MB)	15	15	20	K=5xGC
NC-Programmierung	BAZ Programm.	TNC (in h)	45	52	55	K=135xTNC
Kauf Gußrohling	Gewicht Gußrohling	GG (in kg)	1600	1700	1900	K=2.1xGG für GG<1500 K=1.9xGG für GG<3000 K=1.7xGG für GG>=3000
Bereitstellung	Anzahl Teile	AT	1	1	1	K=34xAT
Werkzeugdisposition	Anzahl Werkzeuge	AW	10	11	14	K=12xAW
Rüsten NC-Fräsmaschine	Werkzeugwechsel	AWW	9	10	13	K=40AWW+60TR
	Rüstzeit	TR (in h)	8	8	12	
3-Achs-Fräsen	BAZ NC-Fräsen	T3X (in h)	120	145	160	K=52.7xT3X
Bankarbeit	BAZ Bankarbeit	TBA (in h)	220	260	280	K=48xTBA bei WB<1500 K=57.6xTBA bei WB>=1500

Prozesse	Prozeßkosten min	EW	max	OK	Grenzkosten min	EW	max	PET
Bestellung	29	29	29		29	29	29	05.08.1992
Überspielen CAD-Modell	75	75	100		75	75	100	25.09.1992
NC-Programmierung	6075	7020	7425		6075	7020	7425	15.10.1992
Kauf Gußrohling	3040	3230	3610		3040	3230	3610	15.10.1992
Bereitstellung	34	34	34		34	34	34	24.10.1992
Werkzeugdisposition	120	132	168		120	132	168	24.10.1992
Rüsten NC-Fräsmaschine	840	880	1240		840	880	1240	25.10.1992
3-Achs-Fräsen	6324	7642	8432		6324	7642	8432	10.11.1992
Bankarbeit	10560	12480	16128		10560	12480	16128	18.01.1993

Legende:
BAZ = Bearbeitungszeit
OK = Opportunitätskosten
KT = Kostentreiber
EW = Erwartungswert
WB = wöchentl. Belastung
PET = Prozeßendtermin
MB = Megabyte

Minimum des Verfahrensendwerts:	27763
Erwartungswert des Verfahrensendwerts:	32291
Maximum des Verfahrensendwerts:	38046

Bild 4.74   Berechnung des Verfahrensendwertes für das 3-Achs-Fräsen

Durch die prozeßkostenbasierte Kalkulation werden Verfahrensalternativen ganzheitlich bewertet

Die Anwendung des prozeßkostenbasierten Kalkulationsschemas ist in Hinblick auf eine korrekte Wirtschaftlichkeitsbetrachtung unerläßlich. Es werden alle bei der Verfahrensausführung zu durchlaufenden Prozeßschritte, insbesondere die vor- und nachgelagerten Schritte berücksichtigt. Dadurch steht dem Verfahrensplaner ein geeignetes Mittel zur korrekten Bestimmung der entscheidungsrelevanten Verfahrenskosten und damit zur Beurteilung der Wirtschaftlichkeit konkurrierender Herstellverfahren zur Verfügung.

5 Gestaltung der NC-Verfahrenskette

Die NC-Verfahrenskette, d.h. der Ablauf von Konstruktion über NC-Planung bis zur NC-Maschine, ist für den Werkzeugbau von großer Relevanz, da aus vorliegenden Produktinformationen geometrieabhängige Werkzeuge mit unterschiedlichen Fertigungstechnologien erstellt werden.

In diesem Kapitel werden Maßnahmen zur Gestaltung einer NC-Verfahrenskette für Unternehmen des Werkzeugbaus vorgestellt. Zunächst werden allgemeine Eigenschaften der NC-Verfahrenskette beschrieben, bevor die Besonderheiten der NC-Verfahrenskette im Werkzeugbau dargestellt werden. Alternative Lösungen zur Gestaltung werden diskutiert. Abschließend werden Maßnahmen und Möglichkeiten zur Optimierung der NC-Verfahrenskette im Werkzeugbau vorgestellt. Dazu gehören die Auswahl geeigneter EDV-Systeme, die organisatorische Einbindung sowie die unternehmensspezifische Gestaltung der EDV-Komponenten innerhalb der NC-Verfahrenskette.

5.1
Charakteristika der NC-Verfahrenskette

Aufgabe der NC-Verfahrenskette ist die Erstellung von Steuerdaten für numerisch gesteuerte Maschinen. Die NC-Verfahrenskette umfaßt als abteilungsübergreifende, produktbezogene Einheit folgende Tätigkeiten (Abb.5.1):

In der Werkzeugkonstruktion erfolgt im Rahmen der Produktentwicklung die geometrische und technologische Definition der Werkstücke. Einzelteile werden durch Festlegung von Gestalt, Toleranzen, Oberflächen etc. spezifiziert.

Erzeugung von
Steuerdaten

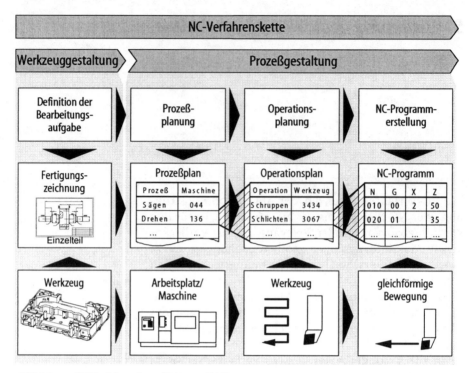

Bild 5.1   NC-Verfahrenskette (BOCHTLER 1996)

Anschließend werden bei der Arbeitsvorbereitung die methodischen Arbeitsschritte der Prozeßplanung, Operationsplanung und NC-Programmierung durchgeführt. Diese Arbeitsschritte sind hierarchisch gegliedert und weisen einen steigenden Detaillierungsgrad auf (BOCHTLER 1996).

Prozeßplanung   In der Prozeßplanung werden ausgehend von der Festlegung des Rohteils Arbeitsvorgänge (Prozesse), Arbeitsvorgangsfolgen (Prozeßfolge) und für die jeweiligen Prozesse erforderlichen Maschinen bzw. Arbeitsplätze sowie Betriebsmittel und Vorrichtungen ermittelt. Aus der gestaltsorientierten Beschreibung wird an dieser Stelle der NC-Verfahrenskette die vorgangsorientierte Beschreibung abgeleitet. Die beschriebenen Schritte der Prozeßplanung sind grundsätzlich für jede Art der Bearbeitung durchzuführen, d.h. auch für Bearbeitungsprozesse, die nicht auf numerischgesteuerten Maschinen erfolgen. Ergebnis dieses Arbeitsschritts ist der einzelteilbezogene Prozeßplan.

In der an die Prozeßplanung anschließenden Operationsplanung werden die komplexen Prozesse, z.B. zur Freiformflächenbearbeitung, detailliert geplant. Einzelne Teilarbeitsvorgänge je Prozeß (Operationen), deren Abfolge (Operationsfolge), erforderliche Werkzeuge sowie benötigte Spannmittel werden festgelegt. Zur Operationsplanung zählt ebenfalls die Auswahl technologischer Parameter, z.B. Schnittgeschwindigkeit, Vorschub, und geometrischer Größen, z.B. Schnittaufteilung, je Operation bzw. Werkzeug. Ergebnis der Operationsplanung sind Operationspläne für die einzelnen Prozesse aus dem Prozeßplan.

Operationsplanung

In der NC-Programmierung werden für die einzelnen Fertigungsschritte, für die eine computergesteuerte Bearbeitung vorgesehen ist, die notwendigen Steuerprogramme erzeugt. Hierbei werden auf Basis der festgelegten Operationen die NC-Verfahrwege generiert.

NC-Programmierung

In der Praxis wird unter dem Begriff NC-Verfahrenskette neben der Zusammenfassung der für die NC-Datengenerierung notwendigen Aufgaben auch die datentechnische Verknüpfung der entsprechender EDV-Hilfsmittel verstanden. Wesentliche EDV-Komponenten, die in der NC-Verfahrenskette eingesetzt werden, sind:

EDV-Hilfsmittel

- CAD-Systeme (Computer Aided Design, rechnerunterstützte Konstruktion) zur Geometrieerzeugung,
- CAPP-Systeme (Computer Aided Process Planning) zur Erstellung von Arbeitsplänen und
- NC-Programmiersysteme bzw. CAM-Systeme (Computer Aided Manufacturing), die in CAD-Systeme integriert sind, für das Generieren von NC-Programmen.

Für den Einsatz dieser Systeme wird eine übergreifende, integrierte Informationsverarbeitung angestrebt.

Die Gestaltung der NC-Verfahrenskette sowie die Auslegung der EDV-Systeme hängt im wesentlichen von den Produkten bzw. Produktkomponenten ab. Im folgenden werden die typischen Produktmerkmale im Werkzeugbau mit Einfluß auf die NC-Verfahrenskette vorgestellt.

Das Teilespektrum im Werkzeugbau ist sehr heterogen ausgeprägt. Es reicht von Bauteilen mit einfachen bis hin zu komplexen Geometrien. Beispiele für einfa-

Produkt-/ Teilespektrum

che Werkzeugbauteile sind Preßbüchsen, Armierungsringe oder Druckstempel bei Werkzeugen, mit denen durch Kaltmassivumformung Formteile hergestellt werden.

Komplexe Geometrien mit Freiformflächen sind typischerweise in Schmiedegesenken oder in Preßwerkzeugen vorhanden. Oft beinhalten Werkzeuge auch eine Mischung von einfachen und komplexen Geometrien. Beispiele hierfür sind Spritzgießwerkzeuge, bei denen die Spritzgießform die Produktionsteilgeometrie widerspiegelt und die damit komplex aufgebaut sein können. Weitere Werkzeugkomponenten wie Auswerfer sind i.d.R. einfach aufgebaut und können durch Regelgeometrien dargestellt werden. Auch bei Werkzeugen zum Strangpreßen von Hohlprofilen sind einfache und komplexe Geometrien in einem Werkzeug vorhanden. An den aufgeführten Beispielen wird deutlich, daß das Teilespektrum des Werkzeugbaus sehr unterschiedlich ausgeprägt ist und in einem Unternehmen innerhalb der NC-Verfahrenskette bearbeitet werden muß.

Bearbeitungsverfahren   In Abhängigkeit der Bauteilkomplexität kommen unterschiedliche Bearbeitungsverfahren zum Einsatz. Sind für prismatische oder rotationssymmetrische Bauteile, z.B. Auflagen bei Schweißwerkzeugen, einfache Bearbeitungsverfahren, wie Drehen oder 2,5-D-Fräsen ausreichend, so sind bei Werkzeugen mit Freiformflächen technologisch aufwendige Bearbeitungsverfahren erforderlich. Dies sind z.B. 3- bzw. 5-Achsfräsen für die Erzeugung komplexer Geometrien, Senkerodieren zur Schaffung von Kavitäten oder Drahterodieren zur Herstellung von Durchbrüchen. Für diese Fertigungstechnologien müssen entsprechende Hilfsmittel in der NC-Verfahrenskette zur Verfügung stehen.

Die beschriebenen Ausprägungen des Werkzeugbaus erfordern eine spezifische Gestaltung der NC-Verfahrenskette. Zur Geometrieerzeugung und -verarbeitung sind u.a. Systeme notwendig, mit denen die im Werkzeugbau vorkommenden komplexen Geometrien mit Freiformflächen modelliert werden können.

CAD-Systeme   CAD-Systeme sind im Werkzeugbau weitverbreitet. Zum Teil sind jedoch oft veraltete Systeme im Einsatz, die mit einer 2D-Modellierung als elektronische Zeichenbretter genutzt werden. Bei diesen Systemen sind konventionelle Arbeitstechniken des Zeichnens am Reißbrett auf den Rechner transferiert, so daß nur Teilaufgaben der Konstruktion unterstützt werden. Mögliches Anwendungsgebiet für 2D-CAD-Systeme ist die Konstruktion einfacher Werkzeuge, die aus Regelgeometrien aufgebaut sind. Dazu zählen beispielsweise Stanzwerkzeuge. Hinsichtlich der Nutzung weiterer Hilfsmittel sind diese Systeme zudem nur unzureichend ausbaufähig. Dennoch liegt ein großes Potential in der Nutzung der CAD-Technik. Durch Anbindung an CAD-Systeme der Kunden können die Geometrien der Produktionsteile übernommen und darauf aufbauend die Werkzeuge ausgelegt werden. Bei Nutzung der 3D-Modellierung, optimierter Konfiguration und gezielter Erweiterung der Systemfunktionalitäten können insbesondere die Bearbeitungszeiten, z.B. zur Geometriemodellierung oder zur Zeichnungsgenerierung, deutlich reduziert werden.

Für die Arbeitsplanung stehen flexible, modular aufgebaute EDV-Hilfsmittel, CAPP-Systeme, zur Verfügung. Aufgrund der werkzeugbauspezifischen Unternehmenstypologie mit Einzelfertigung müssen in der Regel für zahlreiche Teile und Baugruppen neue Arbeitspläne erstellt werden. Diese Arbeitspläne brauchen zum Teil nur grob spezifiziert werden, da aufgrund von Kundenwünschen häufig Änderungen notwendig werden. CAPP-Systeme unterstützten zudem die Erstellung von Arbeits- und Prüfplänen. Zusätzliche Funktionen sind für die Materialwirtschaft sowie das Maschinenrüsten verfügbar. Durch die Nutzung dieser Systeme wird eine schnelle, flexible Reaktion auf die im Werkzeugbau häufig auftretenden Änderungen sowie eine schnelle Berücksichtigung dieser Änderungen bei der Planung möglich.

CAPP-Systeme

Wesentlich bei der Planung von Fertigungsprozessen sind die Auslegung und Erstellung der NC-Programme. Bei der Auslegung ist es u.a. wichtig, die optimale Programmierstrategie auszuwählen. Relevante Kriterien sind die Komplexität der Geometrien, die erforderlichen Bearbeitungszeiten sowie die zur Verfügung stehenden Fertigungstechnologien. Die werkzeugbautypischen komplexen Geometrien mit Freiformflächen müssen in NC-Programmiersystemen bzw. CAM-Systemen bearbeitet werden können. Zudem muß eine Kombination verschiedener Fertigungsverfahren, z.B. Erodieren oder 5-Achsen-Fräsen, bei der Programmgenerierung berücksichtigt werden. Hierfür

NC-Programmiersysteme

stehen NC-Programmiersysteme zur Verfügung, die den Anwender bei der Erstellung des Steuercodes für die NC-Maschine unterstützen. Durch die Nutzung von NC-Programmiersystemen sollen u.a. fehlerfreie Programme und eine Automation von Routineaufgaben erreicht werden.

Die Ziele, die an den EDV-Einsatz im Rahmen der NC-Verfahrenskette verbunden sind, entsprechen den allgemeinen Zielsetzungen des Werkzeugbaus (vgl. Kap. 1) (Abb. 5.2).

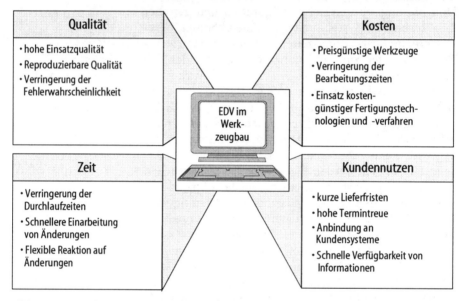

Bild 5.2   Ziele des EDV-Einsatzes im Werkzeugbau

Kostenvorteile durch eine rechnerunterstützte NC-Programmierung

Die Auswahl der geeigneten Programmierverfahren hängt im wesentlichen von der Komplexität der Programmieraufgabe ab. Für einfache Bauteile, z.B. rotationssymmetrische, ist die manuelle Programmierung am kostengünstigsten. Bei komplexer werdenden Bauteilen, z.B. prismatische, steigen für die manuelle NC-Programmierung die Programmierkosten stark an. Eine manuelle NC-Programmierung ist für Bauteile, die Freiformflächen aufweisen, wie z.B. Schmiedegesenke oder Strangpreßwerkzeuge, nicht mehr möglich. Für dieses Werkstückspektrum ist eine maschinelle NC-Programmierung anzuwenden. In Abhängigkeit des Produkt- und Werkstückspektrums muß deshalb der geeignete Grad der Rechnerunterstützung bei der NC-Programmierung festgelegt werden, da gerade bei der Fertigung von kleinen Stückzahlen die werkstückbezogenen Programmierkosten von erheblicher Bedeutung sind (Abb. 5.3). Für den Werkzeugbau ist aufgrund des heterogenen Teilespektrums meist eine Kombination aus manueller und rechnerunterstützter NC-Programmierung sinnvoll, um eine wirtschaftliche Erstellung der NC-Programme zu realisieren.

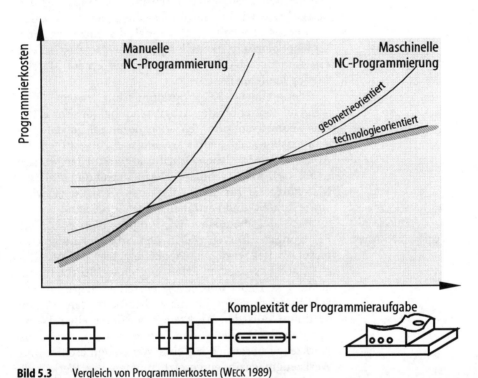

Bild 5.3   Vergleich von Programmierkosten (WECK 1989)

Im folgenden werden die möglichen Formen der NC-Verfahrenskette für den Werkzeugbau vorgestellt.

5.2
Alternative NC-Verfahrensketten im Werkzeugbau

Das große Teilespektrum im Werkzeugbau erfordert den Einsatz verschiedener bedarfsgerechter Programmiermethoden. Es können manuelle, werkstattorientierte (WOP) und maschinelle NC-Programmierung unterschieden werden. Neben dem prinzipiellen Ablauf der drei Programmiermethoden werden im folgenden Abschnitt die Vor- und Nachteile für den Einsatz im Werkzeugbau aufgezeigt.

5.2.1
Manuelle NC-Verfahrenskette

Bei der manuellen NC-Programmierung erstellt der Anwender die Programme in einer direkt von der Maschinensteuerung lesbaren Form. Die Folge der Arbeitsschritte wird in Sätzen festgelegt, deren Aufbau in DIN 66025 genormt ist. Der Inhalt der einzelnen Wörter eines Satzes ist herstellerspezifisch festgelegt, so daß ein derartiges NC-Programm nur auf einem Maschinentyp lauffähig ist.

Die manuelle NC-Programmierung erfolgt überwiegend zentral bei der Arbeitsplanung, für sehr einfache Geometrien zum Teil auch dezentral an der Maschinensteuerung über Handeingabe. Hinsichtlich des Ablaufs können sieben Schritte unterschieden werden (Abb. 5.4). Als Ergebnis der Arbeitsplanung sind die Maschine, die für den Arbeitsgang eingesetzt wird, sowie Rohteil- und Fertigteilgeometrie bekannt.

Grundlage ist Fertigungszeichnung

Basis der manuellen NC-Programmierung ist die Fertigungszeichnung, die in der Arbeitsplanung weiterverarbeitet wird. Der Planer legt hier im wesentlichen auf Basis seiner Erfahrung einen Bearbeitungsablauf fest. Dabei werden die einzelnen Schrupp- und Schlichtarbeitsgänge für die zu bearbeitenden Flächen bestimmt. Aus der Werkzeugkartei oder einer Werkzeugdatenbank sucht der Programmierer passende Werkzeuge heraus. Wird eine Werkzeugmaschine mit Werkzeugmagazin eingesetzt, müssen die Werkzeuge vor der Programmierung einem Magazinplatz der Maschine zugeordnet werden. Bei der Programmierung wird dann nur noch der Magazinplatz referenziert. Weiterhin ermittelt der Programmierer durch Richtwerttabellen und -diagramme die Schnittwerte der Werkzeuge, die für das Programm benötigt werden.

Werkzeugwegberechnung

Auf Basis der ermittelten Schnittwerte wird die Schnittaufteilung abgeleitet. Einen hohen Zeitbedarf bei der manuellen Programmierung erfordert die Berechnung der Werkzeugpositionen und -bewegungen. Für die genaue Angabe dieser Informationen ist die

Definition von Koordinatensystemen für Werkstück und Maschine erforderlich.

Die Bezeichnung der Koordinaten ist nach DIN 66217 festgelegt. Basis ist das rechtwinklige (Rechts-) Koordinatensystem (X, Y, Z). Die Drehwinkel (A, B, C) wachsen in positiver Richtung der Koordinatenachse im Uhrzeigersinn. Wenn sich das Werkzeug dreht, ist die Lage des Koordinatenursprungs entweder inner- oder außerhalb des Werkstücks. Dreht sich das Werkstück, ist die Z-Achse die Drehachse und die X-Achse senkrecht dazu.

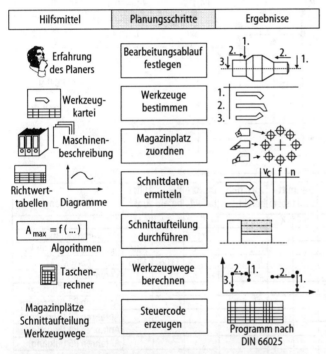

Bild 5.4   Prinzipieller Ablauf der manuellen NC-Programmierung

Die Z-Achse des Werkzeugkoordinatensystems entspricht der Hauptspindelachse. Wenn das Werkzeug bewegt wird, fallen die Koordinatenrichtungen von Maschinenkoordinatensystem und Werkstückkoordinatensystem zusammen.

Koordinatenangabe

Für die Berechnung der Werkzeugwege erstellt der Programmierer üblicherweise eine Skizze, in der die erforderlichen Koordinatensysteme, die Werkstückkontur und alle anzufahrenden Punkte mit zugehörigem Verfahrweg eingezeichnet sind (Abb. 5.5). Die Punkte werden mit Nummern versehen, die die Reihenfolge kennzeichnen.

Zusammen mit der Skizze wird auf einem Programmblatt das komplette Programm in Tabellenform erstellt. Neben den üblichen Wörtern des Satzes enthält das Programmblatt eine Spalte Bemerkung, in der der Inhalt des Satzes in textueller Form erläutert wird.

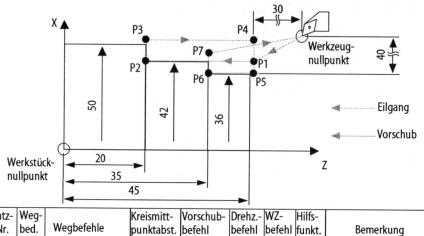

Satz-Nr.	Weg-bed.	Wegbefehle		Kreismitt-punktabst.		Vorschub-befehl	Drehz.-befehl	WZ-befehl	Hilfs-funkt.	Bemerkung
N	G	X	Z	I	K	F	S	T	M	
%LF										Programmanfang
N001	G91						S200		M04	Spindeldrehricht. links
N002								T106	M06	WZ. 1; Korrekt. 3
N003	G04	X 2000								Verweilzeit 2 s
N004	G00	X-40000	Z-30000							Anfahren P1 (Eilgang)
N005	G01		Z-27000			F150				Anfahren P2 (Vorschub)
N006		X 6000								Anfahren P3 (Vorschub)
N007	G00		Z 27000							Anfahren P4 (Eilgang)
N008		X-9000								Anfahren P5 (Eilgang)
N009	G01		Z-12000							Anfahren P6 (Vorschub)
N010		X 5000								Anfahren P7 (Vorschub)
N011	G00	X 38000	Z 42000							Anf. Startpkt. (Eilgang)
N012									M02	Programmende

Bild 5.5 Manuelle Programmerstellung am Beispiel Drehen

Angabe der Technologiedaten

Wie aus der Tabelle in Abb. 5.5 ersichtlich, kann ein Programmsatz neben den Werkzeugwegen auch technologische Daten enthalten. Technologische Daten können nur als Vorschub und Drehzahl angegeben werden, d.h. Schnittiefe, Spanbreite und Schnittgeschwindigkeit müssen auf diese Werte umgerechnet werden.

Als letzter Schritt der manuellen Programmierung wird das auf dem Programmblatt erstellte Programm mit einem Editor in maschinenlesbare Form gebracht. Dieser Vorgang wird zum Teil auch heute noch mit Lochstreifenerstellung bezeichnet, obwohl als Datenträger entweder Disketten oder ein zentraler Programmspeicher, der via direct numerical control (DNC) die einzelnen Maschinen versorgt, eingesetzt wird.

Ein Vorteil dieser Art der Programmierung ist, daß keine kostenintensiven Hilfsmittel benötigt werden. Programme für Teile mit einfachen Konturen, z.B. Drehteile, sind schnell und leicht zu erstellen. Programmänderungen kann das üblicherweise qualifizierte Personal des Werkzeugbaus direkt am Editor der Maschinensteuerung vornehmen.

Speziell vor dem Hintergrund der Anforderungen im Werkzeugbau weist die manuelle NC-Programmierung jedoch gravierende Nachteile auf. Das Werkstückspektrum im Werkzeugbau ist durch viele komplexe, oft durch Freiformflächen charakterisierte formgebende Werkstücke gekennzeichnet.

Für komplexe Teile mit Freiformflächen können manuell keine NC-Programme erstellt werden. Die NC-Programmierung ist hier nur auf Basis von CAD-Daten mit maschinellen NC-Programmiersystemen möglich. Als Alternative können für die Fertigung komplexer Formen konventionelle Kopierfräsmaschinen eingesetzt werden, für die ein Modell erstellt werden muß.

Weiterer Nachteil der manuellen NC-Programmierung ist, daß die Programme in maschinenspezifischem Format erstellt werden. Das heterogene Werkstückspektrum im Werkzeugbau bedingt, daß viele unterschiedliche Maschinen jeweils einmal vorhanden sind. Soll ein Werkstück auf einer anderen Maschine gefertigt werden, ist immer eine erneute Programmerstellung erforderlich.

Die aufwendige, manuelle Werkzeugwegberechnung ist sehr fehleranfällig. Insbesondere bei der Programmierung von Fräsmaschinen muß der Programmierer Arbeits- und Kollisionsraum genau kennen. Eine graphische Unterstützung existiert nicht. In Zusammenhang mit der fehlenden Möglichkeit zur Programmsi-

Vorteile der manuellen Programmierung

Nachteile der manuellen Programmierung

mulation resultiert daraus, daß manuell erstellte NC-Programme zeitaufwendig auf der Maschine getestet werden müssen, um Kollisionen mit Werkstück, Maschine und Spannzeugen ausschließen zu können. Aufgrund der Unikatfertigung im Werkzeugbau muß eine Beschädigung der Werkstücke unbedingt vermieden werden und deshalb bei der manuellen Programmierung für nahezu jede NC-Bearbeitung ein Programmtest durchgeführt werden.

Programme nach DIN 66025 sind häufig unübersichtlich und schlecht lesbar. Die verschiedenen Möglichkeiten bei der Programmierung, z.B. absolute oder relative Koordinaten oder die Verwendung von Unterprogrammen und maschinenspezifischen Sonderfunktionen unterstützen einen personenspezifischen Programmierstil. Programmänderungen, die nicht vom Programmersteller durchgeführt werden, erfordern deshalb erst eine aufwendige Einarbeitung in das Programm. Weiterhin besteht, z.B. durch die Möglichkeit der unterschiedlichen Koordinatenangabe, das Risiko von fehlerhaften Programmänderungen.

Manuelle Programmierung im Werkzeugbau — Demnach ist die manuelle NC-Programmierung nur für ein sehr eingeschränktes Werkstückspektrum mit einfachen Geometrien, z.B. Auswerfer bei einem Spritzgießwerkzeug, möglich. Die NC-Programmerstellung für einfache Geometrien erfolgt vor dem Hintergrund der hochqualifizierten Mitarbeiter im Werkzeugbau jedoch am wirtschaftlichsten direkt durch den Mitarbeiter im WOP-Verfahren.

5.2.2
Werkstattorientierte Programmierung (WOP)

Kennzeichen von WOP — Unter werkstattorientierter Programmierung (WOP) versteht man zum einen die graphisch interaktive, PC-gestützte Programmierung direkt in der Werkstatt und zum anderen die graphisch unterstützte Programmierung an der Maschinensteuerung. Weitere Merkmale von WOP sind die Möglichkeit zur Simulation des erzeugten Programms und die Programmierung ohne Kenntnis einer speziellen Programmiersprache.

Neben WOP gibt es auch Maschinensteuerungen, die nur eine numerische Handeingabe nach DIN 66025 erlauben. Diese weisen die gleichen Nachteile wie die manuelle Programmierung auf und werden hier nicht betrachtet.

Wesentliches Ziel bei der Entwicklung von WOP-Systemen war, die Kompetenz der Facharbeiter in die Programmerstellung einzubeziehen und die Programmierung in die Werkstatt zurückzuverlagern. Wirtschaftlich sinnvoll ist die Programmierung direkt an der Maschine erst, seit mit modernen Steuerungen hauptzeitparallel programmiert werden kann.

Im Gegensatz zur manuellen Programmierung erfolgt die Programmerstellung aufgrund der graphischen Unterstützung mit weniger Arbeitsschritten und weniger Zeitaufwand. Der prinzipielle Ablauf einer WOP-Programmierung ist in Abb. 5.6 dargestellt.

Nutzung der
Facharbeiterkompetenz

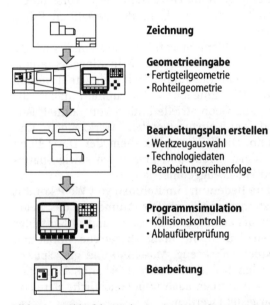

Zeichnung

Geometrieeingabe
· Fertigteilgeometrie
· Rohteilgeometrie

Bearbeitungsplan erstellen
· Werkzeugauswahl
· Technologiedaten
· Bearbeitungsreihenfolge

Programmsimulation
· Kollisionskontrolle
· Ablaufüberprüfung

Bearbeitung

Bild 5.6   Ablauf der Werkstattorientierten Programmierung

Ausgangspunkt der Programmierung ist die Werkstattzeichnung des Werkstücks. Die Programmierung erfolgt jedoch nicht auf Satzbasis, sondern mittels graphischer Unterstützung und Menütechnik im direkten Dialog mit der Maschine. Die Funktionen der Geometrieeingabe sind so gestaltet, daß sie hinsichtlich Darstellung und Benennung dem Umfeld des Facharbeiters entsprechen. Der Programmaufbau kann während der graphischen Eingabe visuell verfolgt werden und entspricht damit der Vorgehensweise der Bearbeitung mit einer konventionellen Maschine.

Graphische Unterstützung

Die Steuerung errechnet aus der Geometrieeingabe automatisch Schnittpunkte, Verrundungen, Fasen und Übergänge. Die explizite Berechnung von Anfahrpunkten in einem Koordinatensystem ist nicht erforderlich.

Bearbeitungsablauf beschreiben

Nach Eingabe der Geometrie von Roh- und Fertigteil muß der Bearbeitungsablauf beschrieben werden. Hierzu gehören Werkzeugauswahl, Technologiedatenermittlung und Reihenfolgebildung. WOP-Systeme unterstützen den Anwender hier durch Werkzeuggraphiken und Technologiedaten, die bereits mit dem Werkzeug verknüpft sein können. Die Berechnung von Schnittaufteilung, Spindeldrehzahl und Vorschubgeschwindigkeit erfolgt auf Basis der gewählten Daten automatisch.

Graphische Hilfen

Wesentliches Element von WOP-Systemen sind die graphischen Hilfen. Diese können in Eingabegraphik, Hilfsgraphik und Simulationsgraphik eingeteilt werden (KIEF 1996). Die Eingabegraphik umfaßt dabei alle Funktionen zur Geometriedefinition von Rohteil, Fertigteil und ggf. einzusetzenden Werkzeugen und Spannmitteln. Die Hilfsgraphik dient der Darstellung von Bohrbildern, Dreh- und Fräszyklen sowie Spannmitteln und Werkzeuggeometrien.

Simulation

Besondere Bedeutung im Rahmen von WOP kommt der Simulationsgraphik zu. Die Animation des Bearbeitungsablaufs ermöglicht, Eingabe- und Ablauffehler zu erkennen. Durch die maßstabsgetreue Abbildung von Werkstück, Werkzeug, Maschine und ggf. Spannmitteln werden Kollisionen direkt erkannt. Über Lupenfunktionen können auch unübersichtliche Bereiche deutlich dargestellt werden.

Bei maschinengebundenen WOP-Systemen werden für die Simulation die Steuerungsalgorithmen der Maschine verwendet, so daß die Simulation exakt dem Ablauf auf der Maschine entspricht. Ein aufwendiger Programmtest auf der Maschine ist demnach nicht mehr bzw. nur noch stark reduziert erforderlich. Dies ist insbesondere bei der Unikatfertigung im Werkzeugbau von Bedeutung, wo sonst der Zeit- und Kostenanteil für den Programmtest sehr groß ist.

Ein weiterer Vorteil der WOP-Programmierung liegt in der einfachen Bedienung durch Facharbeiter (Abb. 5.7). Die Gestaltung von WOP-Systemen nach den Bedürfnissen der Facharbeiter ermöglicht eine schnelle

Einarbeitung und eine effiziente Nutzung bereits nach geringem Schulungsaufwand.

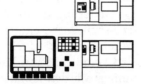

Werkstattorientierte Programmierung im Werkzeugbau	
Vorteile:	Nachteile:
• Nutzung der Facharbeiter-kompetenz • Hohe Wirtschaftlichkeit bei geringer Komplexität • Simulation auf Maschinen-steuerung • Aufwertung der Arbeitsplätze/Motivation • Programmierung ohne Kenntnisse der DIN 66025 • Einsparung von Programmier-plätzen in der Arbeits-vorbereitung • Einfache Bedienung durch Facharbeiter	• Keine komlexen 3D-Teile (Freiformflächen) pro-grammierbar • Geringe Technologie-funktionen • Eingeschränkte innerbe-triebliche Integrations-möglichkeiten • Steuerungsabhängigkeit bei maschinengebundenen WOP-Systemen

Bild 5.7   Vor- und Nachteile der werkstattorientierten NC-Programmierung im Werkzeugbau

Charakteristisch für Werkzeugbaubetriebe ist die hohe Qualifikation der Facharbeiter in der Werkstatt. Durch den Einsatz von WOP-Systemen kann diese Kompetenz auch bei der Programmierung genutzt werden, ohne daß die Facharbeiter Kenntnisse der DIN 66025 besitzen müssen. Ferner wertet die Verlagerung der Programmierung in die Werkstatt die Arbeitsplätze dort auf und führt so zu einer erhöhten Motivation der Mitarbeiter.   **Mitarbeitermotivation**

Neben den genannten qualitativen Vorteilen führt die WOP-Programmierung zu einer wirtschaftlichen Programmierung von Teilen geringerer Komplexität, wie Drehteile oder einfache prismatische Teile, z.B. Aufbauplatten von Spritzgießwerkzeugen. Wirtschaftliche Vorteile ergeben sich in zwei Bereichen. Zum einen nutzt der Facharbeiter die Zeit, in der er sonst nur die Maschine überwacht, zum Erstellen neuer Programme.   **Wirtschaftlichkeit**

Dabei kann er z.B. die aktuelle Rüstsituation berücksichtigen und somit die Rüstzeit für den nächsten Auftrag reduzieren.

Zum anderen können durch die Verlagerung der Programmierung in die Werkstatt Programmierplätze in der Arbeitsvorbereitung eingespart werden.

Einschränkungen

Wesentlicher Nachteil der WOP-Programmierung ist, daß keine Teile mit komplexer 3D-Geometrie programmiert werden können. Typische Vertreter solcher Teile sind Formplatten von Spritzgießwerkzeugen oder Gravuren in Schmiedegesenken. Daraus folgt, daß eine alleinige WOP-Programmierung im Werkzeugbau derzeit nicht möglich ist.

Nachteilig wirkt sich bei WOP-Systemen auch der eingeschränkte Umfang an Technologiefunktionen aus. Diese sind zwar ausreichend für einfache Bearbeitungsaufgaben und weit verbreitete Werkstoffe. Für die Bearbeitung von Sonderwerkstoffen, wie sie im Werkzeug- und Formenbau auch eingesetzt werden, wird jedoch keine Unterstützung bei der Technologiedatenbestimmung geboten.

Heutige WOP-Systeme sind überwiegend fest mit der Maschinensteuerung verbunden. Die resultierenden Programme sind in diesem Fall steuerungsspezifisch und nur auf Maschinen dieses Typs lauffähig. Ferner sind die Bedienoberflächen maschinenspezifisch, was sich bei einem inhomogenen Maschinenpark nachteilig auswirkt. PC-gestützte WOP-Systeme weisen diesen Nachteil nicht auf.

Eingeschränkte CAD-Datenübernahme

Da die maschinengebundenen WOP-Programmiersysteme steuerungsspezifisch sind, ist eine innerbetriebliche Integration nur eingeschränkt möglich. Daten aus einem CAD-System können z.B. üblicherweise nicht eingelesen werden, so daß jedes Werkstück im Rahmen der Programmierung erneut modelliert werden muß.

Entwicklungstrends

Bei der Weiterentwicklung von WOP-Systemen wird das Ziel verfolgt, ein durchgängiges Konzept für die rechnergestützte, graphisch interaktive NC-Programmierung zu realisieren. Das führt dazu, daß in der Arbeitsvorbereitung und in der Werkstatt mit dem gleichen (WOP-)System programmiert wird. Für dieses Konzept sind Schnittstellen zu CAD-Systemen, Betriebsmittelkatalogen und Technologiedatenbanken zu realisieren. Ein WOP-System würde dann die komplette

Funktionalität von NC-Programmiersystemen bieten, die im nächsten Abschnitt beschrieben werden.

5.2.3
Rechnerunterstützte NC-Verfahrenskette

Bei der rechnerunterstützten NC-Verfahrenskette werden einzelne EDV-Systeme miteinander verknüpft, so daß eine Durchgängigkeit in der gesamten Prozeßkette realisiert werden kann. Im folgenden wird ein Überblick über die technischen Gestaltungsalternativen der rechnerunterstützten NC-Verfahrenskette gegeben.

5.2.3.1
CAD-Systeme

Hauptunterscheidungsmerkmale bei CAD-Systemen sind die internen Datenstrukturen zur Geometrieverarbeitung. Diese Datenstruktur wird als rechnerinterne Darstellung (RID) bezeichnet. Die Geometriedarstellung kann entweder in 2D- oder 3D-Modellen erfolgen.

Rechnerinterne Darstellung

Bei der 2D-Darstellung wird in einer Ebene gearbeitet. Dies ist mit der traditionellen Arbeitsweise am Reißbrett vergleichbar Einsatzgebiete für 2D-CAD-Systeme sind Bauteile, die aus einfachen Geometrien aufgebaut sind, z.B. Stanz-, Schneid- oder Schweißwerkzeuge. Komplexe Geometrien mit Freiformflächen, die z.B. bei Werkzeugformen (Gravuren) für Schmiedeteile oder Strangpreßwerkzeuge vorkommen, können mit einer 2D-Darstellung nicht korrekt wiedergegeben werden. Für die spezifischen Anforderungen des Werkzeugbaus sind 3D-Modelle i.allg. besser geeignet. Die vollständigste 3D-Geometriebeschreibung bietet das B-REP-Modell (Boundary Representation). Bei dieser rechnerinternen Darstellung wird die Geometrie aus Volumen, Flächen, Kanten, Punkten sowie deren Kopplungsbeziehungen zueinander beschrieben.

Häufig sind Werkzeuge ähnlich aufgebaut bzw. können in Funktionskomplexe, z.B. Säulenführungen von Schneid- oder Umformwerkzeugen, gegliedert werden. Dies ermöglicht, durch Ändern weniger Maße viele Einzelteile oder Baugruppen an die neue Produktgeometrie anzupassen (s. Kap. 3). Zu Unterstützung der Modellierung dieser Werkzeuge ist der parametrisierte Aufbau der Werkzeuge sinnvoll. Bei der parametrischen Modellierung wird die der Konstruktion zugrunde liegende Modellierungslogik eines Bauteils

3D-Modellierung für komplexe Geometrien

Erzeugung von Maßvarianten mittels Parametrik

gespeichert. Den einzelnen Geometrieelementen werden frei definierbare Werte zugeordnet. Durch Gleichungssysteme oder Maßwertetabellen können zwischen einzelnen Elementen und Maßen explizite Zusammenhänge definiert werden. Mittels Parametrik können so gewünschte Maßvarianten in kurzer Zeit generiert werden.

Varianten-
programmierung

Bei der Variantenkonstruktion können neben Größen- auch Gestaltvariationen erstellt werden. Hierzu ist die Nutzung systemeigener Makrosprachen erforderlich, mit denen der logische Aufbau der Geometrie abgebildet werden kann. Zusätzlich können nichtgeometrische Operationen in Variantenprogramme integriert werden. Als Beispiel kann hier die Schmiedeteilkonstruktion angeführt werden, bei der ausgehend vom Schmiedeteil über Berechnungsprogramme, technologische Anforderungen bei der Formauslegung und der Definition der Folgewerkzeuge berücksichtigt werden können.

Makros

Weitere Anwendungen der Makroprogrammierung sind die Erstellung von Befehls- und Zeichnungsmakros, die für alle Anwendungsgebiete im Werkzeugbau geeignet sind. Beispiele für Zeichnungsmakros sind standardisierte Bauteile, z.B. Normalien, die in Teilebibliotheken abgelegt und in der abgespeicherten Form immer wieder verwendet werden, Zeichnungsrahmen oder Schriftfelder. Durch Befehlsmakros werden Befehlsketten, z.B. das Ausfüllen des Schriftfeldes, erleichtert.

Assoziativität

Eine große Unterstützung für die Prozesse der rechnerunterstützten NC-Verfahrenskette wird durch eine Kopplung einzelner Anwendungen, z.B. Geometrieerstellung, Zeichnungsgenerierung oder NC-Programmierung, erreicht (Assoziativität). Ergebnisse, die zu unterschiedlichen Zeitpunkten erzielt werden und voneinander abhängig sind, werden miteinander verknüpft. Dies bedeutet, daß Änderung in einer Anwendung in den anderen Anwendungen automatisch nachvollzogen werden.

Datenkonsistenz

Beispielsweise hängt die Fertigungszeichnung vom 3D-Geometriemodell ab. Bei der Änderung des Geometriemodells werden, sofern eine assoziative Kopplung besteht, die entsprechenden Änderungen in der 2D-Zeichnung automatisch vorgenommen. Eine erneute Generierung der Zeichnung ist nicht erforderlich. Bei Änderung der Zeichnung werden automatisch das 3D-Geometriemodell sowie weitere Teilmodelle, z.B. NC-Programm, nachgepflegt. Auf diese Weise wird sichergestellt, daß eine Konsistenz zwischen den einzelnen Teilmodellen besteht. Dies ist eine für den Werkzeugbau wichtige Systemfunktionalität, da häufig vom Kunden induzierte Änderungen zu einem späten Zeitpunkt in der Prozeßkette auftreten. Der Zeit- und Kostenaufwand für diese Änderungen kann so minimal gehalten werden.

Moderne CAD-Systeme verfügen über Funktionen, mit denen die Zeichnungserstellung stark automatisiert werden kann. Ausgehend vom 3D-Modell lassen sich beliebige Ansichten und Schnitte definieren. Schraffuren und z. T. auch die Bemaßung werden automatisch eingefügt. Diese Systemfunktionalitäten erfüllen die Anforderungen des Werkzeugbaus in idealer Weise, da die Zeichnungsgenerierung auch für komplexe Werkstücke unterstützt wird.

> Automatisierte Zeichnungsgenerierung

Die beschriebenen Funktionen sind i.allg. in den am Markt verfügbaren CAD-Systemen integriert. In Abhängigkeit der gestellten Aufgaben können die entsprechenden Funktionalitäten genutzt werden. Hierbei reicht die Spannweite von CAD-Systemen für einfache Geometrien mittels 2D-Darstellung bis hin zur Modellierung komplexer Werkzeuge mit 3D-CAD-Systemen.

5.2.3.2
NC-Programmiersysteme

Anhand des allgemeinen Ablaufs der rechnergestützten NC-Programmierung können die Funktionalitäten und Module von NC-Programmiersystemen dargestellt werden (Abb. 5.8). Hierdurch wird eine vollständige rechnerunterstützte Programmierung der Bearbeitungsaufgaben im Werkzeugbau ermöglicht.

Zunächst erfolgt die Geometrieverarbeitung, d.h. die Beschreibung von Anfangs- und Endgeometrie. Hierzu verfügen NC-Systeme über Standardfunktionen, wie z.B. Spiegeln, Rotieren oder Zoomen. Für komplexe oder oft wiederkehrende Konturelemente können Geometriemakros genutzt werden. Von modernen NC-Programmiersystemen können Geometrieinformationen auch direkt als Volumenmodell, z.B. als B-Rep-Modell aus einem CAD-System, eingelesen werden. Die Anfangsgeometrie kann dabei die Endgestalt

> Geometrieverarbeitung

des vorhergehenden Prozesses sein, sie stellt also nicht zwingend den Rohzustand des Werkstücks dar. Im Zuge der folgenden Technologieverarbeitung werden für die definierte Geometrie Bearbeitungsverfahren festgelegt.

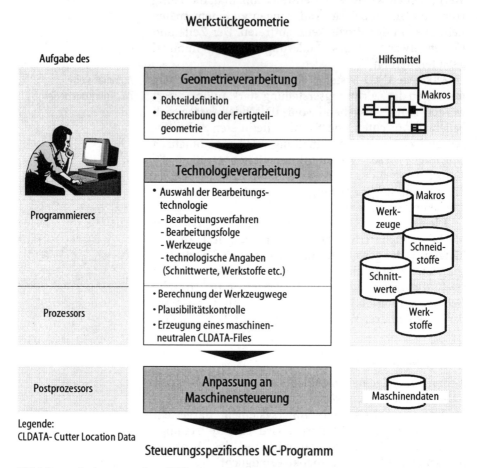

Bild 5.8   Rechnerunterstützte NC-Programmierung

Bearbeitungsstrategien   Heutige NC-Programmiersysteme sind i.d.R. als universelle Systeme für die Bearbeitungsverfahren Drehen, Fräsen und Bohren ausgelegt. Unterschiede ergeben sich bei den Systemen in der Unterstützung der verschiedenen Frässtrategien. Für das Produktspektrum des Werkzeugbaus ist es sinnvoll, Alternativen bez. der Überlaufstrategien (Zeilen-/ Pendelfräsen) und Anschnittstrategien zur Verfügung zu haben. Die Anzahl der anzusteuernden Achsen, z.B. 5-Achsen-Fräsen, oder weitere Bearbeitungsverfahren, z.B. Drahterodieren, sind ebenfalls wichtige Leistungsmerkmale der Systeme, die für den Einsatz im Werkzeugbau geeignet sind.

Spannmittel können in einem Katalog abgelegt und bei Bedarf angezeigt werden. Durch die Möglichkeit, allgemeingültige Regeln für das Spannen zu definieren, können vom System auch Spannmittelvorschläge generiert werden.

Spannmittelauswahl

Die Werkzeugauswahl kann ebenfalls systemunterstützt erfolgen. Zur automatisierten Auswahl eines Werkzeugs ist die rechnergerechte Dokumentation sämtlicher relevanter Werkzeugdaten Voraussetzung. Diese Werkzeuge werden in Dateiform verwaltet, so daß am Bildschirm auf diese Werkzeuge zugegriffen werden kann. Für die Abbildung und den Aufbau der Werkzeugbibliothek stehen bei den NC-Programmiersystemen komfortable Eingabe- und Editierfunktionen zur Verfügung, oder es können Standardbibliotheken genutzt werden.

Systemunterstützte Werkzeugauswahl

Für die Ermittlung technologischer Angaben können verschiedene Systemfunktionalitäten genutzt werden. Hierzu zählen insbesondere Schneidstoffauswahl, Schnittwertermittlung und Schnittaufteilung. Dazu sind im Programmiersystem Methodendatenbanken und Technologieinformationen integriert, in denen die werkzeugbauspezifischen Daten abgelegt sind.

Technologieinformationen

Automatisierte Schnittaufteilung

Die Schnittaufteilung kann automatisiert ablaufen. Dazu verfügen Systeme über Funktionen zur:

- Erkennung von Hindernissen, z.B. Inseln,
- Bearbeitung von Hinterschneidungen,
- Berechnung von Restbereichen,
- Anpassung der Schnittaufteilung an Konturkrümmungen,
- Festlegung von Aufmaßen und
- Bestimmung von Äquidistanten.

Diese Funktionen sind insbesondere bei komplexen Geometrien mit Freiformflächen notwendig, um eine effiziente Bearbeitung auf der Maschine zu erzielen.

Die Berechnung der Werkzeugwege wird unter Berücksichtigung der Fertigteilkontur sowie ggf. definierter Aufmaße automatisch durchgeführt. Häufig vorkommende Operationen, z.B. die Sequenz Schrup-

Werkzeugweg–
optimierung

Simulationsprogramme

Postprozessor

pen-Schlichten oder das Bohren eines Tieflochs sind dabei in vielen NC-Programmiersystemen als Standardzyklen abgelegt.

Zum Teil verfügen einige Systeme über Funktionalitäten zur Werkzeugwegoptimierung. Die Optimierung der Verfahrwege zielt im wesentlichen auf eine zeit- und kostenoptimale Fertigung ab. Mögliche Ergebnisse sind z.B. die Minimierung der Anzahl erforderlicher Werkzeugwechsel durch Änderung der Bearbeitungsreihenfolge oder die Optimierung bez. der kürzesten Verfahrwege.

Mit der Einführung und Nutzung der rechnerunterstützten NC-Programmierung sollen fehlerfreie NC-Programme in kurzer Zeit generiert und kapitalintensive Fertigungseinrichtungen von vorbereitenden Tätigkeiten entlastet werden. Hierzu verfügen moderne NC-Programmiersysteme über Funktionen zur Simulation und Kollisionskontrolle. Mit diesen Funktionen ist es möglich, alle am Bearbeitungsprozeß beteiligten Komponenten, z.B. Werkzeug, Spannmittel, Werkstück und Maschine, abzubilden und den Fertigungsprozeß in einem Simulationslauf auf dem Rechner zu überprüfen. Hierdurch läßt sich ein für den Werkzeugbau wichtiges Ziel, das einer hohen reproduzierbaren Qualität der Werkzeuge, erreichen.

Ähnlich wie bei den CAD-Systemen verfügen NC-Programmiersysteme über eine Makroverarbeitung bzw. Variantenprogramme zur Unterstützung wiederkehrender Aufgaben. Geometriemakros beinhalten neben geometrischen Daten auch die zur Bearbeitung des Bereichs notwendigen Werkzeugbefehle. Über Technologiemakros können festgelegte Arbeitsabläufe, z.B. Fräsen einer Nut, mit den zugehörigen Werkzeugen und Schnittdaten aufgerufen werden. Bei Variantenprogrammen werden ähnliche Werkstücke zu Teilefamilien zusammengefaßt, so daß diese Werkstücke mit dem gleichen, parametrisierten Bearbeitungsprogramm gefertigt werden können. Durch Vergabe der zu verarbeitenden Parameter wird eine Variantenprogrammierung möglich, so daß wiederkehrende Bearbeitungsabläufe berücksichtigt werden.

Die Geometrie- und Technolgieverarbeitung im Prozessor eines NC-Programmiersystems endet i.allg. mit der Erstellung eines maschinenunabhängigen CLDATA-File (CL, Cutter Location). Das generalisierte

Fertigungsprogramm muß anschließend in ein maschinensteuerungsspezifisches NC-Programm umgewandelt werden. Diese Umsetzung erfolgt mit Hilfe von Postprozessoren, die die speziellen Maschineneigenschaften, wie z.B. Kinematik, Achslängen, Anzahl der zu interpolierenden Achsen, Werkzeug- und Palettenwechsel, berücksichtigen. Neben dem Steuerprogramm können weitere Informationen abgeleitet werden. Dies sind z.B. Programmlisting, Einrichtepläne, Werkzeuglisten sowie Berechnung der zur Fertigung erforderlichen Haupt- und Nebenzeiten.

5.2.3.3
CAD/CAM-Systemkonzepte

Zur Realisierung des CAD/CAM-Einsatzes im Werkzeugbau können verschiedene Systemkonzepte gewählt werden (Abb. 5.9). Zum einen die Kopplung auf Basis einer gemeinsamen rechnerinternen Modelldarstellung als integrierte Lösung oder die Kopplung zweier getrennten Systeme über die Anbindung mittels standardisierter Schnittstellen oder applikationsübergreifenden Kopplungsprogramme.

Durchgängiger Datentransfer bei integrierten CAD/CAM-Systemen

Bei integrierten CAD/CAM-Lösungen greifen die CAD- und NC-Software auf die gleiche Datenbasis zu. Das mit Hilfe des CAD-Systems generierte rechnerinterne Modell der Werkstückgeometrie kann direkt im NC-Modul weiterverarbeitet werden. Informationsverluste durch Transformationen der rechnerinternen Darstellung von einem System in ein anderes System treten nicht auf. CAD-Daten und NC-Daten sind assoziativ verbunden. Die Verwaltung wird von einem System durchgeführt, so daß aufgrund der automatischen Änderung der Teilmodelle Inkonsistenzen in der Datenhaltung i.allg. nicht entstehen. Ein weiterer Vorteil liegt in der gleichen Bedienoberfläche.

Als nachteilig ist anzusehen, daß bei integrierten CAD/CAM-Lösungen je nach Bearbeitungsaufgabe die im Werkzeugbau benötigten Systemfunktionalitäten im CAM-Bereich nicht zur Verfügung stehen. In diesem Fall ist eine Kopplung zweier eigenständiger Systeme erforderlich, so daß ein anforderungsgerechtes NC-Programmiersystem eingesetzt werden kann. Das CAD-System und das NC-Programmiersystem verfügen jeweils über ein rechnerinternes Modell der Werkstückgeometrie. CAD- und NC-Daten sind nicht miteinander

Unternehmensspezifische Lösung bei eigenständigen Systemen

gekoppelt, so daß der Organisationsaufwand zur Verwaltung der CAD-Daten und der NC-Teileprogramme höher als bei integrierten CAD/CAM-Systemen ist.

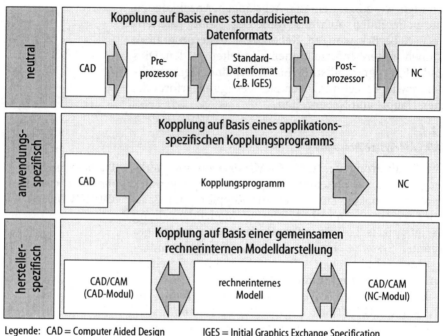

Legende: CAD = Computer Aided Design   IGES = Initial Graphics Exchange Specification
          CAM = Computer Aided Manufacturing   NC = Numerical Control

Bild 5.9   CAD/CAM-Systemkopplung

Der Austausch der Geometrieinformationen erfolgt i.d.R. über Standardschnittstellen. Daher ist oft eine Geometrieaufbereitung im NC-Programmiersystem erforderlich. Eine Datenübertragung von NC- ins CAD-System findet nicht statt, so daß bei Änderungen der Geometrie die entsprechenden NC-Programme angefaßt und nachgepflegt werden müssen.

Vorteile liegen in den zur Verfügung stehenden Funktionalitäten, mit denen komplexe, werkzeubautypische Aufgaben bearbeitet werden können. Dies können beispielsweise verschiedene Frässtrategien oder Unterstützung unterschiedlicher Bearbeitungstechnologien (Drahterodieren, 5-Achs-Fräsen, Hochgeschwindigkeitsfräsen etc.) sein.

5.2.3.4
Schnittstellen

Die Durchgängigkeit der Schnittstellen zwischen den einzelnen Planungsprozessen ist ein wichtiges Kriterium bei der Auslegung von Einzelsystemen der NC-Verfahrenskette.

Datenaustausch über Schnittstellen

Probleme bei der Bereitstellung der erforderlichen Daten werden durch die Übernahme von CAD-Daten in ein NC-Programmiersystem verursacht. Von den derzeit hauptsächlich genutzten Schnittstellen VDA-FS (Verband der deutschen Automobil-Flächenschnittstelle) und IGES (Initial Graphics Exchange Specification) können Geometriedaten einem 2D- oder 3D-Modell übertragen werden. Zusatzinformationen wie Technologiedaten oder Toleranzen können nicht übermittelt werden.

Eine Verbesserung der Datenqualität bei der Schnittstellenübertragung ist durch die neue Schnittstelle STEP (Standard for the Exchange of Product Model Data) zu erwarten, die zur Zeit als ISO 10303 genormt wird. Durch diese Schnittstelle soll ein Austausch von produkt- und produktionsbezogenen Daten des gesamten Produktlebenszyklus eines Produkts möglich sein. Derzeit sind jedoch die Schnittstellen IGES und VDA-FS die wichtigsten Schnittstellen für den Werkzeugbau.

5.3
Optimierung der NC-Verfahrenskette

Im folgenden wird eine Vorgehensweise zur systematischen Auswahl geeigneter NC-Verfahrensketten vorgestellt. Zudem werden die organisatorische Einbindung in die Abläufe sowie Maßnahmen zur individuellen Anpassung und Optimierung beschrieben.

5.3.1
Auswahl geeigneter EDV-Systeme

Voraussetzung für den Einsatz von EDV-Systemen sind konventionelle Rationalisierungsmaßnahmen, mit denen eine Systematisierung und Standardisierung realisiert werden (s. Kap. 3).

Mit Hilfe einer prozeßorientierten Systemauswahl lassen sich aus der Vielfalt angebotener Systeme geeignete Systemalternativen für die NC-Verfahrenskette

Prozeßorientierte Systemauswahl

auswählen. Diese Vorgehensweise umfaßt fünf Teilschritte (Abb. 5.10).

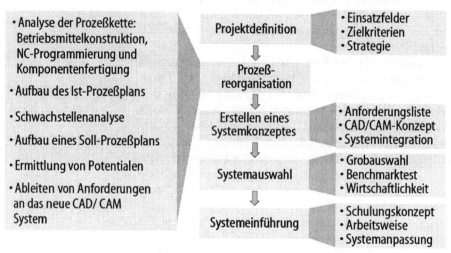

Bild. 5.10   Prozeßorientierte CAD/CAM-Systemauswahl

5.3.1.1
Projektplanung

Detaillierte
Projektdefintion

Zur Vorbereitung der Systemauswahl-/planung ist eine detaillierte Projektplanung erforderlich. Dazu wird ein Projektteam gebildet, das sich aus Mitgliedern der Unternehmensbereiche der Prozeßkette des Werkzeugbaus zusammensetzt. Dies sind z.B. Mitarbeiter aus Methodenplanung, Betriebsmittelkonstruktion, Arbeitsvorbereitung, Organisation, Datenverarbeitung aber auch Modellbau, Komponentenfertigung und Erprobung. Das Projektteam definiert die Zielkriterien für das neue System. Diese Zielsetzung orientiert sich an den Unternehmensstrategien. Durch eine aktive Unterstützung der Geschäftsleitung wird eine zielgerichtete Abwicklung des Projekts sichergestellt.

Wesentlich für den Erfolg des Projekts ist es, die Mitarbeiter umfassend zu informieren und diese aktiv in das Projekt einzubinden. Hierdurch wird die Akzeptanz für ein neues System bei den zukünftigen Anwendern geschaffen.

5.3.1.2
Prozeßreorganisation der NC-Verfahrenskette

Die Prozeßreorganisation bildet einen Schwerpunkt bei der prozeßorientierten Systemauswahl. Im Rahmen der Prozeßreorganisation werden alle Bestandteile der NC-Verfahrenskette untersucht, d.h. sowohl Prozesse von Betriebsmittelkonstruktion und NC-Programmierung als auch die Abläufe in der Komponentenfertigung und Werkzeugmontage (s. Kap 2.2). Die Analyse erfolgt dabei für charakteristische Teile bzw. Werkzeuggruppen. Es können produkt- und systemspezifische Schwachstellen in der gesamten NC-Verfahrenskette ermittelt werden. Typische Schwachstellen sind beispielsweise:

Betrachtung der gesamten Prozeßkette

- eingeschränkte Systemfunktionalitäten,
- fehlende Durchgängigkeit in der Prozeßkette,
- hoher Anteil fehlerhafter NC-Programme sowie
- hoher Anteil Handfräsen bzw. Nacharbeit in der Fertigung.

Die identifizierten Schwachstellen dienen dazu, das Anforderungsprofil für das neue CAD/CAM-System aufzustellen.

Die Prozeßketten, die bei Einsatz eines neuen Systems entstehen, werden in einem Soll-Prozeßplan beschrieben. Ziel ist, bezogen auf die gesamte NC-Verfahrenskette ein Gesamtoptimum zu erreichen. Durch quantitativen Vergleich der gemessenen Durchlaufzeiten der Ist-Prozesse mit den geschätzten Durchlaufzeiten der zukünftigen Soll-Prozesse werden Verbesserungspotentiale hinsichtlich der Durchlaufzeiten in Betriebsmittelkonstruktion, Arbeitsvorbereitung und Komponentenfertigung ermittelt.

Definition von Soll-Prozeßketten

5.3.1.3
Systemkonzept

Auf Grundlage der ermittelten Unternehmensdaten werden Anforderungen an das neue EDV-System zusammengetragen und in Form einer Anforderungsliste strukturiert. Anforderungen betreffen:

Anforderungsliste

- die Software,
- die Hardware,
- den Systemanbieter und
- die Kosten.

Als Kategorien werden Fest-, Mindest- und Wunschforderung unterschieden. Festforderungen werden zur Grobauswahl herangezogen und müssen vom System erfüllt werden. In der Anforderungsliste werden alle Systemfunktionalitäten aufgeführt, die für die NC-Verfahrenskette notwendig und sinnvoll sind. Besonderen Einfluß auf die einzelnen Anforderungen haben die Ergebnisse der Prozeßreorganisation. Aus der modifizierten Anordnung der Prozesse sowie den Produkteigenschaften resultieren Anforderungen an spezielle Systemfunktionalitäten. So können nach der Prozeßreorganisation z.B. Simulation und Kontrolle der NC-Programme nicht mehr auf der NC-Maschine sondern bereits bei der NC-Programmierung erfolgen. Ziel bei der Definition der Anforderungsliste ist es, den Umfang der Systemfunktionalitäten auf das unbedingt notwendige Maß festzusetzen, um nicht ein überdimensioniertes System auszuwählen.

Systemintegration   Im weiteren wird ein Systemkonzept für die NC-Verfahrenskette entwickelt. Dieses beinhaltet eine Zuordnung der produktspezifischen Prozeßketten zu den aktuell und zukünftig zur Verfügung stehenden Systemen. Zusätzlich wird die Integration neuer Systeme in die existierende Systemlandschaft ausgearbeitet.

5.3.1.4
Systemauswahl

Grobauswahl   Anhand des Anforderungsprofils wird eine Grobauswahl der am Markt verfügbaren Systeme durchgeführt. Ziel der Grobauswahl ist es, die Anzahl der detailliert zu untersuchenden Systeme auf fünf bis acht zu beschränken. Dies erfolgt mit ca. 10 bis 15 „K.O.“-Kriterien, die in jedem Fall erfüllt sein müssen.

Feinauswahl   Im Rahmen der Feinauswahl werden Benchmarktests durchgeführt. Mit Hilfe eines Benchmarktest lassen sich Hard- und Software verschiedener Systeme anhand vorgegebener Kriterien vergleichen (Abb. 5.11). Für diesen Zweck werden die Anforderungsliste detailliert und die Auswahlkriterien gewichtet.

Für den Benchmark wird ein repräsentatives Testbauteil des vorgesehenen Anwendungsgebiets ausgewählt. An diesem Bauteil werden unter realen Bedingungen spezielle Funktionen des CAD/CAM-Systems überprüft. Der Aufwand zur Durchführung der Benchmarktests muß in einem überschaubaren Rahmen bleiben. Deshalb muß ein Kompromiß zwischen den typischen, in der Praxis vorkommenden Bearbeitungs- und Programmieraufgaben und der Komplexität des Testbauteils gefunden werden.

1. CAD-Software	2. NC-Programmierung
- 2D Geometriefunktionen	- Bearbeitungsverfahren - zusätzliche Fertigungsunterlagen - Ausgabe der NC-Programme - Postprozessoren - Programmiertechnik - Technologiedaten - Frässtrategien

1. CAD-Software

- 2D Geometriefunktionen

⋮

1.1.5. Bemaßung/Technologieangaben
1.1.5.1. Normgerechte Bemaßung
1.1.5.2. Bemaßungsstrategien
1.1.5.3. Assoziativität der Bemaßung
1.1.5.4. Technologieangaben

⋮

- 3D-Geometriefunktionen
- Hilfsfunktionen
- Makro-/Variantenprogrammierung
- Anwendungssoftware
- Parametrik
- Benutzeroberfläche
- Schnittstellen

2. NC-Programmierung

- Bearbeitungsverfahren
- zusätzliche Fertigungsunterlagen
- Ausgabe der NC-Programme
- Postprozessoren
- Programmiertechnik
- Technologiedaten
- Frässtrategien

3. Softwareumgebung

4. Betriebssystem

5. Hardware Rechner

6. Hardware Peripherie

7. Schulung / Dokumentation

8. Anbieterpotential

9. Kosten

Bild 5.11   Beispiel einer Anforderungsliste

Durch Definition eines genauen Ablaufs wird die Vergleichbarkeit der einzelnen Systemtests sichergestellt. Nach jedem einzelnen Systemtest wird durch das Projektteam eine Nutzwertanalyse durchgeführt, um eine Rangfolge bezüglich der technischen Leistungsfähigkeit der untersuchten Systeme aufzustellen. Es ist auch eine Bewertung der Systeme bezüglich der Wirtschaftlichkeit erforderlich. Der Nachweis der Wirtschaftlichkeit stellt eine wesentliche Beurteilungsgröße für die Einführung von EDV-Systemen dar. Als Basis zur Bewertung des Investitionsvorhabens werden die in der Prozeßreorganisation ermittelten Potentiale herangezogen. Diese ergeben sich aus dem Vergleich zwischen Ist- und Soll-Prozessen. Für die Wirtschaftlichkeitsbewertung können statische und dynamische Verfahren genutzt werden. Sowohl die technische als auch die wirtschaftliche Bewertung bilden die Grundlage für den Entscheidungsprozeß zur Systemauswahl.

Nutzwertanalyse

Ergebnis der Feinauswahl ist das aus technischer und wirtschaftlicher Sicht am besten geeignete System.

5.3.1.5
Systemeinführung

Einführungskonzept

Nach der Systemauswahl muß die Systemeinführung vorbereitet werden. Sowohl für die Neueinführung als auch die Systemmigration, d.h. der Wechsel von einem alten zu einem neuen System, muß ein Einführungskonzept detailliert ausgearbeitet werden, um die reale Umsetzung der aufgezeigten Potentiale zu gewährleisten. Wichtige Grundvoraussetzung für den erfolgreichen Praxiseinsatz der neuen Systeme in der NC-Verfahrenskette ist die Mitarbeiterschulung.

Angepaßte Arbeitsweisen

Für eine effiziente CAD/CAM-Prozeßkette ist die Ableitung von Modellierungsstrategien bei der 3D-Geometrieerstellung und von Programmierstrategien im Rahmen der NC-Planung wichtig. Für den weiteren Einsatz der Systeme sind zusätzliche, unternehmensspezifische Anpassungsmaßnahmen (Customizing) notwendig (s. Kap. 5.3.3).

5.3.1.6
Wirtschaftlichkeitsbewertung des CAD/CAM-Einsatzes

Mit Hilfe von Investitionen in die CAD/CAM-Technik sollen Rationalisierungspotentiale erschlossen und freigesetzt werden.

Quantifizierung der Nutzenpotentiale

Neben der Feststellung, inwieweit durch den Systemeinsatz Zeitvorteile erzielt werden können, ist für die wirtschaftliche Bewertung wichtig, den Nutzen des CAD/CAM-Einsatzes zu ermitteln. Diese Nutzenabschätzung ist schwierig, weil durch den Systemeinsatz sowohl quantifizierbare, d.h. monetär bewertbare, als auch qualitative, d.h. nicht oder nur schwer quantifizierbare Nutzenkomponenten erschlossen werden.

Die erzielbaren Zeiteinsparungen werden auf die Produktivitätssteigerung bezogen und können direkt in Kosteneinsparungen umgerechnet werden. Der monetäre Nutzen der CAD/CAM-Technik wird den entstehenden Kosten mit betriebswirtschaftlichen Methoden gegenübergestellt, wobei eine Unterscheidung in laufende und einmalige Kosten getroffen wird VDI 1994 (Abb. 5.12).

Qualitative Nutzenkomponenten, die sich aus Qualitäts- und Flexibiltätsverbesserungen ergeben, bleiben bei der Wirtschaftlichkeitsbetrachtung weitgehend unberücksichtigt, werden aber in den Entscheidungsprozeß zur Systemauswahl mit einbezogen.

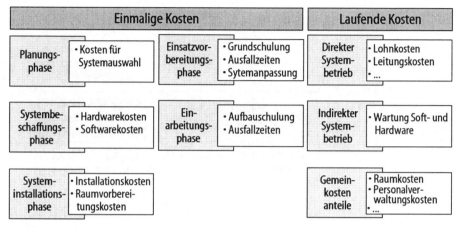

Bild 5.12   Kostenarten bei CAD/CAM-Investitionen

5.3.2
Organisatorische Einbindung

Hinsichtlich der organisatorischen Einbindung der NC-Verfahrenskette können, wie bei allen Fragen der organisatorischen Integration, die Bereiche Aufbauorganisation und Ablauforganisation unterschieden werden (Abb. 5.13). Die Gliederung des Werkzeugbaus in Abteilungen wird üblicherweise im Rahmen einer gesamtheitlichen Organisationsstruktur festgelegt (vgl. Kap. 2.2), so daß sich aufbauorganisatorische Fragen im Rahmen der organisatorischen Einbindung der NC-Verfahrenskette auf die Zuordnung der Einzelaufgaben zu den bereits definierten Strukturen beschränken.

Aufbau- und Ablauforganisation

Ziel bei der Gestaltung des Ablaufs ist, durch die Parallelisierung der Einzelprozesse die Durchlaufzeit zu verringern. Voraussetzung für die Parallelbearbeitung verschiedener Arbeitsschritte ist, daß genau festgelegt wird, nach welchen Schritten Daten weitergegeben werden und welche Qualität diese Daten haben.

Parallelisierung

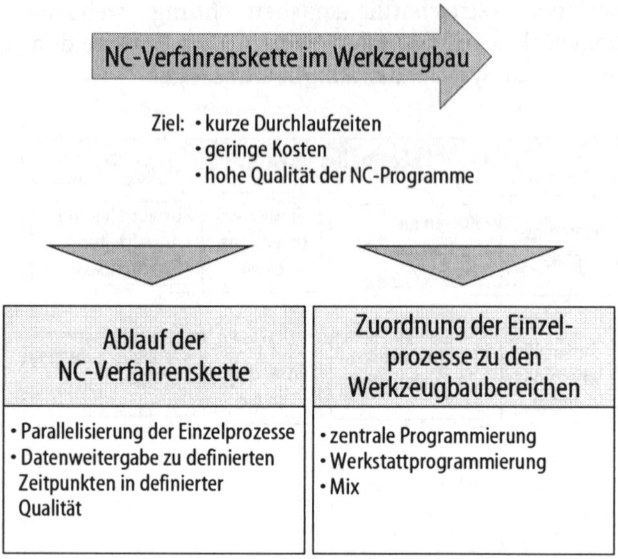

Bild 5.13   Organisation der NC-Verfahrenskette im Werkzeugbau

Bei der Zuordnung der Einzelprozesse zu den organisatorischen Einheiten des Werkzeugbaus ist im wesentlichen festzulegen, wo die NC-Programmierung stattfindet. Als Beispiel soll hier ein interner Werkzeugbau mit eigener Konstruktion dienen, der in Sparten gegliedert ist. Die Sparten sind jeweils mit einer Konstruktion, Arbeitsvorbereitung und Fertigungs- und Bankarbeitsbereich ausgestattet. Die NC-Programmierung kann demnach entweder zentral für den gesamten Werkzeugbau, zentral in jeder Sparte oder dezentral in der Werkstatt an der Maschine erfolgen. Ferner ist ein Mix aus den genannten Organisationsformen möglich.

In Abb. 5.14 ist der für die NC-Verfahrenskette relevante Teil eines Auftragsdurchlaufs für ein komplexes Spritzgießwerkzeug dargestellt. Der Ablauf zeigt die Möglichkeiten einer Parallelisierung zwischen Konstruktion, NC-Programmierung und Fertigung. Aus dem Ablauf wird deutlich, daß schon nach den ersten Konstruktionsschritten Daten in die Fertigung und NC-Programmierung weitergegeben werden können.

Informationsweitergabe   Mit dem detaillierten Werkzeugentwurf liegt bereits die endgültige Größe der Formplatten fest. Die Informationen für eine erste Bearbeitung der Formplatten sind somit vorhanden. Das Beispiel der Erstbearbeitung der Formplatten zeigt, daß nur sichere Informationen weitergegeben dürfen. Ist das definierte Quadermaß der Formplatte erreicht, sind spätere Änderungen nur noch zu kleineren Maßen hin möglich.

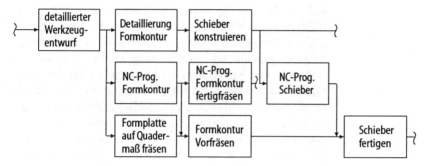

Bild 5.14   Parallelisierung in der NC-Verfahrenskette im Werkzeugbau
(Bsp. Spritzgießwerkzeug)

Nach der Detaillierung der Formplatten kann mit der NC-Programmierung für die Konturbearbeitung begonnen werden. Die Endkontur der Kavität und die Lage des Formteils in der Formplatte sind bestimmt. Da Konturen im Werkzeugbau oft aus Freiformflächen bestehen, ist eine Datenübergabe im CAD-Format erforderlich. Zwischen Konstruktion und NC-Programmierung muß genau abgestimmt sein, welche Informationen die weitergegebenen Daten enthalten. Der Beginn der NC-Programmierung auf der Basis von Daten, die sich mit Fortschritt der Konstruktion noch ändern können, ist zu vermeiden.

Grundsätzlich besteht in jeder Phase des Auftragsdurchlaufs im Werkzeugbau das Risiko, daß die Werkzeugkonstruktion in der Folge von Änderungswünschen des Kunden geändert werden muß. Die Weitergabe sicherer Daten bezieht sich demnach immer auf die aktuelle Spezifikation des Werkzeugs entsprechend der Kundenwünsche. Da Änderungen i.d.R. mit Terminverschiebungen und Kostenerhöhung verbunden sind, sollte der Kunde vor Durchführung einer Änderung genau über die o.g. Folgen informiert werden.

Neben der Gestaltung des Ablaufs der NC-Verfahrenskette ist die Zuordnung der Einzelprozesse zu den organisatorischen Einheiten des Werkzeugbaus

Änderungsrisiko

*Aufbauorganisatorische
Zuordnung*

von großer Bedeutung. Hier wird u.a. festgelegt, welche technische Ausstattung für die involvierten Prozesse im Werkzeugbau benötigt wird und wieviel Kapazität vorzuhalten ist. Die Zuordnung der Aufgaben Konstruktion und Fertigung ergibt sich aus dem organisatorischen Aufbau der Werkzeugbaus. Eine detaillierte Arbeitsplanung im Sinne der Erstellung von Prozeßplänen ist im Werkzeugbau üblicherweise nicht erforderlich. Die Beschreibung des Auftragsdurchlaufs unter Angabe geschätzter Bearbeitungszeiten, wie sie im Rahmen der Angebotserstellung erfolgt, ist im Normalfall ausreichend. Damit ist der Entscheidungsspielraum auf die aufbauorganisatorische Zuordnung der Aufgaben Operationsplanung und NC-Programmierung beschränkt. Da diese Aufgaben im allgemeinen zusammenhängend von einer Person bearbeitet werden, wird im weiteren Verlauf dieses Abschnitts NC-Programmierung synonym für beide Aufgaben verwendet.

Zentral oder dezentral Bei der organisatorischen Zuordnung der NC-Programmierung kann prinzipiell zwischen zentraler und dezentraler Programmierung unterschieden werden. Die dezentrale Programmierung erfolgt grundsätzlich maschinennah oder maschinengebunden in der Werkstatt (Abb. 5.15). Ablauf sowie Vor- und Nachteile der dezentralen NC-Programmierung entsprechen weitgehend der WOP-Programmierung, die in Kap. 5.2.2 beschrieben ist. In diesem Abschnitt wird deshalb nur auf die zentrale NC-Programmierung genauer eingegangen.

Aufgrund der in Kap. 5.2.1 beschriebenen Nachteile sollte die manuelle NC-Programmierung im Werkzeugbau nicht eingesetzt werden.

Zentrale Programmierung Die zentrale NC-Programmierung ist organisatorisch entweder der Arbeitsvorbereitung zugeteilt oder eine eigene Abteilung. Für den Werkzeugbau ist im wesentlichen die maschinelle, graphisch interaktive NC-Programmierung relevant.

Die Vor- und Nachteile der zentralen, graphisch interaktiven NC-Programmierung sind in Abb. 5.16 dargestellt. Voraussetzung für die Programmierung der komplexen Werkstücke des Werkzeugbaus ist die Übernahme von CAD-Daten. Diese Möglichkeit bieten bisher fast ausschließlich zentrale Programmiersysteme. Neben der Möglichkeit, Daten einzulesen, ist auch

die entsprechende Funktionalität vorhanden, um auf
Basis dieser Daten Programme zu erzeugen. Dazu gehört z.B. die Programmierung von Mehrachsenmaschi-
nen (z.B. Fünfachsenfräsen), die häufig für die Freiformflächenbearbeitung im Werkzeugbau eingesetzt
werden.

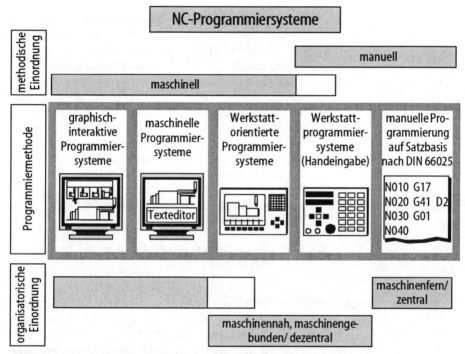

Bild 5.15   Methodische und organisatorische Einordnung der NC-Programmiersysteme

Zum Funktionsumfang zentraler Programmiersysteme
gehört die Möglichkeit zur Integration von Betriebsmitteldatenbanken und Technologiedatenbanken. Über
Betriebsmitteldatenbanken kann bei der Werkzeugauswahl unter allen vorhandenen Werkzeugen gesucht
werden. Dadurch wird die Verwendung vorhandener
Werkzeuge unterstützt und die Anschaffung neuer
kostenintensiver Werkzeuge reduziert.

 Eine betriebsspezifisch gepflegte Technologiedatenbank stellt sicher, daß erprobte Schnittparameter gewählt werden. Die Daten stehen allen Programmierern
zur Verfügung, so daß für jede Bearbeitungssituation
die optimalen Parameter genutzt werden.

Funktionsumfang
zentraler
Programmiersysteme

Zentrale grafisch interaktive Programmierung im Werkzeugbau

Vorteile	Nachteile

• Übernahme von CAD-Daten
• Komplexe Werkstücke
• Mehrachsenbearbeitung
• Freiformflächen
• angetriebene Werkzeuge
• Betriebsmitteldatenbank
• Technologiedatenbank
• maschinensteuerungs-
  unabhängig
• Optimierungsmöglichkeiten
• räumliche Nähe zur
  Konstruktion möglich
• Zusammenfassung von
  Kompetenz und Erfahrung
	• teure Rechnersysteme
	• hoher Schulungsaufwand
	• komplexe Bedienung
	• hoher Aufwand auch für
	  einfache Teile
	• Programmänderung an der
	  Maschine problematisch
	• abhängig von Werkzeug-
	  baugröße und Aufgaben-
	  spektrum Auslastung
	  problematisch
	• keine Nutzung der Fach-
	  arbeiterkompetenz

Bild 5.16   Vor- und Nachteile der zentralen NC-Programmierung im Werkzeugbau

Steuerungsunabhängige Programme

Weiterer Vorteil der zentralen, maschinellen Programmierung ist die Erstellung maschinensteuerungsunabhängiger Programme. Somit können prinzipiell alle Programme auf allen geeigneten Maschinen eingesetzt werden. Dadurch wird eine höhere Flexibilität bei Kapazitätsengpässen und Maschinenstörungen erreicht. Zudem können vorhandene Programme auf neuen Maschinen eingesetzt werden, wenn ein entsprechender Postprozessor zur Verfügung steht.

Die zentrale Programmierung bedingt, daß Kompetenz und Erfahrung aller Programmierer räumlich zusammengefaßt sind. Auftretende Probleme können direkt mit den Kollegen diskutiert und gelöst werden. Ferner kann die zentrale NC-Programmierung räumlich mit der Konstruktion zusammengefaßt werden. Durch die räumliche Nähe können einerseits die Programmierer auf eine fertigungs- und NC-gerechte Konstruktion hinwirken und andererseits Fragen bezüglich der Eingangsdaten aus der Konstruktion direkt geklärt werden.

Nachteilig kann sich bei dieser Einbindung der NC-Programmierung die mangelnde Anbindung an die Fertigung auswirken. Dies wird umgangen, wenn es gelingt, Konstruktion mit NC-Programmierung in der Nähe der Fertigung anzuordnen.

Nachteilig an der zentralen NC-Programmierung sind in erster Linie die damit verbundenen Kosten. Die benötigten Rechnersysteme sind sehr teuer. Die komplexe Bedienung der NC-Programmiersysteme erfordert einen hohen Schulungsaufwand für das Bedienpersonal. Ferner ist auch die Programmierung von einfachen Teilen relativ aufwendig, so daß der Einsatz zentraler NC-Programmiersysteme hier unwirtschaftlich ist.

Hohe Systemkosten

Bedingt durch die räumliche Entfernung gibt es Kommunikationsdefizite mit der Werkstatt. Rückfragen bezüglich zentral erstellter Programme verlangen häufig die Anwesenheit des Programmierers in der Werkstatt. Daraus resultieren viele Störimpulse für die zentrale Programmierung.

Viele Rückfragen

Als Ergebnis der zentralen Programmerstellung erhält die Werkstatt ein maschinenspezifisches Programm nach DIN 66025, das nach einem Postprozessorlauf aus dem maschinenneutralen Quellprogramm hervorgeht. Insbesondere für komplexe Werkstücke und Freiformflächen ist der Maschinencode sehr unübersichtlich. In Zusammenhang mit der Tatsache, daß der Maschinenbediener die Vorgehensweise bei der Programmerstellung nicht kennt, sind Änderungen an der Maschine problematisch. Darüber hinaus wirken sich Änderungen an der Maschine nur auf das maschinenspezifische Programm, nicht aber auf das maschinenneutrale Teileprogramm aus.

Abhängig von der Werkzeugbaugröße und dem Volumen der Programmieraufgaben kann es problematisch werden, eine zentrale NC-Programmierung gleichmäßig auszulasten. Bei einer Spartenorganisation kann in diesem Fall eine zentrale NC-Programmierung für den gesamten Werkzeugbau eingerichtet werden. Andernfalls müssen Programmieraufgaben, die nur zentral durchgeführt werden können, an externe Subunternehmer vergeben werden oder andere Bereiche, z.B. die Konstruktion, diese Aufgaben übernehmen.

Auslastung der zentralen Programmierung

Organisatorische Zuordnung entsprechend Werkstückspektrum

Nach Darstellung der Vor- und Nachteile der zentralen und dezentralen NC-Programmierung wird deutlich, daß letztendlich das Werkstückspektrum entscheidend für die organisatorische Zuordnung der NC-Programmierung ist (Abb. 5.17).

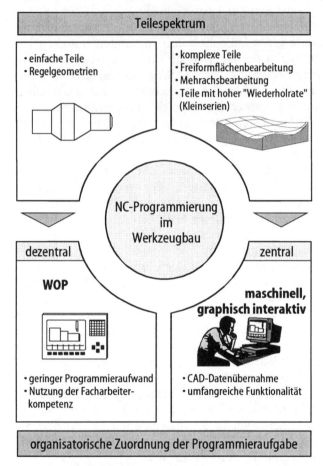

Bild 5.17   Werkstückabhängige organisatorische Zuordnung der NC-Programmierung

Einfache Teile

Einfache Teile mit Regelgeometrien können am wirtschaftlichsten dezentral in der Werkstatt programmiert werden. Hier wird die im Werkzeugbau vorhandene Kompetenz der Facharbeiter genutzt. Bei der Bearbeitung einfacher Teile bleibt die meistens steuerungsabhängige Programmerstellung als wesentlicher Nachteil der WOP-Programmierung.

Demgegenüber müssen die Programme für alle komplexen Teile, die auf Basis von CAD-Modellen programmiert werden, zentral erstellt werden. Hier ist die umfangreiche Funktionalität der zentral einzusetzenden NC-Programmiersysteme Voraussetzung bzw. kann sinnvoll genutzt werden.

Komplexe Teile

Ferner ist die zentrale Programmierung auch für einfachere Teile sinnvoll, wenn Werkzeuge in Kleinserien hergestellt werden. Beispiel hierfür ist die Fertigung von Gesenken, die schnell verschleißen. Durch Ausnutzung der Optimierungsmöglichkeiten ist die zentrale Programmierung trotz des höheren Programmieraufwandes hier wirtschaftlich.

5.3.3
Unternehmensspezifische Optimierung der NC-Verfahrenskette

5.3.3.1
Systemanpassung

Wesentlicher Aspekt für den produktiven Einsatz eines CAD/CAM-Systems ist die auch als Customizing bezeichnete unternehmensspezifische Systemanpassung. Maßnahmen der betrieblichen Systemanpassung betreffen die Bereiche

Effizienter Systemeinsatz durch Systemanpassung

- Organisation,
- Technik,
- Handhabung und
- Produkt (Bild 5.18) (CORDS U.A. 1995).

Diese Maßnahmen basieren auf den bei der prozeßorientierten Systemauswahl ermittelten Arbeitsergebnissen.

Bei den organisationsbezogenen Anpassungsmaßnahmen werden im wesentlichen die Gestaltung der durch den Systemeinsatz beeinflußten Abläufe sowie die Verwaltung von Konstruktions- und NC-Daten betrachtet. Dies umfaßt auch die Status- und Versionsverwaltung von Zeichnungen und NC-Programmen.

Organisationsbezogene Systemanpassung

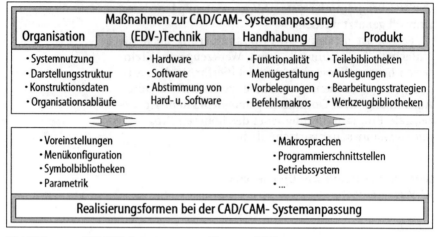

Bild 5.18   CAD/CAM-Systemanpassung (CORDS U.A. 1995)

Produktbezogene Systemanpassung

Produktbezogene Anpassungsmaßnahmen beziehen sich auf die konstruktive Gestaltung und Auslegung der Produkte bzw. der Arbeitspläne und NC-Programme. Ergebnis soll eine effiziente Abbildung, Erstellung und Variation der Konstruktionsprojekte sein. Mögliche Maßnahmen sind z.B. das Erfassen der Teile, Baugruppen und NC-Programme in Bibliotheken, Variantenkonstruktionen oder automatisch ablaufende Berechnungen. Ziel ist es, die Durchlaufzeiten in der Konstruktion und NC-Planung zu senken und den Standardisierungsgrad zu steigern. Bei Änderungen am Produkt sind während der gesamten CAD/CAM-Nutzung produktbezogene Customizing-Maßnahmen erforderlich. Diese erstrecken sich auch auf die NC-Programmierung, z.B. in Form von angepaßten Frässtrategien.

Handhabungsbezogene Systemanpassung

Mit handhabungsbezogenen Anpassungsmaßnahmen soll der Systemumgang verbessert werden. Mögliche Maßnahmen sind die Einschränkung oder Erweiterung der Funktionalitäten sowie eine übersichtliche Darstellung häufig genutzter Befehle. Diese kann mit Hilfe einer entsprechenden Gestaltung der Oberfläche, z.B. durch Verändern von Menüs, oder der Vorbelegung von Parametern erreicht werden. Weitere mögliche

Maßnahmen sind die Tastenbelegung für häufig ge-
nutzte Befehle oder die Zusammenfassung von wieder-
kehrenden Befehlsfolgen durch Makros.

Technikbezogene Anpassungsmaßnahmen beziehen
sich auf Zusammenstellung und interne Abstimmung
der Software-Module für den konkreten Anwendungsfall. Anpassungen müssen bezüglich unterschiedlicher
Hardwareplattformen, Peripheriegeräte und Datenfor-
mate vorgenommen werden. Gerade die Datenkonver-
tierung bestehender Datensätze ist ein wichtiger
Aspekt vor allem zu Beginn des CAD/CAM-Einsatzes,
aber auch bei Erweiterungs- und Ersatzanschaffungen
sowie einer weitergehenden Systemvernetzung.

Technikbezogene Systemanpassung

5.3.3.2
Individuelle Optimierung der NC-Programmiersysteme

Obwohl im Werkzeugbau Einzel- und Kleinserienfertigung vorherrscht, ist es sinnvoll, einmal erzeugte NC-
Programme geordnet abzulegen. Durch den einfachen
Zugriff auf vorhandene, erprobte Lösungen wird
hauptsächlich Programmierzeit eingespart, die bei
einer kompletten Neuprogrammierung anfallen würde.
Ferner ist bei Programmen, die auf erprobten Lösungen aufbauen, der Fehleranteil deutlich geringer. Dadurch reduziert sich auch der Einfahraufwand auf der
Maschine.

NC-Datenverwaltung

Auch für die Programmänderung ist eine systemati-
sche Programmspeicherung von großer Bedeutung.
Nur dadurch ist sichergestellt, daß auf das zu ändernde
Programm einfach zugegriffen werden kann. Um den
Änderungsstand eines Programms deutlich zu machen,
empfiehlt es sich, die Programmbezeichnung mit einem
Änderungsindex zu ergänzen. Die Programmbezeich-
nung selbst sollte eine eindeutige Zuordnung zum
Werkstück, das mit Hilfe des Programms bearbeitet
werden soll, beinhalten.

Neben der geordneten Speicherung von ganzen
Programmen ist es sinnvoll, eine Makrobibliothek für
häufig vorkommende Bearbeitungssituationen anzule-
gen. Die Makros können dann direkt in das zu erstel-
lende Programm eingebunden werden. Mit der Nutzung von Makros wird das gleiche Ziel verfolgt wie die
Verwendung vorhandener Programme: die Reduzierung von Programmierzeit und Fehlern (Abb. 5.19).

Makrobibliothek

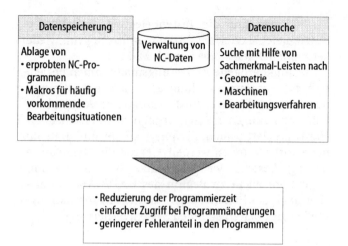

Bild 5.19   NC-Datenverwaltung

Suche mit
Sachmerkmal-Leisten

Die Akzeptanz einer Makrobibliothek oder der Verwendung vorhandener Programme hängt wesentlich vom Aufwand ab, der für die Auswahl geeigneter Elemente erforderlich ist. Die beste Übersicht bietet hier eine Klassifizierung mit Hilfe von Sachmerkmal-Leisten (vgl. Kap.3). Die Sachmerkmal-Leisten müssen dabei so aufgebaut sein, daß die übliche Vorgehensweise des Programmierers unterstützt wird. Geeignete Merkmale sind deshalb die Maschine, auf der das Programm laufen soll, das Bearbeitungsverfahren (z.B. Drei-Achs- oder Fünf-Achs-Fräsen) und Merkmale, die die zu erzeugende Geometrie beschreiben.

Der Kostenanteil für spanende Bearbeitung an den Gesamtwerkzeugkosten ist üblicherweise sehr hoch. Dies ist hauptsächlich dadurch bedingt, daß für die Fertigung komplexer Formen im Fall der spanenden Bearbeitung Fräszeiten von 200 Stunden und mehr erforderlich sein können. Vor diesem Hintergrund hat die Wahl der richtigen Schnittparameter für eine wirtschaftliche Fertigung im Werkzeugbau eine sehr hohe Bedeutung.

Werkstoffe im Werkzeugbau   Die Werkstoffe der Werkzeuge werden hauptsächlich nach Gesichtspunkten der Standzeiten bzw. Standmengen des Werkzeugs ausgewählt. Deshalb zeichnen sich die Werkstoffe üblicherweise durch hohe Abriebfestigkeit, Härte und Temperaturbeständigkeit aus (vgl. Kap. 4).

Um eine optimale Technologieparameterbestimmung zu gewährleisten, ist der Aufbau einer firmenspezifischen Technologiedatenbank sinnvoll (Abb. 5.20). In der Technologiedatenbank sind alle firmenspezifischen Randbedingungen zu berücksichtigen. Hierzu zählen z.B. eingesetzte Fertigungsverfahren (vgl. Kap. 4), die vorhandenen Maschinen und Werkzeuge sowie die zu bearbeitenden Werkstoffe. In der Datenbank sind geeignete Schneidstoffe und zugehörige Schnittparameter bzw. sonstige Technologiedaten, z.B. Vorschub und Stromstärke beim Senkerodieren, abgelegt. Diese können in Abhängigkeit von der Maschine variieren. Ergebnis der Schnittparameterbestimmung sind die Daten für die NC-Programmierung sowie die Standzeit des Zerspanwerkzeugs. Abhängig von den Randbedingungen können entweder zeitoptimale oder kostenoptimale Parameter bestimmt werden.

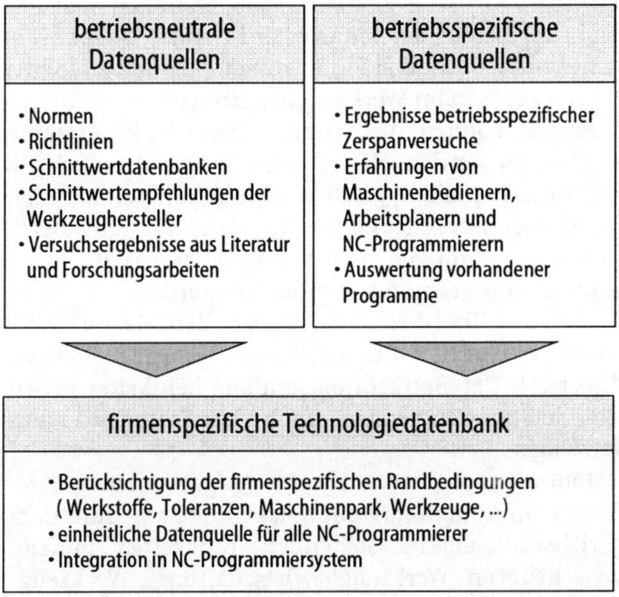

Technologiedatenbank

betriebsneutrale Datenquellen	betriebsspezifische Datenquellen
• Normen • Richtlinien • Schnittwertdatenbanken • Schnittwertempfehlungen der Werkzeughersteller • Versuchsergebnisse aus Literatur und Forschungsarbeiten	• Ergebnisse betriebsspezifischer Zerspanversuche • Erfahrungen von Maschinenbedienern, Arbeitsplanern und NC-Programmierern • Auswertung vorhandener Programme

firmenspezifische Technologiedatenbank

• Berücksichtigung der firmenspezifischen Randbedingungen (Werkstoffe, Toleranzen, Maschinenpark, Werkzeuge, ...)
• einheitliche Datenquelle für alle NC-Programmierer
• Integration in NC-Programmiersystem

Bild 5.20 Aufbau einer firmenspezifischen Technologiedatenbank

Ein weiterer Vorteil einer Technologiedatenbank besteht darin, daß allen Programmierern eine einheitliche Datenquelle zur Verfügung steht. Dadurch ist gewährleistet, daß in allen Programmen die gleichen erprob-

Betriebsspezifische Daten
Einheitliche Datenquelle

ten Parameter verwendet werden. Die Unterschiede bez. des Erfahrungsstands der einzelnen Mitarbeiter werden ausgeglichen. Die Technologiedatenbank kann in NC-Programmiersysteme integriert werden bzw. ist Bestandteil vieler NC-Programmiersysteme und steht dem Programmierer direkt bei der Programmierung zur Verfügung.

Betriebsneutrale Daten   Beim Aufbau einer firmenspezifischen Technologiedatenbank wird sowohl auf firmeninterne als auch auf betriebsneutrale Datenquellen zurückgegriffen. Als betriebsneutrale Daten können neben Normen, Richtlinien, Empfehlungen der Werkzeughersteller und Ergebnissen aus Literatur und Forschungsarbeiten auch Schnittwertdatenbanken eingebunden werden.

Nachteil solcher Datenbanken ist jedoch, daß die firmenspezifischen Randbedingungen nicht berücksichtigt sind. Deshalb müssen betriebsspezifische Daten ergänzt werden. Als Datenquellen kommen hier die Ergebnisse betriebsspezifischer Zerspanversuche für besonders kritische Bearbeitungsoperationen und der Erfahrungsschatz der Mitarbeiter in Frage. Zerspanversuche sind z.B. bei der Einführung neuer Technologien wie HSC-Fräsen im Werkzeugbau sinnvoll.

Ferner können die vorhandenen NC-Programme ausgewertet werden. Hier ist jedoch darauf zu achten, daß zunächst die typischen Bearbeitungssituationen klassifiziert werden und anschließend für jede Bearbeitungssituation die besten Parameter aus den vorhandenen Programmen identifiziert werden.

Tool-Management   Ziel des Tool-Management ist, Betriebsmittelverwaltungs- und -bestandskosten zu reduzieren (Abb. 5.21). Der Betrachtungsumfang beinhaltet neben den Zerspanwerkzeugen auch Vorrichtungen und Meßzeuge.

Tool-Management ist als eine Aufgabe zu verstehen, die alle in unmittelbarem Zusammenhang mit dem Betriebsmitteleinsatz stehenden Tätigkeiten umfaßt. Dazu gehören Werkzeugbewirtschaftung, Werkzeugplanung, Werkzeugdisposition, Werkzeugversorgung und Werkzeugeinsatz. Im Rahmen der NC-Verfahrenskette kommt der Werkzeugplanung besondere Bedeutung zu. Hier werden Werkzeuge ausgewählt und Sonderwerkzeuge sowie Werkzeuginvestitionen geplant.

Ein Ziel bei der Werkzeugauswahl ist, die Betriebs- mittelvielfalt zu reduzieren. Betriebsmitteldatenbanken und die gezielte Suche mit Hilfe von Sachmerkmal- Leisten führen dazu, daß bei der Werkzeugsuche zu- nächst alle vorhandenen Werkzeuge auf Eignung über- prüft werden. Die Reduzierung der Werkzeugvielfalt kann durch die Definition einer Gruppe von Vorzugs- werkzeugen unterstützt werden, die bei der Neupro- grammierung hauptsächlich zu verwenden sind.

Vorzugswerkzeuge

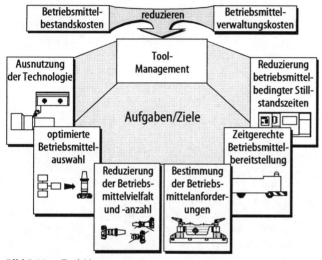

Bild 5.21   Tool-Management

Nur in Ausnahmefällen sollten Sonderwerkzeuge ange- schafft werden. Sonderwerkzeuge sind nur sinnvoll, wenn die Kosten für die Anschaffung deutlich geringer sind als die Einsparungen, die gegenüber der Bearbei- tung mit einem vorhandenen Werkzeug erreicht wer- den, oder wenn die Bearbeitung nur mit einem Son- derwerkzeug möglich ist.

Ein wesentliches Ziel des Tool-Management ist die Reduzierung von betriebsmittelbedingten Stillstands- zeiten von Maschinen. Im Rahmen des Tool- Management muß sichergestellt werden, daß alle be- nötigten Vorrichtungen und Werkzeuge rechtzeitig für die Bearbeitung vorhanden sind. Insbesondere ist die Beschaffung von Sonderwerkzeugen und speziellen Vorrichtungen genau zu überwachen und so früh wie möglich anzustoßen.

Werkzeugbereitstellung

6 Optimierung der Auftragsplanung und -steuerung

Nachdem die Aufbau- und Ablauforganisation des Werkzeugbaus beschrieben wurden und die NC-Verfahrenskette erläutert wurde, soll in diesem Kapitel dargestellt werden, wie die Planung und Steuerung des Werkzeugbaus gestaltet werden kann.

Die Erstellung der Werkzeuge liegt in der Regel auf dem „kritischen Pfad" der Auftragsabwicklung, da sie den Anlauf der eigentlichen Produktion zeitlich bestimmt. Daher ist die Realisierung kurzer Durchlaufzeiten im Werkzeugbau Voraussetzung für frühe Markteinführung der Produkte und damit für die Verbesserung der ökonomischen Situation im Unternehmen.

Bei der Verkürzung der Durchlaufzeiten im Werkzeugbau kommt der Planung und Steuerung der Auftragsabwicklung eine entscheidende Bedeutung zu. Dies gilt insbesondere, da unproduktive Zeiten, wie beispielsweise Liegezeiten, mehr als 80% der Gesamtdurchlaufzeit betragen können.

Die Auftragsplanung und -steuerung im Werkzeugbau wird von den dort herrschenden Randbedingungen erschwert. Sie werden im folgenden Kapitel beschrieben. Anschließend werden die Ziele der Auftragsplanung und -steuerung erläutert und ein Konzept vorgestellt, mit dem die Planung erfolgreich durchgeführt werden kann. Abschließend werden EDV-Hilfsmittel zur Planung und Steuerung vorgestellt.

6.1 Randbedingungen im Werkzeugbau

Werkzeuge werden wegen des starken Bezugs zur Produktionsteilgeometrie in der Regel als Unikate gefertigt. Die Wiederverwendung einmal erstellter Pla-

Der Werkzeugbau liegt auf dem kritischen Pfad

Dynamische Einflüsse auf die Planung und Steuerung

nungsunterlagen ist ohne Anpassung oftmals nicht möglich.

Durch die enge Bindung des Werkzeugs an das zu fertigende Produkt entsteht das Problem, daß insbesondere bei Anwendung von Simultaneous Engineering Technologien die Dynamik der Produktentwicklung auf den Bereich „Werkzeugbau" übertragen wird. Zusätzlich werden bei Störung der Produktion Ressourcen des Werkzeugbaus sehr kurzfristig benötigt, um Stillstand der Produktion verhindern bzw. zeitlich zu beschränken. Dies alles trägt dazu bei, daß im Werkzeugbau unterschiedliche Auftragstypen mit wechselnden Prioritäten vorliegen, die die Auftragsplanung und -steuerung erschweren. Sie wurden bereits in Kap. 2.1.1.1 beschrieben.

Problematisch ist weiterhin, daß in vielen Werkzeugbaubetrieben ein sehr heterogenes Produktspektrum hergestellt wird. Neben den „typischen" Werkzeugtypen Kunststoffspritzgießwerkzeug, Stanz- und Umformwerkzeug werden oftmals Spann- und Fixiervorrichtungen und weitere Betriebsmittel gefertigt.

In der Regel liegt im Werkzeugbau keine einheitliche Werkzeug- bzw. Betriebsmittelstruktur vor. Dies erschwert die Erarbeitung einheitlicher Abläufe und damit die systematische Dokumentation von Planungsdaten und ihre Wiederverwendung (Kap. 4). Hierdurch wird der Planungsaufwand für ständige Neuplanungen erhöht. Dies unterstützt die Tendenz zur Grobplanung, da nur mit einem sehr hohen Aufwand unter diesen Bedingungen eine detaillierte Auftragsplanung und -steuerung durchzuführen ist.

Problemkreis der Planung und Steuerung

Eine zu grobe Planung zieht als Folge Probleme nach sich, die sich gegenseitig verstärken. Wegen der geringen Planungssicherheit müssen die Auftragsbestände erhöht werden, um das „Leerlaufen" einzelner Kapazitätseinheiten zu verhindern. Hierdurch wird die Wartezeit verlängert, was wiederum zu einem erhöhten Termindruck führt. Der wachsende Termindruck zieht einen häufigeren Wechsel der Auftragsprioritäten nach sich, wodurch häufige Umplanungen erforderlich werden (Abb. 6.1).

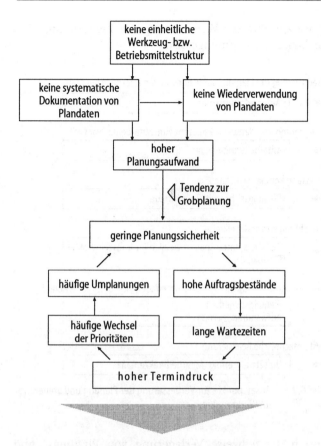

Defizite: • hoher Liegezeitanteil / lange Durchlaufzeiten
• stark schwankender Kapazitätsbedarf
• keine vorausschauende Planung möglich
• mangelhafte Transparenz bez. des Auftragsfortschritts

Bild 6.1   Probleme bei der Planung und Steuerung im Werkzeugbau

6.2
Ziele der Auftragsplanung und -steuerung

Die Ergebnisse der Auftragsplanung und -steuerung beeinflussen sowohl den Kundennutzen als auch die Rentabilität des Werkzeugbaus. So werden sowohl die Termintreue und Änderungsflexibilität als auch die Durchlaufzeit maßgeblich bestimmt. Die Durchlaufzeit wiederum hat Auswirkung auf den Durchsatz und das eingesetzte Kapital und damit auf die ökonomischen Erfolgskriterien im Werkzeugbau (vgl. Abb. 1.7). Die

Ansatzpunkte zur Verbesserung der Zielerfüllung sind in Abb. 6.2 zusammengefaßt.

Bild 6.2   Ansatzpunkte zur Verbesserung der Planung und Steuerung im Werkzeugbau

Verlagerung von Planungskompetenz vor Ort

Durch die teilweise Verlagerung von Planungs- und Steuerungsaufgaben zu den Mitarbeitern „vor Ort", also zum Beispiel in die Fertigung oder Bankarbeit, soll der zentrale Planungsaufwand reduziert werden. Außerdem sollen die Mitarbeiter durch die Übertragung eines vielfältigen Auftragsspektrums motiviert und hinsichtlich ihrer persönlichen Gestaltungsmöglichkeiten gefördert werden. So kann das in der Regel hohe Ausbildungsniveau der Facharbeiter im Werkzeugbau besser genutzt werden.

Datenerfassung und kurze Regelkreise

Mit einer Erfassung korrekter Ist-Daten sollen Planungssicherheit und Termintreue verbessert und so ein Durchbrechen des im vorigen Kapitel beschriebenen Problemkreises ermöglicht werden. Die Einrichtung kurzer Regelkreise soll einen schnellen Informationsrückfluß gewährleisten. Damit soll Transparenz über den Auftragsfortschritt und die bereits angefallenen Kosten zu sämtlichen Auftragszeitpunkten geschaffen werden.

Durch die Standardisierung der Abläufe und deren Dokumentation soll die Wiederverwendung der Planungsunterlagen und damit bestehender Erkenntnisse gefördert werden. Dies soll zum einen den Planungsaufwand reduzieren und zum anderen die Sicherheit der Planungsergebnisse verbessern.

Standardisierung von Abläufen

6.3
Kaskadenkonzept der Planung und Steuerung

Die angesprochenen Ansatzpunkte zur Verbesserung der Auftragsplanung und -steuerung lassen sich durch eine Trennung in eine zentrale Planung und eine dezentrale Planung, die die Steuerung beinhaltet, umsetzen. Hierbei findet im Rahmen von Eckterminvorgaben, die aus der zentralen Planung kommen, dezentral eine Zuordnung zu den Betriebsmitteln und eine Einlastung der Aufträge statt (Abb. 6.3).

Dezentralisierung von Planungsaufgaben

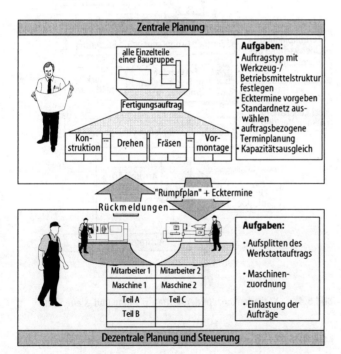

Bild 6.3   Aufgabenteilung in zentrale und dezentrale Steuerung im Werkzeugbau

Die hohe Qualifikation der Facharbeiter im Werkzeugbau ist Voraussetzung für die Dezentralisierung der
Planung und Steuerung. Zu den Aufgaben eines Mei-
sters bzw. eines Vorarbeiters zählen die Planungs- und
Steuerungsvorgänge innerhalb seiner Einheit und die
Einhaltung der vorgegebenen Ecktermine. Die Festlegung der Bearbeitungsfolge für Einzelteile sowie die
dispositiven Tätigkeiten liegen in der Verantwortung
des ausführenden Facharbeiters.

Die Realisierung der Trennung in zentrale und dezentrale Planung mit Hilfe des sogenannten Kaskadenkonzepts ist in Abb. 6.4 dargestellt.

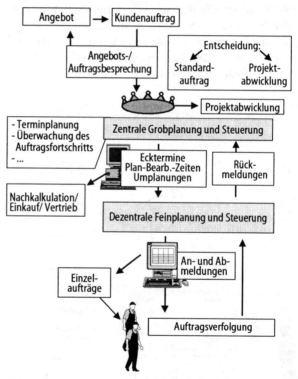

Bild 6.4 Kaskadenkonzept der Auftragsplanung und -steuerung

Auftragsabwicklung Mit dem Erhalt eines Kundenauftrags wird geprüft, ob
ein Standardauftrag zur Planung und Steuerung auf
Basis bereits abgeschlossener Aufträge konfiguriert
werden kann. Ist dies nicht der Fall, da sich das Werkzeug von den bisher bearbeiteten stark unterscheidet,
wird eine Projektabwicklung eingeleitet. Anschließend

erfolgt eine zentrale Grobplanung und eine Einlastung des Auftrags in das Kapazitätsgebirge. Je nach Auslastung können Kapazitätsengpässe entstehen, die zum Beispiel durch die rechtzeitige Vereinbarung zusätzlicher Schichten, durch Überstunden oder durch Fremdvergabe beseitigt werden können.

Die zentrale Grobplanung übernimmt ferner die Aufgabe, Bestellungen auszulösen und den Auftragsfortschritt zu überwachen. Dies geschieht auf dem Detaillierungsniveau von Netzplänen. Für die dort enthaltenen Arbeitsschritte werden auf Grundlage von Planzeiten bestimmte Ecktermine an die Kapazitätseinheiten des Werkzeugbaus übergeben. Innerhalb der Kapazitätseinheiten besteht aufgrund des erlaubten Zeitfensters die Möglichkeit, Aufträge zum Beispiel rüstoptimal auf die Maschinen zu verteilen. Damit werden die Aufgaben einer Feinplanung auf die Mitarbeiter übertragen und es ergibt sich ein größerer Handlungsspielraum in der Arbeitsgestaltung. Die Aufträge müssen bei der Bearbeitung an- bzw. abgemeldet werden, so daß jederzeit eine aktuelle Übersicht über den tatsächlichen Auftragsfortschritt und eine genaue Erfassung von angefallenen Zeiten und Kosten möglich ist. Durch die Integration von Rückmeldemechanismen in die Regelkreise muß sichergestellt werden, daß bei eventuellen Zeit- oder Kostenabweichungen bei der Projektabwicklung rechtzeitig eingegriffen werden kann. Die erfaßten Daten können darüber hinaus zur Nachkalkulation genutzt werden.

Zentrale Grob- und dezentrale Feinplanung

6.3.1
Verfahren der Fertigungssteuerung

Innerhalb des dargestellten Kaskadenmodells der Auftragsplanung und -steuerung können unterschiedliche Fertigungsstrategien eingesetzt werden. Als grundsätzlich geeignet für die im Werkzeugbau vorherrschende Einzel- und Kleinserienfertigung mit Fertigungszellen oder Gruppenfertigung gelten die belastungsorientierte Auftragsfreigabe (BOA) sowie die Optimized Production Technology (OPT). Die Strategien KANBAN und Fortschrittszahlen System (FSZ) sind vor allem für große Losgrößen geeignet (Abb. 6.5).

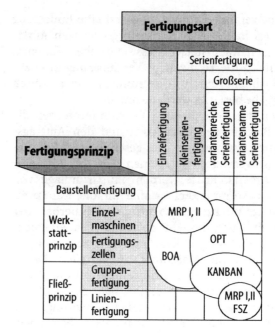

Bild 6.5   Verfahren der Fertigungssteuerung (Quelle: FIR)

OPT Optimized Production Technologie

Bei der Verwendung der Optimized Production Technologie soll dem stochastischen Charakter der Fertigungsabläufe durch die Genauplanung aller vorhersehbaren Störeinflüsse Rechnung getragen werden. Dabei wird die Situation des Betriebs mit Hilfe eines Modells in einem Netzwerk dargestellt, in dem alle kapazitätsrelevanten Vorgänge abgebildet sind. Diesem Netzwerk wird ein Produktionsprogramm überlagert, um anschließen eine Durchlaufzeitsimulation durchzuführen. Dabei werden die Engpässe ermittelt und mit Hilfe dieser Engpässe das Gesamtauftragsnetz in zwei Teilnetze untergliedert, wobei ein Teilnetz alle nichtkritischen Kapazitätseinheiten und das zweite Teilnetz alle kritischen Kapazitätseinheiten enthält. Bei Anwendung des OPT-Verfahrens wird versucht, die Auftragsterminierung und -mengen so auszurichten daß bei engpaßverdächtigen und damit kritischen Kapazitätseinheiten keine Wartezeiten auftreten. So kann ein besser abgestimmtes Produktionsprogramm und eine genauere Termineinhaltung gewährleistet werden. Der Einsatz des OPT-Verfahrens bietet sich vor allem dort an, wo die Änderungen der Produkte und damit der Produktion nicht zu ständig geänderten Betriebsmodellen führen. Der Aufwand zur Anwendung des OPT-Verfahrens ist jedoch relativ hoch, da eine hohe Datenqualität und eine laufende Abweichungsanalyse erforderlich sind. Ein weiterer Nachteil ist, daß die Kapazitätseinheiten keinen eigenen Handlungsspielraum bei der Steuerung der Fertigungsaufträge besitzen.

Der Grundgedanke der belastungsorientierten Auftragsfreigabe ist, daß jede Kapazitätseinheit immer nur einen bestimmten Bestand an Aufträgen und damit an zu bearbeitenden Tätigkeiten hat. Die Kontrolle des Bestands an jeder Kapazitätseinheit erfolgt über den Abgang bereits bearbeiteter Aufträge und über eine definierte Zugangsschranke (WIENDAHL 1987).

BOA Belastungsorientierte Auftragsfreigabe

Die Methode basiert auf dem sogenannten Trichtermodell der Fertigung. In diesem Modell wird jede Kapazitätseinheit, also jeder Arbeitsplatz oder jede Arbeitsplatzgruppe, durch einen Trichter repräsentiert. Die einzelnen Trichter werden durch den Auftragsablauf miteinander verbunden. Es ist festgelegt, zu welchem nachgelagerten Trichter der bearbeitete Auftrag aus einem vorgelagerten Trichter fließt. Durch die gleichzeitige Freigabe mehrerer Aufträge kann es zu Warteschlangen vor einem Trichter kommen. Zur Auftragssteuerung wird der Auftragsbestand betrachtet, der in der Warteschlange vor einem Trichter vorhanden ist. Es wird versucht, das Bestandsniveau durch die gezielte Freigabe einzelner Aufträge in etwa konstant zu halten.

Untersuchungen haben gezeigt, daß durch die Höhe des Trichters, d.h. des maximal möglichen Puffers vor einer Kapazitätseinheit, die Leistung der Kapazitätseinheit und die mittlere Durchlaufzeit wesentlich bestimmt werden. Mit zunehmenden Bestand vor der Kapazitätseinheit steigt die Leistung, da immer mehr Stillstandszeiten genutzt werden können. Der Anstieg der Leistung flacht jedoch ab, da die freigegebenen Aufträge nicht in dem Maße abgearbeitet werden können, wie sie zulaufen. Der Anstieg der mittleren Leistung reduziert sich dann auf die Nutzung von Rüstoptimierungspotentialen. Auf der anderen Seite steigt die mittlere Durchlaufzeit der Aufträge nach Überschreiten der Grenze immer stärker an, da die Wartezeiten der Aufträge vor den Trichtern immer höher werden. Aus diesem Grund ist möglichst der Grenzzustand bei der Auftragsfreigabe anzustreben. Er stellt die Trichterhöhe dar, bei der eine Rüstzeitoptimierung möglich ist, der Leerlauf der Kapazitätseinheiten vermieden wird, aber die Durchlaufzeit aber noch nicht stark ansteigt (Abb. 6.6).

Kistenfertigung

Bei den Aufträgen kann es sich sowohl um Einzelteile handeln, deren Wert und Komplexität es rechtfertigen, sie separat zu planen und zu steuern, oder um Einzelteile, die terminkritisch sind und daher gesondert gesteuert werden müssen. Teile mit geringem Wertanteil oder geringer Bedeutung für die Termineinhaltung können, falls es ihr Fertigungsablauf zuläßt, nach dem Prinzip der „Kistenfertigung" gesteuert werden. Dazu fließen Kisten, die mehrere Teile enthalten, in einem komplexen Fertigungsablauf, der die Einzelabläufe aller enthaltenen Teile kombiniert, durch die Fertigung. Die An- und Fertigmeldung der Kiste kann für die Auftragsfortschrittsüberwachung genutzt werden, da eine gesonderte Fortschrittsüberwachung aller Einzelteile nicht sinnvoll ist. Die Bearbeitungszeiten, die zur Kostenerfassung benötigt werden, müssen für alle Teile separat erfaßt werden. Die Unterteilung in hochwertige und terminkritische Einzelteile auf der einen Seite und Teile, die für eine Kistenfertigung geeignet sind, entspricht dem typischen Teilespektrum vieler Werkzeugtypen.

Durchlaufzeiten

Wie am Modell der belastungsorientierten Auftragsfreigabe gezeigt wurde, kann die Durchlaufzeit der Aufträge durch die Fertigung a priori festgelegt werden. Sie ist damit nicht Ergebnis der Fertigung, sondern wird bei deren Planung festgelegt. Die Durchlaufzeit setzt sich aus einer Bearbeitungszeit- und einer Liegezeitkomponente zusammen. Die Bearbeitungszeitkomponente setzt sich aus der eigentlichen Bearbeitungszeit und aus der Rüstzeit zusammen. Die Liegezeitkomponente umfaßt die Liegezeitanteile vor der

Bearbeitung, die Transportzeit und die Liegezeit nach
der Bearbeitung (Abb. 6.7).

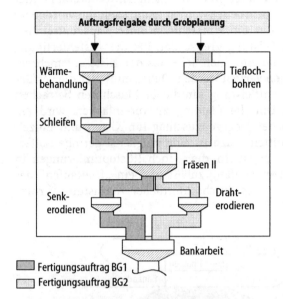

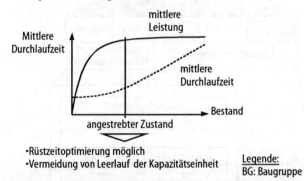

Bild 6.6   Belastungsorientierte Auftragsfreigabe (WIENDAHL 1991)

Die Bearbeitungszeiten können aus Vergangenheits-
werten ähnlicher Bauteile ermittelt werden. Bei der
Zusammenfassung mehrere Kleinteile zu einer Kiste
müssen die Bearbeitungszeiten für gleiche Prozesse
addiert werden. Zur Ermittlung der Liegezeitkomponente, die zur Bearbeitungszeit addiert wird,
kann das Verhältnis zwischen dem zulässigen Über-
lastbestand und der Leistung der Kapazitätseinheit
herangezogen werden. Für die Leistung einer Kapazi-

Ermittlung der
Bearbeitungszeiten

tätseinheit muß dabei zwischen der Einzelteilfertigung und der Kistenfertigung unterschieden werden. Da ein Einzelteil immer nur zu einem Zeitpunkt auf einer Maschine bearbeitet werden kann, stellt die verfügbare Leistung der Einzelmaschinen einer Kapazitätseinheit hier die Leistungsgrenze dar. Bei der Kistenfertigung können die einzelnen Teile aus der Kiste auf mehrere Maschinen verteilt werden. Daher muß hier die verfügbare Gesamtleistung sämtlicher Maschinen betrachtet werden. Um die Planung zu vereinfachen, wird ein einheitlicher Liegezeitzuschlag für Kisten und Einzelteile ermittelt. Dazu ist eine möglichst geringe Puffergröße zu ermitteln, die jedoch Rüstoptimierungen in begrenztem Umfang zuläßt und ein „Leerlaufen" des Trichters unter durchschnittlicher Auslastung verhindert.

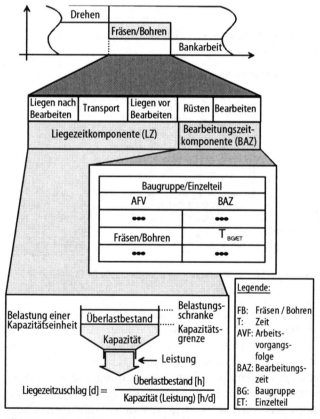

Bild 6.7   Bestimmung der Durchlaufzeiten

Mit dieser Steuerungsmethode werden konstante und
vorhersagbare Durchlaufzeiten bei maximaler Auslastung erreicht. Weitere Vorteile sind die Reduzierung
der Durchlaufzeiten und ihrer Streuung. Darüber hinaus ist Methode durch die Steuerung und Regelung mit
Hilfe der Belastungsschranke und vorgelagerter Ter-
minschranke leicht anwendbar. Sie gewährleistet außerdem eine hohe Flexibilität hinsichtlich Kapazitäts-
und Belastungsschwankungen. Nachteilig ist, daß einzelne Aufträge nicht gezielt gesteuert werden können.
Die Reaktion auf Eilaufträge ist schwierig, da die Steuerung nicht anhand des Gesamtauftrags, sondern anhand der Teilprozesse des Auftrags erfolgt. Es wird
vorausgesetzt, daß die Arbeitsinhalte der einzelnen
Kapazitätseinheiten in der gleichen Größenordnung
liegen. (WIENDAHL 1987)

Marktgängige EDV Systeme bieten komfortable
Unterstützung bei der Planung und Steuerung. Voraus-
setzung zur Abbildung von Aufträgen in einem EDV-
System zur Planung und Steuerung ist die Bildung
standardisierter Abläufe, aus denen schnell und ohne
großen Aufwand Netzpläne generiert werden können.
Die Bildung von Auftragsklassen und standardisierten
Abläufen wird im folgenden beschrieben.

6.3.2
Auftragsarten und standardisierte Abläufe

Neben der reinen Produktion von Werkzeugen werden
üblicherweise auch andere Leistungen vom Werkzeugbau gefordert. Dazu gehören z.B. die Werkzeugkonstruktion und vor allem Reparatur und Instandhaltung
für ausgelieferte Werkzeuge (vgl. Kap. 2.1).

Aufgabenspektrum im
Werkzeugbau

Dieser Aufgabenmix des Werkzeugbaus läßt sich in
Auftragsarten gliedern. Prinzipiell können folgende
Auftragsarten unterschieden werden (vgl. Kap. 2.1):

- Neuauftrag,
- Ähnlichauftrag/ Wiederholauftrag,
- Änderungsauftrag und
- Reparaturen/ Wartung.

Für interne Werkzeugbaubetriebe, die für einige Werkzeuge nur die Konstruktion selber durchführen und die
Herstellung extern vergeben, ist eine weitere Unterglie-
derung in Konstruktions- und Anfertigungsaufträge
sinnvoll (Abb. 6.8).

Abhängig von der Auftragsart ergeben sich unterschiedliche Anforderungen an die Auftragsplanung und -steuerung. Während für Neu- und Wiederholaufträge von Werkzeugen ein festgelegter Zeitrahmen für die Durchlaufzeit besteht, der z.B. bei komplexen Spritzgießwerkzeugen teilweise länger als ein halbes Jahr dauert, handelt es sich bei Reparatur- und Instandhaltungsaufträgen um Aufträge mit deutlich kürzerer Durchlaufzeit. Reparaturaufträge sind zudem häufig sogenannte „Feuerwehr"-Aufträge, d.h. ein defektes Werkzeug muß umgehend repariert werden, damit die Produktion weiterlaufen kann.

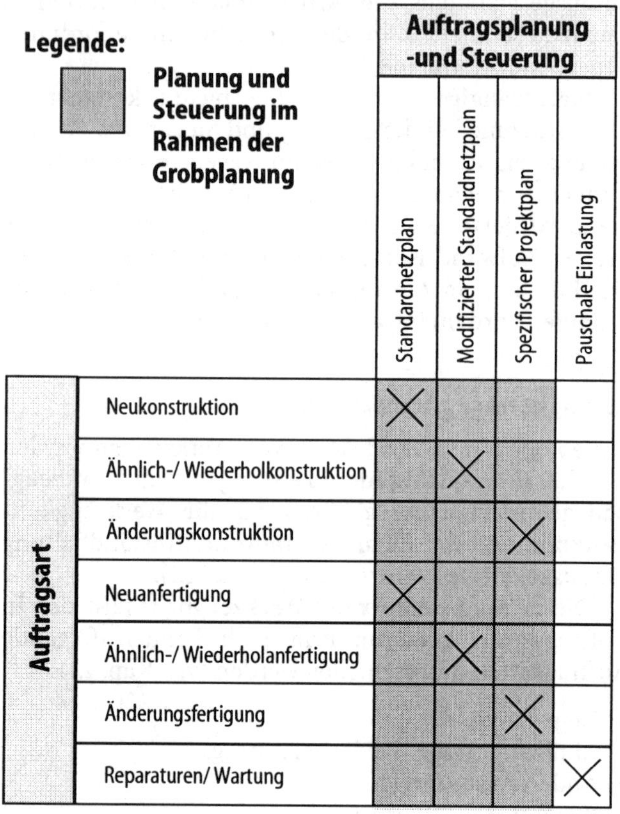

Legende:	Auftragsplanung -und Steuerung			
◻ Planung und Steuerung im Rahmen der Grobplanung	Standardnetzplan	Modifizierter Standardnetzplan	Spezifischer Projektplan	Pauschale Einlastung
Neukonstruktion	✕			
Ähnlich-/ Wiederholkonstruktion		✕		
Änderungskonstruktion			✕	
Neuanfertigung	✕			
Ähnlich-/ Wiederholanfertigung		✕		
Änderungsfertigung			✕	
Reparaturen/ Wartung				✕

(Auftragsart)

Bild 6.8   Planung und Steuerung unterschiedlicher Auftragsarten (Bsp. interner Werkzeugbau)

Unterschiedliche Fristigkeiten der Aufträge

Durch die Gliederung der möglichen Aufträge in Auftragsarten kann jedem Auftrag eine geeignete Pla-

nungs- und Steuerungsmethode zugeordnet werden.
Die genannten Methoden beziehen sich entsprechend
des Kaskadenkonzepts jeweils auf die Grobplanung. Bei
Neuanfertigungsaufträgen, die auch die Werkzeugkon-
struktion einschließen können, kommt der Termineinhaltung eine besondere Bedeutung zu. Ziel der Planung
und Steuerung ist es deshalb, den Auftrag zwischen
einem fixen Start- und einem fixen Endtermin abzu-
wickeln. Ist der Auftragsablauf weitgehend bekannt, ist
der Netzplan ein geeignetes Hilfsmittel für die Planung
und Steuerung.

Zeitlich planbare Aufträge mit unbekannten Ab-   **Unbekannte Abläufe**
läufen, z.B. Einführung einer neuen Bearbeitungsme-
thode oder Entwicklung eines vollkommen neuartigen
Werkzeugkonzepts, lassen sich am besten mit spezifischen Projektplänen gestalten. Nicht planbare, kurzfristig durchzuführende Aufträge wie dringende Reparaturaufträge und Wartungsaufträge können nicht
explizit geplant werden. Hier ist eine pauschale Einlastung die beste Methode.

Die Abläufe im Werkzeugbau lassen sich durch ver-   **Vernetzte Strukturen**
netzte Abhängigkeiten zwischen den einzelnen Ar-
beitsgängen charakterisieren, z.B. können die Arbeitsgänge *NC-Programmierung für Endkontur fräsen* und
Formplatte vorfräsen parallel ablaufen und müssen für
den Beginn des Arbeitsgangs *Endkontur fräsen* beide
beendet sein. Solche vernetzten Strukturen können mit
Netzplänen übersichtlich dargestellt werden.

Werkzeugbaubetriebe sind i.d.R. auf bestimmte Er-   **Erzeugnistypen**
zeugnisse spezialisiert. Dies gilt insbesondere für
Werkzeugbaubetriebe, die in ein Unternehmen eingebunden sind und für unternehmensinterne Kunden
fertigen, z.B. in kunststoffverarbeitenden Betrieben.
Das Werkzeug- und Betriebsmittelspektrum läßt sich
demnach in Erzeugnistypen einteilen, die z.B. den
Endprodukten des Gesamtunternehmens entsprechen.
Erzeugnistypen zeichnen sich durch gleiche Produkt-
grundstruktur und weitgehend gleichen Auftragsdurchlauf aus. Sie bilden damit die Voraussetzung für
die Planung und Steuerung mit Netzplänen.

Einsatzfeld des Netzplans ist die Planung und Steue-   **Netzplantechnik**
rung im Rahmen der Grobplanung. Der Netzplan soll
deshalb einen groben Arbeitsplan darstellen, wobei im
Gegensatz zum konventionellen Arbeitsplan auch vernetzte Abhängigkeiten einzelner Arbeitsgänge abgebil-

det werden können. Ein Beispiel für ein Netzplanelement ist Vorfräsen, das bei komplexen Werkzeugen durchaus eine Bearbeitungszeit von über 50 Stunden beinhalten kann. Weiterhin ist darauf zu achten, daß jedes Netzplanelement eindeutig einer Kapazitätseinheit zugeordnet werden kann. Werden mehrere Arbeitsgänge direkt nacheinander in einer Kapazitätseinheit ausgeführt, wird für die Summe der Arbeitsgänge ein Netzplanelement gebildet.

Merkmale zur Beschreibung von Erzeugnissen

Obwohl alle Produkte eines Werkzeugtyps prinzipiell ähnlich sind, unterscheiden sie sich doch durch bestimmte Merkmale. Diese Merkmale können sich entweder auf den Auftragsablauf oder auf den Umfang einzelner Arbeitsgänge oder auf beides auswirken (Abb. 6.9). Ein Beispiel für eine Beeinflussung des Arbeitsablaufs ist die Unterscheidung, ob die Formkontur eines Werkzeugs gefräst oder erodiert wird. Beispiel für die Beeinflussung des Umfangs einzelner Arbeitsgänge ist die Unterscheidung nach der Größe des Werkzeugs. Weiterhin können sich die Erzeugnisse eines Typs noch durch verwendetes Material oder optionale Elemente wie Abquetschvorrichtungen oder Auswerfer unterscheiden.

Modulare Standardnetzpläne

Diese Unterschiede innerhalb eines Werkzeugtyps führen dazu, daß ein starrer Netzplan nicht alle möglichen Abläufe abdecken kann. Deswegen ist es erforderlich, eine möglichst geringe Anzahl modular aufgebauter Standardnetzpläne für einen Erzeugnistyp zu entwickeln.

Zur Generierung modularer Standardnetzpläne für einen Werkzeugtyp sind folgende Schritte erforderlich:

1. Festlegen des Werkzeugtyps
2. Identifizierung von Merkmalen und möglichen Merkmalsausprägungen zur Beschreibung individueller Produkte innerhalb eines Werkzeugtyps
3. Erstellung eines Netzplans für den Auftragsdurchlauf eines repräsentativen Beispielwerkzeugs
4. Identifikation der Einflüsse der Merkmalsausprägungen auf den Ablauf und Modularisierung des Netzplans
5. Identifikation der Einflüsse der Merkmalsausprägungen auf den Umfang der im Netzplan abgebildeten Arbeitsschritte, Zuordnung der Merkmale zu den Arbeitsschritten.

	Merkmal beeinflußt		Netzplanstruktur und/ oder Bearbeitungszeit	Bearbeitungszeit
Schieber innen	JA	NEIN		✕
Schieber außen	JA	NEIN		✕
Werkzeugstahl: -feste Seite	Durchhärter	Vergütungs-stahl		✕
-bewegte Seite	Durchhärter	Vergütungs-stahl		✕
feste Seite fräsbar	JA	NEIN		✕
bewegte Seite fräsbar	JA	NEIN		✕
Angußsystem	Heißkanal/ Kaltkanal	Heißkanal/ Einspritzung	✕	
Werkzeuggröße	groß	mittel	klein ✕	
Geometrie		einfach	komplex ✕	

Bild 6.9   Merkmale eines Werkzeugtyps (Bsp. Spritzgießwerkzeug)

Aus den Schritten zur Netzplangenerierung geht hervor, daß der übliche Informationsgehalt eines Netzplanelements für die Planung und Steuerung mit modular aufgebauten Netzplänen nicht ausreicht. Deswegen müssen die Netzplanelemente geeignet erweitert werden (Abb. 6.10).

Standardmäßig wird ein Netzplanelement durch die Bezeichnung des Vorgangs und der benötigten Bearbeitungszeit beschrieben. Als Ergebnis der Vorwärts-/ Rückwärtsterminierung im Netzplan werden jeweils der früheste und der späteste Anfangs- und Endtermin ergänzt. Wenn der Vorgang nicht auf dem kritischen Pfad liegt, ergibt sich zudem noch eine Pufferzeit, um

Generierung modularer Standardnetzpläne

Vorwärts-/ Rückwärts-terminierung

die der Vorgang ohne Terminverzug für den Auftrag verschoben werden kann.

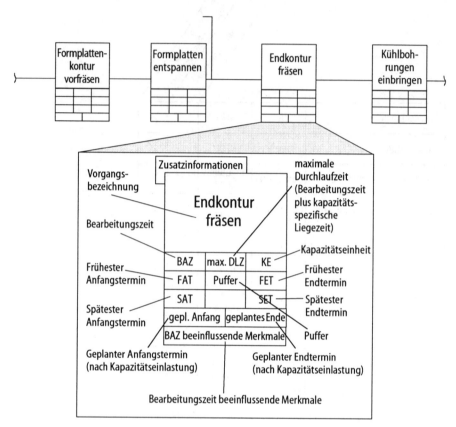

Bild 6.10   Erweitertes Netzplanelement

Merkmalabhängige
Bearbeitungszeit

Aufgrund der Abhängigkeit von den Merkmalen eines Werkzeugtyps kann die Bearbeitungszeit für ein Netzplanelement jedoch nicht festgesetzt werden, sondern ändert sich mit den Merkmalsausprägungen. Deshalb müssen die Merkmale, die die Bearbeitungszeit eines Netzplanelements beeinflussen, mit dem Netzplanelement verknüpft werden. Die Ausprägung aller Merkmale wird dann bei der Generierung eines auftragsspezifischen Netzplans einmal angegeben und die Bearbeitungszeiten werden entsprechend angepaßt. Ebenso ergibt sich aus den Merkmalsausprägungen die Struktur des auftragsspezifischen Netzplans.

Als ideales Verfahren für die Fertigungssteuerung im Werkzeugbau wurde bereits die Belastungsorientierte Auftragsfreigabe (BOA) genannt. Kennzeichen der BOA ist, daß jedem Arbeitsvorgang eine fixe Liegezeit zugeordnet wird. Der Wert der Liegezeit ist spezifisch für die Kapazitätseinheit, in der der Vorgang durchgeführt wird. Aus der Bearbeitungszeit und der Liegezeit folgt dann die Durchlaufzeit für diesen Vorgang. Mit der Durchlaufzeit ist die Voraussetzung für die Vorwärts-/ Rückwärtsterminierung gegeben. Damit liegen kritischer Pfad und Pufferzeiten fest.

Abweichend von der reinen Netzplantechnik muß für die Ermittlung realistischer Termine die Kapazitätssituation berücksichtigt werden. Dabei wird das gesamte Auftragsnetz so in die verfügbaren Kapazitäten eingeplant, daß der Endtermin des Auftrags eingehalten wird. Ergebnis dieses Schritts sind der geplante Anfangs- und Endtermin für jedes Netzplanelement, die zwischen frühestem Anfangs- und spätestem Endtermin liegen.

Aufgrund der hohen Qualifikation der Mitarbeiter werden üblicherweise im Werkzeugbau keine detaillierten Arbeitspläne erstellt. Die Vorgangsbezeichnung im Netzplanelement zusammen mit der Bauteilzeichnung ist meistens ausreichend, so daß auf einen gesonderten Arbeitsplan verzichtet werden kann. Trotzdem sind zum Teil Zusatzinformationen, z.B. nicht in der Zeichnung dokumentierte Aufmaße, erforderlich, die dann auch mit dem Netzplanelement verknüpft sein müssen.

Völlig neue Aufträge, für die kein modularer Standardnetzplan vorhanden ist, werden über einen spezifischen Projektplan geplant und gesteuert. Hier kann es sich z.B. um neue Werkzeugkonzepte oder Projekte zum Test neuer Bearbeitungsmethoden handeln. Dabei wird der prinzipielle Projektablauf z.B. in Form eines Gantt-Diagramms dargestellt, wobei sich die Projektschritte eindeutig den Kapazitätseinheiten zuordnen lassen. Der Projektaufwand für jeden Arbeitsschritt wird abgeschätzt und gleichmäßig auf die ebenfalls abgeschätzte Arbeitsschrittdauer aufgeteilt, z.B. 40 Stunden über vier Wochen. Diese Belastung der Kapazitätseinheit wird bei der Planung anderer Aufträge berücksichtigt.

Belastungsorientierte Auftragsfreigabe

Berücksichtigung der Kapazitätssituation

Netzplan als Arbeitsplan

Projektpläne

Pauschale Einlastung

Für unkalkulierbare Aufträge, wie z.B. Reparatur- und Instandhaltungsaufträge, wird keine spezifische Planung und Steuerung durchgeführt. Sie werden pauschal eingelastet. Die Belastung durch solche Aufträge muß sowohl bei der langfristigen Festlegung des Kapazitätsangebots (vgl. Kap. 2.3) als auch für die einzelnen Kapazitätseinheiten bei der Auftragsplanung und -steuerung berücksichtigt werden.

6.3.3
Bildung von Kapazitätseinheiten

Die Planung und Steuerung auf Grobplanungsniveau erfordert die Definition von Kapazitätseinheiten, in die die einzelnen Arbeitsschritte eingelastet werden. Dies betrifft sowohl die Prozesse in der Fertigung und Bankarbeit/ Montage als auch Arbeitsvorbereitung und Konstruktion als fertigungsvorgelagerte Prozesse. Wenn der Werkzeugbau, wie in Kap. 2.2 beschrieben, erzeugnisorientiert in Sparten aufgeteilt ist, werden die Kapazitätseinheiten innerhalb der Sparten gebildet.

Zusammenfassung
ähnlicher Maschinen

Ziel der Bildung von Kapazitätseinheiten ist, ähnliche Maschinen, die sich größtenteils ersetzen können, zusammenzufassen und so eine eigenverantwortliche dezentrale Feinsteuerung entsprechend des Kaskadenkonzepts zu ermöglichen. Fällt die Definition der Kapazitätseinheiten mit der Spartenbildung zusammen, empfiehlt es sich, zunächst den Maschinenpark in Gruppen einzuteilen und diese anschließend den Sparten zuzuordnen. Idealerweise werden Kapazitätseinheiten mit drei bis fünf Maschinen gebildet.

Es ist jedoch darauf zu achten, daß jede Sparte die wesentlichen Arbeitsgänge intern ausführen kann. Wenn erforderlich, müssen größere Maschinengruppen weiter unterteilt werden, um eine sinnvolle Zuordnung zu den Sparten zu gewährleisten, z.B. eine Maschinengruppe „Fräsen" in „Fräsen Kleinteile" und „Fräsen Großteile". Um die größtmögliche Flexibilität innerhalb einer Kapazitätseinheit zu erhalten, sollte jeder Mitarbeiter der jeweiligen Kapazitätseinheit alle Maschinen bedienen können.

Zuordnung zu Sparten

In den meisten Fällen werden die als Kapazitätseinheiten definierten Maschinengruppen nicht ausschließlich von einer Sparte genutzt. In diesem Fall wird die Kapazitätseinheit der Sparte zugeschlagen, die mit dem größten Anteil zur Auslastung beiträgt.

Für die zentrale Grobplanung in den Sparten ist hauptsächlich das Kapazitätsangebot relevant. Die für die Ermittlung des Kapazitätsangebots einer Kapazitätseinheit erforderlichen Daten sind in Abb. 6.11 dargestellt.

Eine Kapazitätseinheit besteht aus den zusammengefaßten Mitarbeitern bzw. Maschinen. Bei fertigungsvorgelagerten Bereichen, z.B. der Konstruktion, sind ausschließlich die Mitarbeiter bestimmend für das Kapazitätsangebot.

Zur Bestimmung des Kapazitätsangebots der Kapazitätseinheiten in der Fertigung werden üblicherweise die Maschinenlaufzeiten aus der Vergangenheit betrachtet. Im Rahmen einer Umgestaltung des Werkzeugbaus können sich auch neue Werte, z.B. durch Einführung einer zusätzlichen Schicht, ergeben. Jeder Kapazitätseinheit werden so viele Mitarbeiter zugeordnet, daß die erforderlichen Maschinenlaufzeiten gewährleistet sind, d.h. die Maschinenlaufzeiten das Maß für das Kapazitätsangebot sind. Als Maschinenlaufzeit wird zunächst die Nettoleistung in Stunden pro Tag ermittelt. Die Nettoleistung entspricht der tatsächlichen Maschinenverfügbarkeit, d.h. die Ausfallzeiten der Maschine sind bereits abgezogen. Die unterschiedlichen Nettoleistungen der Maschinen einer Kapazitätseinheit ergeben sich z.B. dadurch, daß mit NC-Maschinen Arbeitsgänge teilweise nach Schichtende mannlos beendet werden.

In der Grobplanung wird nur ein Teil aller Aufträge des Werkzeugbaus geplant. Dies ist bei der Ermittlung des Kapazitätsangebots zu berücksichtigen. Für jede Maschine ist festzulegen, wie hoch die Belastung mit Reparatur- und Wartungsaufträgen bzw. Änderungsaufträgen ist, die nur durch eine pauschale Einlastung berücksichtigt werden. Addiert man die Nettoleistung aller Maschinen einer Kapazitätseinheit und zieht die Summe der Grundlast ab, erhält man das Kapazitätsangebot für die Grobplanung.

Für die Planung und Steuerung muß neben dem Gesamtkapazitätsangebot bekannt sein, wie hoch die maximale Laufzeit einer Maschine einer Kapazitätseinheit pro Tag ist. Diese Größe bildet die Grundlage für die Durchlaufzeitberechnung und trägt der Tatsache Rechnung, daß ein Werkstück nur auf einer Maschine bearbeitet werden kann.

Marginal notes:

Kapazitätsangebot

Nettoleistung

Kapazitätsangebot für die Grobplanung

Maximale Maschinenlaufzeit pro Tag

Die Planung und Steuerung nach dem Prinzip der BOA verlangt, daß jeder Kapazitätseinheit eine fixe Liegezeit zugeordnet wird, die der Belastungsschranke entspricht.

	Nr.	4				5
Kapazitätseinheit	Bezeichnung	Fräsen Großteile				Fräsen Kleinteile
Zusammengefaßte Mitarbeiter / Maschinen	Maschinen	Deckel	Stama	Heller	Chiron	
	Anzahl	1	1	1	2	
	Nettoleistung [h/d]	14	11	11	10	
	Laufzeit [Tage/Woche]	5	5	5	5	
	Anteil Änderungen [%]	5	5	5	5	
	Anteil Reparaturen/ Wartung [%]	0	5	5	5	
	Anteil Neuanfertigungen [%]	95	90	90	90	
Kapazitätswerte	Nettoleistung gesamt [h/d] pro Maschinentyp	14	11	11	20	
	pro Kapazitätseinheit	56				
	Anteil Grundlast gesamt [h/d] pro Maschinentyp	0,7	1,1	1,1	2,0	
	pro Kapazitätseinheit	4,9				
	Für die Grobplanung der Kapazitätseinheit insgesamt verfügbare Leistung [h/d] pro Maschinentyp	13,3	9,9	9,9	9,0	
	pro Kapazitätseinheit	51,1				
	Für die Grobplanung maschinengebundener Aufgaben maximal verfügbare Leistung [h/d]	14				
Liegezeit	Je Kapazitätseinheit zu berücksichtigende Liegezeit [d]	2				

Bild 6.11 Beschreibung der Kapazitätseinheiten

Bei der Festlegung der Liegezeit für eine Kapazitätseinheit werden zwei Ziele verfolgt. Zum einen sollen mit
der Liegezeit Abweichungen von der geplanten Bearbeitungszeit ausgeglichen werden, die sich bei der Unikatfertigung im Werkzeugbau zwangsläufig ergeben.
Zum anderen soll eine ausreichend lange Liegezeit
sicherstellen, daß im Rahmen der Feinsteuerung innerhalb der Kapazitätseinheiten Möglichkeiten zur
Reihenfolgeoptimierung, z.B. mit dem Ziel der Rüst-
zeitminimierung, bestehen. Als Randbedingung sind
die Ziele hinsichtlich der Durchlaufzeit eines Auftrags
zu beachten.

Als Ergebnis der Terminierung in der Grobplanung   Feinsteuerung in den
wird jeder Arbeitsgang (entspricht einem Netzplan-   Kapazitätseinheiten
element) mit frühestem Anfangstermin und spätestem
Endtermin in eine Kapazitätseinheit eingeplant (Abb.
6.12). Die Durchlaufzeit zwischen diesen Terminen
entspricht der Summe aus Bearbeitungszeit und Liegezeit

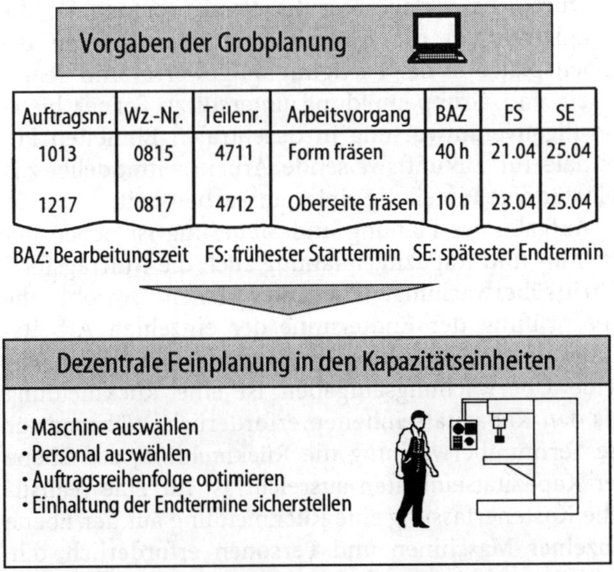

Vorgaben der Grobplanung

Auftragsnr.	Wz.-Nr.	Teilenr.	Arbeitsvorgang	BAZ	FS	SE
1013	0815	4711	Form fräsen	40 h	21.04	25.04
1217	0817	4712	Oberseite fräsen	10 h	23.04	25.04

BAZ: Bearbeitungszeit   FS: frühester Starttermin   SE: spätester Endtermin

Dezentrale Feinplanung in den Kapazitätseinheiten

• Maschine auswählen
• Personal auswählen
• Auftragsreihenfolge optimieren
• Einhaltung der Endtermine sicherstellen

Bild 6.12   Zentrale Grobplanung - dezentrale Feinplanung

Die Kapazitätseinheiten erhalten die Daten aus der
Grobplanung in Form einer Liste aller in einem bestimmten Zeitraum eingeplanten Arbeitsgänge. Primä-
re Aufgabe der Feinsteuerung ist, die vorgegebenen

Endtermine einzuhalten. Wie der Endtermin eingehalten wird, liegt in der Eigenverantwortung der Kapazitätseinheiten. Im einzelnen bedeutet das, daß festgelegt wird, welcher Mitarbeiter wann auf welcher Maschine welchen Auftrag bearbeitet.

Die Selbstorganisation in den Kapazitätseinheiten ermöglicht die situationsbezogene Festlegung der Auftragsreihenfolge. Dabei können sowohl der aktuelle Rüstzustand der Maschinen als auch Aspekte der Mehrmaschinenbedienung berücksichtigt werden. Mehrmaschinenbedienung ist immer dann möglich, wenn Arbeitsgänge mit langer Hauptzeit in einer Kapazitätseinheit bearbeitet werden.

Um die Auslastung der Maschinenkapazität von NC-Maschinen zu erhöhen, sollten Arbeitsgänge mit einer mehrstündigen Bearbeitungszeit, z.B. Fräsbearbeitung oder Erodieren von Formplatten, gegen Schichtende begonnen werden. Dadurch können auch im Zweischichtbetrieb Maschinenlaufzeiten von über 20 Stunden pro Tag realisiert werden.

Durch die Verlagerung der Verantwortung für die Feinplanung in die Kapazitätseinheiten werden die Arbeitsplätze in der Fertigung aufgewertet und Teamarbeit und Gruppenbildung unterstützt. Ferner bietet die Eigenverantwortung in dezentralen Einheiten Potentiale für zukunftsweisende Arbeitszeitmodelle, z.B. selbständige Einteilung einer Jahrearbeitszeit.

Auftragsforschrittsüberwachung

Aufgabe der Planung und Steuerung ist neben der Termin- und Kapazitätsplanung auch die Auftragsfortschrittsüberwachung. Hierunter fallen sowohl die Überprüfung der Endtermine der einzelnen Arbeitsgänge als auch die auftragsbegleitende Kalkulation. Für beide Überwachungsaufgaben ist eine Rückmeldung aus den Kapazitätseinheiten erforderlich. Während für die Terminüberwachung die Rückmeldung auf Ebene der Kapazitätseinheiten ausreicht, ist für eine realistische Kostenerfassung eine Rückmeldung auf der Ebene einzelner Maschinen und Personen erforderlich, d.h. die Rückmeldung muß detaillierter als die Planungsvorgaben erfolgen (Abb. 6.13). Eine genaue Kostenerfassung ist insbesondere für Werkzeugbaubetriebe, die als Profit-Center organisiert sind, von großer Bedeutung.

Echtzeitnahe Rückmeldung

In beiden Fällen, d.h. Terminüberwachung und auftragsbegleitende Kalkulation, muß die Rückmeldung echtzeitnah erfolgen. Nur so kann bei auftreten-

den Problemen rechtzeitig reagiert werden, z.B. durch
Vergabe von Arbeitsgängen an externe Zulieferer.

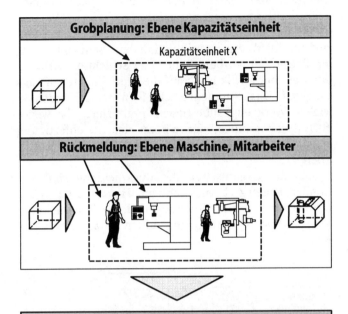

Grobplanung: Ebene Kapazitätseinheit

Kapazitätseinheit X

Rückmeldung: Ebene Maschine, Mitarbeiter

Ziele der Rückmeldung

- aktuelle Terminüberwachung
- aktuelle auftragsbegleitende Kalkulation
  - Erfassung der Maschinenlaufzeit
  - Erfassung der Personalzeit mit Lohngruppe
  - Zuweisung der Kosten zum Arbeitsgang
- geringer Zeitaufwand für die Mitarbeiter bei
  der Zeiterfassung (Maschine, Personal)
- geringe Investitions- und Wartungskosten

Bild 6.13   Rückmeldung

Um die Akzeptanz einer echtzeitnahen Rückmeldung
in der Werkstatt zu gewährleisten, muß der mit der
Rückmeldung verbundene Zeitaufwand so gering wie
möglich gehalten werden. Ferner muß den Mitarbeitern deutlich gemacht werden, daß die Rückmeldung
nicht der Überwachung der individuellen Arbeitslei-
stung dient, sondern notwendiger Bestandteil einer
effizienten Auftragsplanung und -steuerung mit dem
Ziel kostengünstiger Erzeugnisse und der Einhaltung
zugesagter Termine ist.

Ziele der Rückmeldung

Erfassung der tatsächlichen Daten

Vorteil der echtzeitnahen Rückmeldung ist ferner, daß immer die tatsächlichen Zeiten und Kosten erfaßt werden. Diese Daten bilden dann die Basis für eine realistische Angebotskalkulation.

Im Gegensatz dazu verführt z.B. das sog. „Stundenaufschreiben" zur Manipulation aus Bequemlichkeit. Im Extremfall wird am Ende einer Schicht die Arbeitszeit des Tages willkürlich auf die bearbeiteten Aufträge aufgeteilt. Das „Stundenaufschreiben" wird trotzdem in vielen Werkzeugbaubetrieben praktiziert, da weder BDE-Systeme noch, wie z.B. in der Serienfertigung möglich, entlohnungsrelevante fixe Vorgabezeiten existieren.

Bei der Organisation der Rückmeldung sind alle Sonderformen zu berücksichtigen. Hierunter fallen u.a. die Mehrmaschinenbedienung und die Rückmeldung von in „Kisten" zusammengefaßten Einzelteilen (Abb. 6.14).

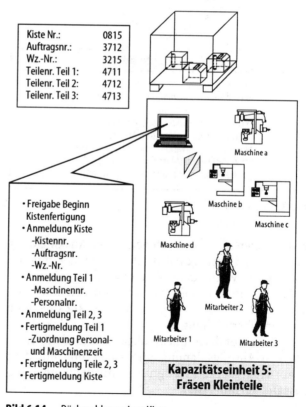

Bild 6.14   Rückmeldung einer Kiste

Die einfachste Möglichkeit, eine Mehrmaschinenbedienung zu berücksichtigen, besteht darin, die Personalzeit gleichmäßig auf alle parallel bearbeiteten Aufträge zu verteilen. Dabei wird bewußt außer acht gelassen, daß einzelne Aufträge unterschiedliche Rüst- und Betreuungsaufwände verursachen. Vorteil dieser Lösung ist, daß der Aufwand für die Rückmeldung der Einzelmaschinenbedienung entspricht und sie mit BDE-Systemen einfach zu realisieren ist.

Mehrmaschinenbedienung

Um den Planungs- und Steuerungsaufwand zu reduzieren, werden technologisch ähnliche, nicht terminkritische Einzelteile steuerungstechnisch zu einer Kiste zusammengefaßt. Die Terminüberwachung erfolgt auf Ebene der Kiste. Für die Kostenrechnung werden dagegen Daten auf Einzelteilebene benötigt. Deshalb ist im Rahmen der Rückmeldung für jedes Einzelteil separat die Personal- und Maschinenlaufzeit zu erfassen.

Rückmeldung von Kisten

Obwohl mit dem vorgestellten Konzept zur Auftragsplanung und -steuerung die Planungstiefe und Komplexität auf ein sinnvolles Maß beschränkt wird, läßt sich die erforderliche Funktionalität nicht ohne EDV-Unterstützung realisieren.

6.4
EDV-Unterstützung der Planung und Steuerung

In den folgenden Abschnitten wird der erforderliche Funktionsumfang von EDV-Systemen zur Auftragsplanung und -steuerung beschrieben und eine Vorgehensweise zur Systemauswahl vorgestellt.

6.4.1
Systemfunktionalität

Die genannten Funktionen und Aufgaben der Auftragsplanung und -steuerung lassen sich in größeren Werkzeugbaubetrieben nur mit einem EDV-System bewältigen. Der erforderliche Funktionsumfang eines EDV-Systems ist in Abb. 6.15 dargestellt.

Mit einem EDV-System sollen alle Funktionen von der Angebotserstellung bis zur Überwachung der Kapazitätssituation unterstützt werden. Grundlage der Auftragsplanung und -steuerung entsprechend des bereits erläuterten Konzepts ist die Darstellung der Abläufe mit Hilfe von Netzplänen. Mit einem EDV-System müssen deshalb Netzpläne abgebildet, verwaltet

Netzpläne im EDV-System

und entsprechend den Erzeugnismerkmalen auftrags-
spezifisch anpaßt werden können. Die Anpassung beinhaltet dabei sowohl die auftragsspezifische Generierung der Netzplanstruktur als auch die Anpassung der
Bearbeitungszeiten in den einzelnen Netzplanelemen-
ten. Mit Hilfe der Netzplanelemente müssen dazu alle
in Abb. 6.10 gezeigten Informationen abgebildet werden.

Bild 6.15   Funktionsumfang eines EDV-Systems zur Auftragsplanung und -steuerung

Angebotserstellung   Mit der EDV-unterstützten Angebotserstellung werden
zwei Ziele verfolgt. Zum einen sollen auf Basis der
werkzeugspezifisch angepaßten Netzpläne Kosten genauer ermittelt werden, zum anderen kann der gene-

rierte Netzplan direkt zur Ermittlung eines realistischen Liefertermins genutzt werden. Im Rahmen der Angebotserstellung werden Historiedaten aus ähnlichen Aufträgen genutzt, um eine möglichst hohe Genauigkeit zu erreichen. Die Historiedaten beinhalten sowohl die Bearbeitungszeiten und -kosten für intern durchgeführte Arbeitsgänge als auch alle relevanten Daten für fremdvergebene Arbeiten eines Auftrags.

Zur Berechnung eines realistischen Liefertermins wird das Auftragsnetz des Angebots in die aktuelle Kapazitätssituation als fiktiver Auftrag eingelastet. Arbeitsgänge von realen Aufträgen werden für die fiktive Einlastung nicht verschoben. Andere, bereits eingelastete Angebote sind entsprechend ihrer Umwandlungswahrscheinlichkeit als Kapazitätsbelastung zu berücksichtigen.

Angebot als fiktiver Auftrag

Im Fall der Auftragserteilung setzt der Kunde üblicherweise einen Endtermin fest, zu dem das Werkzeug geliefert werden muß. Im EDV-System wird das aus der Angebotserstellung bereits vorhandene Auftragsnetz als Auftrag eingelastet und der Liefertermin als fixer Endtermin gesetzt.

Im Rahmen des Kapazitätsabgleichs muß der Auftrag so eingelastet werden, daß möglichst keine Überlast in einzelnen Kapazitätseinheiten entsteht. Dazu werden die Arbeitsgänge bereits eingelasteter Aufträge unter Ausnutzung der Zeitpuffer im Netzplan verschoben, um entsprechende Lücken für die Arbeitsgänge des neuen Auftrags zu schaffen. Die Verschiebung der Arbeitsgänge anderer Aufträge darf jedoch nicht zur Überschreitung des Endtermins dieser Aufträge führen. Dadurch wird sichergestellt, daß einmal zugesagte Liefertermine auch eingehalten werden.

Kapazitätsabgleich

Bei der Einlastung und der Berechnung der Durchlaufzeit ist zu berücksichtigen, daß die in Kisten (vgl. Abb. 6.14) zusammengefaßten Teile parallel bearbeitet werden können. Dadurch geht die Bearbeitungszeit für alle Teile nur mit einem Anteil in die Durchlaufzeitberechnung ein. Hinsichtlich der Kapazitätsbelastung ist die Gesamtarbeitszeit für alle Teile anzusetzen.

Der Erfolg der systemunterstützten Auftragsplanung und -steuerung hängt wesentlich vom Verhalten des Systems bei Überlast ab. Kann auch unter Ausnutzung aller Zeitpuffer eine Überlast nicht vermieden werden, so ist diese eindeutig anzuzeigen. Hier beste-

Systemverhalten bei Überlast

hen prinzipiell zwei Möglichkeiten. Bei der einen wird die maximale Leistung einer Kapazitätseinheit als fix betrachtet und die Kapazitätseinheit nur bis maximal 100% belastet. Bei Überlast verschieben sich in diesem Fall die Endtermine der eingelasteten Aufträge (Abb. 6.16).

Bei der anderen Möglichkeit werden die Endtermine der Aufträge als fix angesehen und die Kapazitätseinheiten überlastet. In diesem Fall muß die Überlastsituation eindeutig angezeigt werden. Im Werkzeugbau ist die Einhaltung zugesagter Fertigstellungstermine von besonderer Bedeutung. Deshalb die Lösung mit festgesetztem Endtermin zu bevorzugen.

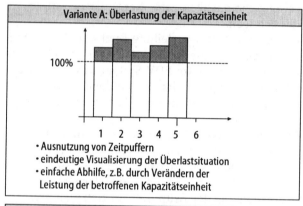

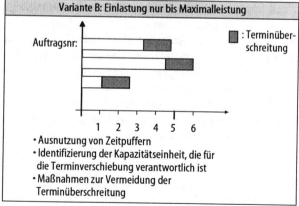

Bild 6.16   Verhalten bei Überlast

Kompensation von Überlast

Eine endgültige Bestätigung der Einlastung des Auftrags ist entsprechend der BOA-Prinzipien jedoch erst

möglich, wenn alle Überlastungen ausgeglichen sind.
Eine Reaktion zur Kompensation von Überlast ist die
Anpassung des Leistungsangebots von Kapazitätseinheiten, z.B. durch Überstunden oder zusätzliche
Schichten. Diese Anpassung muß in Planungsystemen
mit wenig Aufwand realisiert werden können. Eine
weitere Möglichkeit besteht in der Fremdvergabe von
Arbeitsgängen, die eine Überlastung verursachen. Geht
man von einem größeren Werkzeugbau mit Spartenorganisation aus, ist zunächst bei einer anderen Sparte
nach vorhandener Kapazität anzufragen.

Für die Termin-, Kosten- und Kapazitätsüberwachung muß die aktuelle Situation in den Kapazitätseinheiten echtzeitnah im Planungs- und Steuerungssystem abgebildet werden. Deshalb ist eine Betriebsdatenerfassung (BDE) erforderlich. Für eine exakte Kostenüberwachung müssen die Daten auf Fein-
planungsniveau, d.h. auf Mitarbeiter- und Maschinen-
ebene, erfaßt werden.

Betriebsdatenerfassung

Auf der anderen Seite erhalten die Mitarbeiter in
den Kapazitätseinheiten über die BDE-Terminals Informationen über die durchzuführenden Arbeitsschritte. Neben den Terminvorgaben (siehe Abb. 6.12)
können auch die Zusatzinformationen, die einem Netzplanelement zugeordnet werden können, am BDE-
Terminal abgefragt werden.

Für die Überwachungsfunktionen im Rahmen der
Grobplanung ist hauptsächlich die übersichtliche Dar-
stellung der aktuellen Situation von Bedeutung. Für die
Terminüberwachung bietet sich die Visualisierung mit
Hilfe von Gantt-Diagrammen an. Komfortable EDV-
Systeme bieten die Möglichkeit, direkt aus den Gantt-
Diagrammen die Detailinformationen zu den Arbeits-
gängen anzuzeigen.

Terminüberwachung

Auch die Kostensituation kann mit Hilfe von Bal-
kendiagrammen dargestellt werden. Für die auftragsbegleitende Kalkulation sollte ständig die Abfrage von
Planzustand und Ist-Zustand möglich sein.

Kostenüberwachung

Im Rahmen der Kapazitätsüberwachung ist zum einen die aktuelle Situation zu beobachten und zum anderen die Auslastung in zurückliegenden Perioden zu
überprüfen. Die Darstellung der aktuellen Belastung
der Kapazitätseinheiten sollte eine Zuordnung der
belastenden Aufträge beinhalten. Nur so ist eine
schnelle Reaktion bei Überlastsituationen möglich.

Kapazitätsüberwachung

Informationen über die Auslastung in vergangenem Perioden liefern Anhaltspunkte für eventuell erforderliche Kapazitätsanpassungen. Die Auslastung sollte sowohl für einzelne Sparten als auch für den kompletten Werkzeugbau abgefragt werden können.

6.4.2
Systemauswahl

Sollkonzept als Voraussetzung

Voraussetzung für die Systemauswahl ist ein detailliertes Sollkonzept für die Auftragsplanung und -steuerung. Das Sollkonzept bietet die Basis für die Erstellung eines Anforderungskatalogs sowie für die Entwicklung von Testszenarien. Die Vorgehensweise bei der Systemauswahl ist in Abb. 6.17 dargestellt.

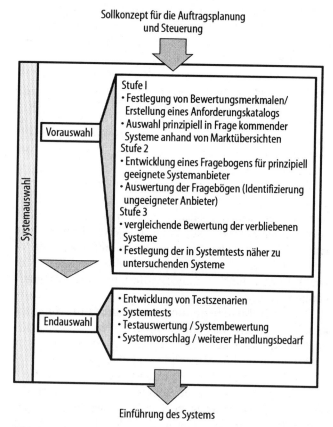

Sollkonzept für die Auftragsplanung und Steuerung

Systemauswahl

Vorauswahl

Stufe I
• Festlegung von Bewertungsmerkmalen/ Erstellung eines Anforderungskatalogs
• Auswahl prinzipiell in Frage kommender Systeme anhand von Marktübersichten
Stufe 2
• Entwicklung eines Fragebogens für prinzipiell geeignete Systemanbieter
• Auswertung der Fragebögen (Identifizierung ungeeigneter Anbieter)
Stufe 3
• vergleichende Bewertung der verbliebenen Systeme
• Festlegung der in Systemtests näher zu untersuchenden Systeme

Endauswahl

• Entwicklung von Testszenarien
• Systemtests
• Testauswertung / Systembewertung
• Systemvorschlag / weiterer Handlungsbedarf

Einführung des Systems

Bild 6.17   Vorgehensweise bei der Systemauswahl

Bei der Erstellung eines Anforderungskatalogs werden die Anforderungen nach Fest- und Wunschanforderungen unterschieden. Festforderungen sind zur Umsetzung des Sollkonzepts zwingend erforderlich. Weiterhin lassen sich die Anforderungen nach funktionalen Aspekten wie folgt gliedern:

Gliederung der Anforderungen

- Systemsoftware
- Planungsfunktionen
- Steuerungsfunktionen
- Hardware
- Schnittstellen zu vorhandenen Systemen
- Leistungsfähigkeit des Systemanbieters

Zu den Anforderungen an die Systemsoftware gehören die Spezifikation des Betriebssystems, die Forderung nach Multiuserfähigkeit und die Festlegung des einzusetzenden Netzwerks. Bei einem internen Werkzeugbau ist zu gewährleisten, daß das Betriebssystem zu den bereits im Unternehmen vorhandenen Systemen kompatibel ist und entsprechend betreut werden kann. Ferner muß sichergestellt werden, daß die angestrebte Systemarchitektur realisiert werden kann. Für einen Spartenwerkzeugbau ist z.B. eine zentrale Datenbank, auf die alle Sparten zugreifen, sinnvoll. Dabei muß jedoch sichergestellt sein, daß nicht auf spartenfremde Kapazitätseinheiten zugegriffen werden kann.

Systemsoftware

Im Bereich der Auftragsplanung müssen die in Kap. 6.4.1 erläuterten Funktionen vorhanden sein. Im wesentlichen sind dies die Abbildung vernetzter Abläufe, die automatische Anpassung der Auftragsnetze nach Erzeugnismerkmalen, die Konfiguration der Kapazitätseinheiten mit allen erforderlichen Daten und die Auftragseinlastung mit Kapazitätsabgeich entsprechend des BOA-Prinzips.

Funktionen der Auftragsplanung

Kernfunktion der Auftragssteuerung ist die detaillierte Rückmeldung getrennt für Personal und Maschine und die übersichtliche Darstellung von Auftragsfortschritt und Kostensituation. Durch die einfache Veränderung der Daten von Kapazitätseinheiten, z.B. Erhöhung der Kapazität durch Überstunden oder Sonderschichten, wird die Reaktion auf Überlastsituationen erleichtert. Ferner müssen die Kapazitätsgrenzen des Systems hinsichtlich der Anzahl parallel zu steuernder Aufträge überprüft werden.

Auftragssteuerung

Hardware

Bei der Festlegung der Anforderungen bezüglich der Hardware müssen oft strategische Entscheidungen des Unternehmens für einen Rechnertyp berücksichtigt werden. Für den Werkzeugbau sind üblicherweise PCs am besten geeignet. Alternativen zur PC-Lösung in Client-Server-Architektur sind Workstations und Terminals. Neben der Rechnerhardware ist hier festzulegen, ob zusätzliche Anforderungen für die Identifikation von Werkstücken, z.B. mit Barcodelesern, bestehen.

Schnittstellen zu vorhandenen Systemen

Problematisch ist häufig die Integration eines neuen Systems in die vorhandene EDV-Landschaft. Deshalb müssen die Anforderungen bezüglich der Schnittstellen zur vorhandenen Systemlandschaft detailliert festgelegt werden. Ein Beispiel für mögliche Schnittstellen zu anderen Systemen ist in Abb. 6.18 dargestellt.

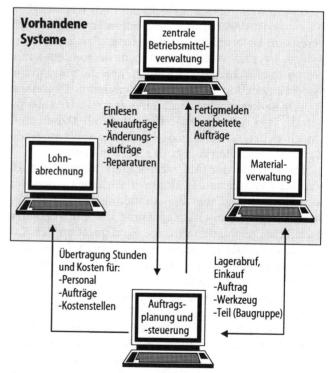

Bild 6.18   Integration in die vorhandene EDV-Landschaft (Bsp. interner Werkzeugbau)

Leistungsfähigkeit des Systemanbieters

Neben funktionalen Aspekten und Kompatibilität zur aktuellen EDV-Situation muß auch die Leistungsfähig-

keit eines potentiellen Systemanbieters beurteilt werden. Hier sind Anforderungen bez. Systemdokumentation, Schulung und Unterstützung bei der Systemeinführung zu definieren. Ferner sollten Referenzanwender aus der Werkzeugbaubranche nachgefragt werden
sowie Firmengröße, Anzahl Installationen und Leistungsfähigkeit bei der Systembetreuung überprüft
werden. Insbesondere dem letzten Punkt ist hohe Bedeutung zuzumessen, da lange Reaktionszeiten bei
Systemausfall die gesamte Auftragsabwicklung betreffen.

Sind die Anforderungen an das System festgelegt,   **Systemauswahl**
werden mit Hilfe veröffentlichter Marktanalysen (z.B.
VOGELE U. MENSER 1997) prinzipiell geeignete Systeme
ausgewählt. An die Systemanbieter werden anschlie
ßend Fragebögen, die aus dem Anforderungskatalog
entwickelt wurden, versendet.

Bei der Auswertung der Fragebögen werden zunächst die Anbieter, die Festforderungen nicht erfüllen,
identifiziert und nicht weiter betrachtet. Die im Betrachtungsumfang verbleibenden Systeme werden anhand der ausgefüllten Fragebögen und ggf. mitgesandtem Prospektmaterial vergleichend bewertet. Die vier
bis fünf besten Systemanbieter werden zu Systemtests
eingeladen.

Für die Systemtests sind Testszenarien zu entwik   **Systemtests**
keln. Mit den Testszenarien sollen alle wesentlichen
Funktionen des Systems überprüft werden. Deshalb
eignet sich am besten die Durchspielung eines kompletten Auftragsdurchlaufs, d.h. Definition von Kapazitätseinheiten, Generieren eines Netzplans, Einlasten
des Netzplans, Kapazitätsabgleich, Verhalten bei Überlast und Rückmeldung aus einer Kapazitätseinheit.
Besonderes Augenmerk ist beim Systemtest auf die
Übersichtlichkeit der Masken zu legen. Im Zweifelsfall
ist eine übersichtliche Darstellung der Planungsergebnisse und einfache Benutzerführung sinnvoller als die
Erfüllung von Wunschforderungen. Hier sollte auch die
subjektive Beurteilung der Nutzer des Systems in der
Arbeitsvorbereitung des Werkzeugbaus berücksichtigt
werden.

Auf Basis der Systemtests wird die funktionale Leistungsfähigkeit bewertet. Für alle Systeme, die die Anforderungen erfüllen, werden Angebote eingeholt. Abschließend wird auf Basis der funktionalen Bewertung und der Kosten für die Systemeinführung entschieden, welches System eingeführt wird.

Kosten   Bei der Ermittlung der Kosten, die mit einer Systemeinführung verbunden sind, müssen neben den Kosten für den Systemanbieter auch die internen Kosten, die durch die Einführungsbegleitung entstehen, berücksichtigt werden. Diese liegen bei ca. 25% der externen Kosten. Unter den externen Kosten werden die Kosten für

- Hardware,
- Software,
- Dienstleistungen im Rahmen der Systemeinführung und
- Kosten für jährliche Wartung

zusammengefaßt.

Systemeinführung   Vor der Einführung eines neuen Systems sollte zunächst eine Betriebsvereinbarung zur Nutzung von BDE erarbeitet werden. Anschließend ist stufenweise vorzugehen. Bei einem Werkzeugbau mit Spartenorganisation sind Pilotsparten zu bestimmen, für die die erforderlichen Planungsdaten ermittelt werden (Netzpläne, Daten der Kapazitätseinheiten, ...). Parallel dazu wird das neuen System ohne Einbindung in den tatsächlichen Auftragsablauf getestet und die Mitarbeiter werden geschult. Ist die Testphase erfolgreich abgeschlossen, wird das System in den Pilotsparten in den Echtbetrieb genommen. Wenn sich das neue System für die Auftragsabwicklung in den Pilotsparten bewährt hat, wird es im kompletten Werkzeugbau eingeführt.

7 Literaturverzeichnis

Beitz, W.; Küttner, K.H.(1990): Taschenbuch für den Maschinenbau/Dubbel, 17. Auflage, Springer Verlag Berlin, Heidelberg.

Beltrami, I.; Bertholds A.; Dauw D. (1995): Wire-EDM Precision Improvement by On-Line Wire Position Control. In: van Griethuysen, J.P.S.; Kiritsis, D. (Hrsg): Proceedings International Symposium For Electro Machining (ISEM XI). Presses Polytechniques Et Universitaires Romandes, Lausanne.

Berger, A. (1977): Elektrisch abtragende Fertigungsverfahren. VDI-Verlag, Düsseldorf.

Bieker (1991): NC-Fräsen von Stahlhohlformen, Dissertation RWTH Aachen, VDI-Verlag GmbH, Düsseldorf.

Bitzer, B. (1990): Innovationshemmnisse im Unternehmen. Wiesbaden, Deutscher Universitäts-Verlag, Wiesbaden.

Blum, J. (1996): Hartstoffeinsatz in Hochleistungswerkzeugen der Stanztechnik. In: Leistungssteigerung in der Stanztechnik. VDI Bildungswerk, Düsseldorf.

Boccadoro, M. (1994): Process Control with ED Sinking. Metalworking Technology Europe.

Bochtler, W. (1996): Modellbasierte Methodik für eine integrierte Konstruktion und Arbeitsplanung. Dissertation, RWTH Aachen.

Bönsch, C. (1992): Wege zur Prozeßoptimierung beim Ultraschallschwingläppen keramischer Werkstoffe. Dissertation RWTH Aachen.

Brankamp, K. (1971): Planung und Entwicklung neuer Produkte. Walter de Gruyter Verlag, Berlin.

Brankamp, K.; Aengeneyndt, D.; Geer, O. (1996): Produktplanung. In: Eversheim, W.; Schuh, G. (Hrsg.): Betriebshütte - Produktion und Management, Springer Verlag, Berlin.

Bronner, R. (1992): Delphi-Methode: Orakel für wirtschaftliche Entwicklung. Computerwoche 19 (1992) 41, 9. Oktober 1992.

Camacho, J. H.; Gehring (1990): Feinbearbeitung im Werkzeug- und Formenbau, VDI-Zeitung 132 (1990), Nr.2.

Charmilles (1995): Charmilles Technologies S.A. (1995) Produktinformation EL 10 und HO 10. Genf.

Cords, D.; Krohn, M.; Walz, M. (1995): Customizing von CAD-Systemen. Ein Leitfaden zur Systemanpassung. Fachgruppe 4.2.1 „CAD" der Gesellschaft für Informatik e.V. Eigendruck.

Degner, W. (1984): Elektrochemische Metallbearbeitung. VEB Verlag Technik, Berlin.

DIN 51385 (1981): Kühlschmierstoffe, Beuth Verlag, Berlin.

DIN 66217 (1975): Koordinatenachsen und Bewegungsrichtungen für numerisch gesteuerte Arbeitsmaschinen, Beuth Verlag, Berlin.

DIN 8580 (1985): Fertigungsverfahren. Begriffe und Einteilung, Beuth Verlag, Berlin.

DIN 4000 (1992): Sachmerkmal-Leisten. Begriffe und Grundsätze, Beuth Verlag, Berlin.

Eversheim, W. (1995): Prozeßorientierte Unternehmensorganisation, Springer-Verlag, Berlin.

Eversheim, W. (1996): Organisation in der Produktionstechnik, Band 1: Grundlagen; VDI-Verlag Düsseldorf.

Eversheim, W. u.a. (1996): Produktentstehung. In: Eversheim, W.; Schuh, G. (Hrsg.): Betriebshütte - Produktion und Management. Springer Verlag, Berlin.

Frese, E. (1996): Grundlagen der Organisationsgestaltung. In: Eversheim, W.; Schuh, G. (Hrsg.): Betriebshütte - Produktion und Management. Springer Verlag, Berlin.

Fromlowitz, J.(1992): Standzeiten und Temperaturen beim Hochleistungsbandschleifen, Dissertation, RWTH Aachen.

Groß, A. (1994): Exotische Werkstoffe durch Ultraschallerosion bearbeiten. MAV 5.

Gupp, B. (1989): Stücklisten- und Arbeitsplanorganisation mit Bildschirmeinsatz. In Integrierte Datenverarbeitung in der Praxis Band 6. Hrsg.: W. Heilmann. Forkel-Verlag, Wiesbaden.

Haack, J. (1996): Konstruktive Gestaltung der Werkzeugaktivelemente im Hinblick auf die Bearbeitungsverfahren. In: Leistungssteigerung in der Stanztechnik. VDI Bildungswerk, Düsseldorf.

Haack, J.; Birzer, F.(1977): Feinschneiden, Handbuch für die Praxis, 2. Auflage, Feintool AG, Lyss; Hallwag AG, Bern.

Hahn, D. (1996): Gestaltung strategischer Programme. In: Eversheim, W.; Schuh, G. (Hrsg.): Betriebshütte - Produktion und Management, Springer Verlag, Berlin.

Hammer, M.; Champy, J. (1995): Business Reengineering. 5. Auflage. Campus Verlag, Frankfurt a. M.

Hilber, G.; Schelle, H. (1971): Die Delphi-Methode - ein Instrument der technologischen Vorhersage. Der graduierte Betriebswirt Nr. 3.

Hirsch, G. u. Sheng, X: (1995): Automatische Kollisionsprüfung bei mehrachsigen Bearbeitungsvorgängen, wt-Produktion und Management 85 (1995), Springer Verlag, Berlin.

Horváth, P., Renner, A. „Prozeßkostenrechnung: Konzept, Realisierungsschritte und erste Erfahrungen", FB/IE 39 (1990), 3.

Jorgenson D (1994) Micromachining Using EDM. EDM Guidebook.

Kief, H.-B. (1996): NC/CNC Handbuch '96. Carl Hanser Verlag. München Wien.

Klocke F.; Nöthe T. (1996): Werkstoffeinflüsse beim funkenerosiven Schneiden. In: Leistungssteigerung in der Stanztechnik. VDI Bildungswerk, Düsseldorf.

Klocke, F.; Löffler, R. (1996): Prozeßanalyse bei der Fünffachsbearbeitung. ZWF 91.

Klocke u.a. (1996): Leistungsfähige Fertigungsprozesse - Lösungen für den Werkzeugbau. In: AWK Aachener Werkzeugmaschinen-Kolloquium (Hrsg) Wettbewerbsfaktor Produktionstechnik: Aachener Perspektiven. VDI-Verlag, Düsseldorf.

Klocke, F. u. Hillicke, M. (1996): Technologie der Ultraschallbearbeitung sprödharter Werkstoffe. IDR 2/96.

Klocke, F.; Löffler, R. (1995): Hochleistungs-NC-Fräsen von Tiefziehwerkzeugen mit Torusfräsern. VDI-Z, Special Werkzeuge 9 (1995).

Klocke, F.; Löffler, R. (1995): Hochleistungs-NC-Fräsen von Tiefziehwerkzeugen mit Torusfräsern, VDI-Z Special Werkzeuge 9 (1995), VDI-Verlag, Düsseldorf.

Klocke, F.; Löffler, R. (1996): Prozeßanalyse bei der Fünfachsenbearbeitung, ZWF 91 (1996) 5.

Kobayashi K. (1995): The Present and Future Technological Developments of EDM and ECM. In: van Griethuysen JPS, Kiritsis D (Hrsg) Proceedings International Symposium For ElectroMachining (ISEM XI). Presses Polytechniques Et Universitaires Romandes, Lausanne.

König W, Klocke F, Sparrer M (1995) EDM-Sinking Using Waterbased Dielectrics and Electropolishing – A new Manufacturing Sequence in Toolmaking. Proceedings of the International Symposium for Electromachining, ISEM 11, Lausanne, Switzerland.

König W.; König, M. (1991): CBN erfolgreich eingesetzt, Industrie-Anzeiger, 37(1992)

König W.; König, M. (1992): Hochleistungsfräsen im Formenbau Teil 1, Special Tooling, 3 (1992)

König, W (1990) Fertigungsverfahren Bd. 3 Abtragen. VDI-Verlag, Düsseldorf.

König, W.; Klocke F. (1995): Fertigungsverfahren Bd 5 Blechbearbeitung. VDI-Verlag, Düsseldorf.

König, W.; Klocke, F. (1996): Fertigungsverfahren, Bd.2. Schleifen, Honen, Läppen, VDI-Verlag, Düsseldorf.

König, W.; Zander, T. (1991): Fräsen in fünf Achsen, Industrie-Anzeiger 72 (1991).

König, W.;Zander, T. (1991): Technologie für die Fünfachsbearbeitung, wbk.

Kreideler, S. (1996): CAD/CAM/CNC-Technologie zur Regelung konstanter Zerspanungsbedingungen bei der Hochgeschwindigkeitsfräsbearbeitung, 9.Darmstädter Fertigungstechnisches Symposium, 27.-28.02.1996, Darmstadt.

Kümmel, S. (1990): Zerspanen von Gußeisen mit hochharten Schneidstoffen, Industrie-Anzeiger 65 (1990).

Lange, K. (1984): Umformtechnik Bd. 1 Grundlagen.Springer-Verlag, Berlin.

Lange, K. (1990): Umformtechnik Bd 3: Blechbearbeitung. Springer-Verlag, Berlin.

Lazarenko B.R. (1944): Elektrische Erosion von Metallen. Cosenergoidat, Moskau.

Lazarenko B.R. (1974): Die Elektrofunkenbearbeitung von Metallen. Vestuik Maschinostroia 1.

Mauer G. (1995): Hartstoffbeschichtete Umformwerkzeuge haben hohe Standzeit und Zuverlässigkeit. Maschinenmarkt, Würzburg.

Mintzberg, H. (1992): Mintzberg über Management; Gabler Verlag.

Müller D.; Härlen U. (1996): Verschleißschutz an Werkzeugen für die Blechbearbeitung. In: Leistungssteigerung in der Stanztechnik. VDI Bildungswerk, Düsseldorf.

Müller, S. (1992): Entwicklung einer Methode zur prozeßorientierten reorganisation der technischen Auftragsabwicklung komplexer Produkte. Dissertation RWTH Aachen.

N.N (1995): HSC vor dem Durchbruch?, Die Maschine 11/12 (1995).

Ostroff, F.; Smith, D. (1992): Redesign the cooperation. In: McKinsey Quaterly, Nr. 1.

REFA (1985): Methodenlehre der Planung und Steuerung Teil 3, 4. Aufl., München.

Rentsch, C. (1996): Feinschneiden mit beschichteten Werkzeugen. Dissertation RWTH Aachen.

Saaty (1980) Saaty, Th. L.: The Analytic Hierarchy Process, New York.

Schnopp, R. (1990) Ein ganzheitliches Konzept zur Gestaltung der Entwicklungsorganisation. Tagungsunterlagen zum AWF-Seminar: Optimierung von Entwicklungszeiten. Bad Soden.

Scholz-Reiter, B. (1990): Konzeption eines rechnergestützten Werkzeugs zur Analyse und Modellierung integrierter Informations- und Kommunikationssysteme in Produktionsunternehmen. Dissertation TU Berlin.

Schuhmacher B. (1980): Funkenerosives Schneiden und Planetärsenkerodieren in der Werkzeugfertigung. Blech Rohre Profile.

Schuhmacher B., Weckerle D (1988): Funkenerosion – Richtig verstehen und anwenden. Dipl. Ing. Karl-H. Möller Technischer Fachverlag, Velbert.

Scott-Morgan, P.; Little, A. D. (1995): Die heimlichen Spielregeln: die macht der ungeschriebenen Gesetze im Unternehmen. Campus Verlag, Frankfurt a. M.

Siegel, R. (1995): Technologie und Anwendung des funkenerosiven Schneidens, Teil 1. Maschinenbau Schweizer Industrie-Magazin 4/95.

Sparrer M. (1996): Elektrochemische Endbearbeitung funkenerodierter Raumformen. Dissertation RWTH Aachen.

Ungeheuer, U. u.a. (1996): Veränderungen erfolgreich umsetzen - ein „Kernprozeß" der Zukunftssicherung. In: Eversheim, W.; Klocke, F.; Pfeifer, T.; Weck, M.: Wettbewerbsfaktor Produktionstechnik - Aachener Perspektiven. VDI-Verlag, Düsseldorf.

VDI (1976): Systematische Produktplanung - ein Mittel zur Unternehmenssicherung. VDI (Hrsg.), VDI-Verlag, Düsseldorf.

VDI (1994) VDI-Richtlinie 3402, Blatt 4 (1994) Anwendung der Funkenerosion. Verein Deutscher Ingenieure (Hrsg.). Beuth Verlag GmbH, Berlin.

VDI (1994): Einführungsstrategien und Wirtschaftlichkeit von CAD-Systemen. Hrsg.: Verein Deutscher Ingenieure.

Vogele, C., Menser, W. (1997): Produktionsplanung und - steuerung 1997 - aktuelles Marktangebot und Entwicklungstrends bei Standard-PPS-Systemen. FB/IE Zeitschrift für Unternehmensentwicklung und Industrial Enineering. Ausgabe 2/1997. S.52ff. Beuth Verlag, Berlin.

Warnecke, G.; Hollstein, T.; König, W.; Spur, G.; Tönshoff, H.K.(1994): Schleifen von Hochleistungskeramik, Köln: Verl. TÜV Rheinland.

Weck u.a. (1996): Herstellung von Mikrobauteilen - Perspektiven für den Maschinenbau. In: AWK Aachener Werkzeugmaschinen-Kolloquium (Hrsg) Wettbewerbsfaktor Produktionstechnik: Aachener Perspektiven. VDI-Verlag, Düsseldorf.

Weck, M. (1989): Werkzeugmaschinen, Band 3. Automatisierung und Steuerung. VDI-Verlag, Düsseldorf.

Weck, M. (1991): Werkzeugmaschinen, Band 1. Maschinenarten, Bauformen und Anwendungsbereiche, VDI-Verlag, Düsseldorf.

Wiendahl, H. P. (1987): Belastungsorientierte Fertigungssteuerung: Grundlagen, Verfahrensaufbau, Realisierung, München.

Wiendahl, H.-P. (1991): Anwendung der belastungsorientierten Fertigungssteuerung. Hanser Verlag, München.

Wilmes, S. (1996): Werkzeugstähle für Stanzwerkzeuge. In: Leistungssteigerung in der Stanztechnik. VDI Bildungswerk, Düsseldorf.

Zander, T. (1995): Potentiale beim Mehrachsen-Fräsen mit Toruswerkzeugen im Formenbau, Dissertation RWTH Aachen.

Zolotych B.N (1955): Physikalische Grundlagen der Elektrofunkenbearbeitung von Metallen. SVT 175 VEB-Verlag Technik, Berlin.

Zolotych B.N (1957): Über die physikalischen Grundlagen der elektroerosiven Metallbearbeitung Bd. 1 Elektroerosive Bearbeitung von Metallen. Akademie der Wissenschaften der UdSSR, Moskau.

8 Sachwortverzeichnis

Springer und Umwelt

Als internationaler wissenschaftlicher
Verlag sind wir uns unserer besonderen
Verpflichtung der Umwelt gegenüber
bewußt und beziehen umweltorientierte
Grundsätze in Unternehmens-
entscheidungen mit ein. Von unseren
Geschäftspartnern (Druckereien,
Papierfabriken, Verpackungsherstellern
usw.) verlangen wir, daß sie sowohl
beim Herstellungsprozess selbst als
auch beim Einsatz der zur Verwendung
kommenden Materialien ökologische
Gesichtspunkte berücksichtigen.
Das für dieses Buch verwendete Papier
ist aus chlorfrei bzw. chlorarm
hergestelltem Zellstoff gefertigt und im
pH-Wert neutral.

Springer

Druck: Mercedesdruck, Berlin
Verarbeitung: Buchbinderei Lüderitz & Bauer, Berlin